国家电网
STATE GRID

国网湖北省电力公司
STATE GRID HUBEI ELECTRIC POWER COMPANY

国网湖北省电力公司　组编

电网企业生产岗位技能操作规范

送电线路工

U0393525

中国电力出版社
CHINA ELECTRIC POWER PRESS

内 容 提 要

为提高电网企业生产岗位人员的技能水平和职业素质，国网湖北省电力公司根据国家职业技能标准及电力行业职业技能鉴定指导书、国家电网公司技能培训规范等，组织编写了《电网企业生产岗位技能操作规范》。

本书为《送电线路工》，主要规定了送电线路工实施技能鉴定操作培训的基本项目，包括送电线路工技能鉴定五、四、三、二、一级的技能项目共计57项，规范了各级别送电线路工的实训，统一了送电线路工的技能鉴定标准。

本书可作为从事送电线路作业人员职业技能鉴定的指导用书，也可作为送电线路作业人员技能操作培训教材。

图书在版编目（CIP）数据

电网企业生产岗位技能操作规范. 送电线路工/国网湖北省电力公司组编. —北京：中国电力出版社，2015.8（2022.3重印）
ISBN 978-7-5123-6566-7

Ⅰ.①电… Ⅱ.①国… Ⅲ.①电网-工业生产-技术操作规程-湖北省②输电线路-技术操作规程-湖北省 Ⅳ.①TM-65

中国版本图书馆 CIP 数据核字（2014）第 229913 号

中国电力出版社出版、发行

（北京市东城区北京站西街 19 号　100005　http://www.cepp.sgcc.com.cn）
三河市百盛印装有限公司印刷
各地新华书店经售

*

2015 年 8 月第一版　2022 年 3 月北京第三次印刷
710 毫米×980 毫米　16 开本　24.75 印张　475 千字
印数 3001—3500 册　定价 70.00 元

《电网企业生产岗位技能操作规范》编委会

主　　任　尹正民

副 主 任　侯　春　周世平

委　　员　郑　港　蔡　敏　舒旭辉　刘兴胜

　　　　　张大国　刘秋萍　张　峻　刘　勇

　　　　　钱　江

《送电线路工》编写人员

主　　编　蔡　敏

参编人员（按姓氏笔画排列）

　　　　　王　磊　乔新国　张加旭　杨亚钦

　　　　　姚　俊　胡　军　鲁爱斌

《送电线路工》审定人员

主　　审　吴向东

参审人员（按姓氏笔画排列）

　　　　　孙　斌　余建军　张建桥　郑海波

　　　　　胡志鹏　胡　勇　解吉梁

序

    现代企业的竞争，归根到底是人的竞争。人才兴，则事业兴；队伍强，则企业强。电网企业作为技术密集型和人才密集型企业，队伍素质直接决定了企业素质，影响着企业的改革发展。没有高素质的人才队伍作支撑，企业的发展就如无源之水，难以为继。

    加强队伍建设，提升人员素质，是企业发展不可忽视的"人本投资"，是提高企业发展能力的根本途径。当前，世情国情不断发生变化，行业改革逐步深入，国家电网公司改革发展任务十分繁重。特别是随着"两个转变"的全面深入推进，"三集五大"体系逐步建成，坚强智能电网发展日新月异，对加强队伍建设提出了新的更高要求，迫切需要培养造就一支能适应改革需要、满足发展要求的优秀人才队伍。

    世不患无才，患无用之之道。一直以来，"总量超员，结构性缺员"问题，始终是国家电网公司队伍建设存在的突出问题，也是制约国家电网公司改革发展的关键问题。如何破解这个难题，不仅需要我们在体制机制上做文章，加快构建内部人才市场，促进人员有序流动，优化人力资源配置；也需要我们在素质提升方面下工夫，加大员工教育培训力度，促进队伍素质提升，增强岗位胜任能力。这些年，国家电网公司坚持把员工教育培训工作作为"打基础、管长远"的战略任务，大力实施"人才强企"战略和"素质提升"工程，组织开展了"三集五大"轮训、全员"安规"普考、优秀班组长选训、农电用工普考等系列培训活动，实现了员工与企业的共同发展。

    这次由国网湖北省电力公司统一组织编写、中国电力出版社出版发行的《电网企业生产岗位技能操作规范》丛书，针对高压线路带电检修、送电线路、配电线路、电力电缆等 17 个职业（工种）编写，就是为了规范生产经营业务操作，提高一线员工基础理论水平和基本技能水平。

本丛书内容丰富充实、说明详细具体，并配有大量的操作图例，具有较强的针对性和指导性。希望广大一线员工认真学习，常读、常看、常领会，把该书作为生产作业的工具书、示范书，切实增强安全意识，不断规范作业行为，努力把事情做规范、做正确，确保安全高效地完成各项工作任务，为推动国网湖北省电力公司和国家电网科学发展做出新的更大贡献。

寄望：春种一粒粟，秋收万颗子。

是为序。

国网湖北省电力公司总经理　尹正民

2014 年 3 月

编 制 说 明

　　根据国网湖北省电力公司下达的技能培训与考核任务，需要通过职业技能的培训与考核，引导企业员工做到"一专多能"并完成转岗、轮岗培训；更需要加强原来已实施多年、涉及多个工种的职业操作技能培训考核体系的系统性、连贯性和可操作性，从而引导员工的职业规划设计、辅助构建电网员工终身教育体系。湖北电力行业的各技能鉴定站/所应按照技能操作规范的要求，落实培训考核项目，统一考核标准，保证在电网企业内的培训与考核公开、公平、公正，提高培训与鉴定管理水平和管理效率，提高公司生产技能人员的素质。

　　本规范丛书依据电力行业职业技能鉴定指导书和国家电网公司企业标准Q/GDW232—2008《国家电网公司生产技能人员职业能力培训规范》，以及国网湖北省电力公司针对企业员工生产技能岗位设置和岗位聘用原则等编写的电力行业主要工种的技能操作规范，提出并建立一套完整的可实施的生产技能人员技能培训与考核体系，用于国网湖北省电力行业各级职业技能鉴定的技能操作部分的培训与鉴定，保证技能人才评价标准的统一性。依据国家劳动和社会保障部所规定的国家职业资格五级分级法，以及现行电力企业生产技能岗位聘用资格的五级设置原则，本规范各工种分册培训与鉴定的分级按照五级编写。

一、技能操作项目分级原则

1. 依据考核等级及企业岗位级别

　　依据劳动和社会保障部规定，国家职业资格分为五个等级，从低到高依次为初级技能、中级技能、高级技能、技师和高级技师。其框架结构如下图所示。

电网企业技能岗位按照五级设置

2. 各级培训考核项目设置

　　本规范丛书依据国网生产技能人员职业能力培训规范，制定了与职业技能等级相对应的技能操作培训考核五个级别的考核规范，系统地规定了各工种相应等级的技能要求，设置了与技能要求相适应的技能培训与考核内容、考核要求，使之完全公开、透明。其项目的设置充分考虑电网企业的实际需要，又按照国家职业技能等级予以分级设置，既能保证考核鉴定的独立性，又能充分发挥对培训的引领作用，具有很强的针对性、系统性、操作性。操作规范等级制定依据如下表。

电网企业各级职业技能等级能力

职业等级	职业技能能力
五级 （初级工）	适用于辅助作业人员、新进人员以及其他具有中级工以下职业资格人员，能够运用基本技能独立完成本职业的常规工作
四级 （中级工）	能够熟练运用基本技能独立完成本职业的常规工作，并在特定情况下，能够运用专门技能完成较为复杂的工作；能够与他人进行合作
三级 （高级工）	能够熟练运用基本技能和专门技能完成较为复杂的工作，包括完成部分非常规性工作；能够独立处理工作中出现的问题；能指导他人进行工作或协助培训一般操作人员
二级 （技师）	能够熟练运用基本技能和专门技能完成较为复杂的、非常规性的工作；掌握本职业的关键操作技能技术；能够独立处理和解决技术或工艺问题；在操作技能技术方面有创新；能组织指导他人进行工作；能培训一般操作人员；具有一定的管理能力
一级 （高级技师）	能够熟练运用基本技能和特殊技能在本职业的各个领域完成复杂的、非常规性的工作；熟练掌握本职业的关键操作技能技术；能够独立处理和解决高难度的技术或工艺问题；在技术攻关、工艺革新和技术改革方面有创新；能组织开展技术改造、技术革新和进行专业技术培训；具有管理能力

在项目设置过程中，对于部分项目专业技能能力项涵盖两个等级的项目，实施设置时将该技能项目作为两个项目共用，但是其考核要求与考核评分参考标准存在明显的区别。其中，《抄表核算收费员》《农网配电营业工》因国家职业资格未设一级（高级技师），因此本丛书中的这两个分册按照四级编制。

目前该职业技能能力四级涵盖五级；三级涵盖五、四级；二级涵盖五、四、三级；一级涵盖五、四、三、二级。

二、汇总表符号含义

技能操作项目汇总表所列操作项目，其项目编号由五位组成，具体表示含义如下：

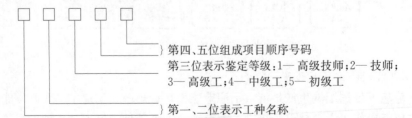

第四、五位组成项目顺序号码
第三位表示鉴定等级：1— 高级技师；2— 技师；
3— 高级工；4— 中级工；5— 初级工
第一、二位表示工种名称

其中第一、二位表示具体工种名称为：DZ—高压线路带电检修工；SX—送电线路工；PX—配电线路工；DL—电力电缆工；BD—变电站值班员；BY—变压器检修工；BJ—变电检修工；SY—电气试验工；JB—继电保护工；JC—用电监察员；CH—抄表核算收费员；ZJ—装表接电工；XJ—电能表修校；BA—变电一次安装工；BR—变电二次安装工；FK—电力负荷控制员；P—农网配电营业工配电范围；Y—农网配电营业工营销范围。

三、使用说明

1. 技能操作项目鉴定实施方法

（1）申请五级（初级工）、四级（中级工）、三级（高级工）技能操作鉴定。学员已参加表中所列的本工种等级技能操作项目培训。

技能操作鉴定项目加权分为 100 分。在本人报考工种等级中，由考评员在本工种等级项目中随机抽取项目进行考核，考核项目数量必须满足各技能操作项目鉴定加权总分≥100 分。其选项过程须在鉴定前完成，一经确定，不得更改。

技能操作鉴定成绩为加权分 70 分及格。技能操作鉴定不及格的考生，可在次年内申请一次补考，由鉴定中心按照上述方法选择项目再次进行鉴定，原技能操作鉴定通过的成绩不予保留。

（2）申请二级（技师）、一级（高级技师）鉴定。申请学员应在获得资格三年后申报高一等级，其技能操作鉴定项目为二级工、一级工项目中，由考评员随机在项目中抽取，技能操作项目数满足鉴定加权总分≥100 分。其选项过程在鉴定前完成，一经确定不得更改。

技能操作鉴定成绩各项为 70 分及格。技能操作鉴定不及格的考生，二级工可在次年内申请一次补考，由鉴定中心按照上述方法选择项目再次参加技能操作鉴定，原技能操作鉴定通过项目成绩不予保留。

申请一级、二级鉴定学员的答辩和业绩考核遵照有关文件规定执行。

2. 评分参考表相关名词解释

（1）含权题分：该项目在被考核人员项目中所占的比例值，如对于考核人员来讲，应达到考核含权分≥100 分，则表示对于含权分为 25 分的考核题，须至少考核 4 题。

（2）行为领域：d—基础技能；e—专业技能 ；f—相关技能。

（3）题型：A—单项操作；B—多项操作；C—综合操作。

（4）鉴定范围：部分工种存在不同的鉴定范围，如农网配电营业工的初级工和中级工存在配电和营销两个范围。高压带电作业和电力电缆等按照电力行业标准应分为输电和配电范围，但是按照国家电力行业职业技能鉴定标准没有区分范围，因此本规范丛书除了农网配电营业工外对各个操作考核项目没有划分鉴定范围，所以该项大部分为空。

目　录

序
编制说明

一、检修

(一) 工器具、材料

电工常用工具、绝缘手套一双、110kV验电器一支、接地线一套、围栏、安全标示牌("在此工作!"一块、"从此进出!"一块) 0.5t滑车、传递绳、防坠装置。

(二) 安全要求

1. **防止触电措施**

(1) 登杆塔前必须仔细核对线路名称、杆号,多回线路还应核对线路的识别标志,确认无误后方可上杆塔。

(2) 严格执行停电、验电、装设接地线、使用个人保安线制度。

(3) 登杆塔作业人员、绳索、工器具及材料应与带电体保持规定的安全距离。

2. **防止高空坠落措施**

(1) 上杆塔作业前,应先检查安全带、脚钉、爬梯、防坠装置等是否完整牢靠,上下杆塔必须使用防坠装置。

(2) 上横担进行工作前,应检查横担连接是否牢固,以及其腐蚀情况。在杆塔上作业时,应使用有后备绳或速差自锁器的双控背带式安全带,安全带和保护绳应分挂在杆塔不同部位的牢固构件上,应防止安全带从杆顶脱出或被锋利物损坏。人员在转位时,手扶的构件应牢固,且不得失去安全保护。

3. **防止物体打击措施**

(1) 现场工作人员必须正确佩戴安全帽。

(2) 高处作业应使用工具袋,较大的工器具应固定在牢固的构件上,不准随便乱放。上下传递物件应用绳索拴牢传递,严禁上下抛掷。

(3) 在高处作业现场,工作人员不得站在工作点的垂直下方,高空落物区不得有无关人员通行或逗留。工作点下方应设围栏或其他保护措施。

(三) 施工步骤

1. **登塔前准备工作**

(1) 作业人员根据工作情况选择工器具及材料,并检查是否完好。

（2）作业人员核对线路名称、杆号，检查杆塔根部、基础是否牢固。

2．登塔作业

（1）塔上作业人员应检查登杆工具及安全防护用具，并确保其良好、可靠。对登杆塔工具、安全防护用具和防坠装置做冲击试验。

（2）塔上作业人员戴好安全帽，系好安全带、后备保护绳，携带传递绳开始登塔。禁止携带器材登杆或在杆塔上移位。杆塔有防坠装置的，应使用防坠装置；杆塔没有防坠装置的，应使用双钩防坠装置。

3．验电、接地

（1）地面作业人员将验电器及接地线分别传递上塔。

（2）验电应使用相应电压等级、合格的接触式验电器，验电前应戴绝缘手套，检查验电器是否完好。

（3）选好作业位置，验电时人体应与导线保持 1.5m（110kV）以上的安全距离，并设专人监护，使用伸缩式验电器时应保证绝缘的有效长度。

（4）对同杆塔架设的多层电力线路进行验电时，先验低压、后验高压，先验下层、后验上层，先验近侧、后验远侧。

（5）线路经验明无电压后，应立即在每相装设接地线，挂接地线应在监护下进行。

（6）同杆塔架设的多层电力线路挂接地线时，应先挂低压、后挂高压，先挂下层、后挂上层，先挂近侧、后挂远侧。拆除时次序相反。

（7）接地线应由有透明护套的多股软铜线组成，其截面不得小于 25mm²，接地线应使用专用的线夹固定在导线上，严禁用缠绕的方法进行接地或短路。

（8）装设接地线应先接接地端，后接导线端，接地线应接触良好，连接可靠，装接地线均应使用绝缘棒或专用的绝缘绳，人体不得碰触接地线或未接地的导线。

（9）在同塔架设多回路杆塔停电线路上装设的接地线，应采取措施防止接地线摆动。

4．下塔作业

塔上作业人员检查塔上无任何遗留物后，解开后备保护绳、安全带，携带传递绳下塔。

二、考核

（一）考核场地

在培训基地准备有 4 基及以上杆塔的 110（220）kV 架空输电线路。

（二）考核时间

（1）考核时间为 40min。

（2）考评员宣布开始后记录考核开始时间。

（3）现场清理完毕后，汇报工作终结，记录考核结束时间。

（三）考核要点

（1）登杆塔前要核对线路名称、杆号，检查登高工具是否在试验期限内，对安全带和防坠装置做冲击试验。高空作业中动作熟练，站位合理。安全带应系在牢固的构件上，并系好后备保护绳，确保双重保护。转向移位穿越时不得失去保护。作业时不得失去监护。

（2）验电时应选好作业位置，保持与导线足够的安全距离。

（3）验电前应戴绝缘手套，检查验电器是否完好。

（4）装设接地线应先接接地端，后接导线端，接地线应接触良好，连接可靠，装接地线均应使用绝缘棒或专用的绝缘绳，人体不得碰触接地线或未接地的导线。

三、评分参考标准

行业：电力工程　　　　　工种：送电线路工　　　　　等级：五

编号	SX501	行为领域	e	鉴定范围	
考核时间	40min	题型	A	含权题分	25
试题名称	110kV架空输电线路验电、挂设接地线				
考核要点及其要求	（1）在培训基地杆塔上实施考试。 （2）按现场作业要求，准备工器具。 （3）操作时间为40min，时间到停止作业。 （4）本项目为单人操作，现场配辅助作业人员一名				
现场设备、工器具、材料	电工常用工具、绝缘手套、围栏、安全标示牌（"在此工作！"一块、"从此进出！"一块）、验电器、0.5t滑车、传递绳、防坠装置				
备注					

评分标准

序号	作业名称	质量要求	分值	扣分标准	扣分原因	得分
1	着装	工作服、绝缘鞋、安全帽、手套穿戴正确	2	穿戴不正确一项扣1分		
2	工具选用	110kV接地棒、接地线、验电器、绝缘手套、传递绳、防坠装置	3	操作再次拿工具每件扣1分		
3	登杆前准备工作	（1）检查杆塔及作业现场环境：（包括导、地线、杆塔、基础、绝缘子、金具及周边环境等）； （2）绝缘手套、接地线、验电器的检查； （3）安全带、保护绳、防坠落装置的检查与冲击试验	20	（1）杆塔及周围环境每漏检一项扣1分； （2）每漏检一项或检查不到位扣2分； （3）每漏检一项或检查不到位扣2分； （4）未做冲击试验每项扣2分		

			评分标准			
序号	作业名称	质量要求	分值	扣分标准	扣分原因	得分
4	上下塔	登杆过程熟练，动作安全、无摇晃，规范使用防坠落装置	20	（1）动作不安全一次扣5分； （2）登杆过程不熟练扣10分； （3）未规范使用防坠落装置扣5分		
5	验电	（1）验电时选好工作位置，保持足够安全距离； （2）正确使用安全带； （3）验电方式、顺序正确	20	（1）工作位置与导线安全距离不够扣10分； （2）未戴绝缘手套扣5分； （3）安全带使用不正确扣5分； （4）验电方式、顺序不正确各扣5分		
6	挂接地线	（1）站位正确，方便作业且保证安全； （2）装设接地线应使用绝缘手套； （3）装设接地线顺序正确（先近侧、后远侧）； （4）人体不能触碰接地线	20	（1）工作位置不正确扣5分； （2）不使用绝缘手套扣3分； （3）顺序不正确扣5分； （4）人体接触接地线一次扣5分		
7	其他要求	(1)杆上工作： 1)杆上工作时不得掉东西； 2)禁止口中含物； 3)禁止浮置物品	15	1)掉一件材料扣5分； 2)掉一件工具扣5分； 3)口中含物每次扣5分； 4)浮置物品每次扣5分		
		(2)文明生产： 1)符合文明生产要求； 2)工器具在操作中归位； 3)工器具及材料不应乱扔乱放		1)操作中工器具不归位扣2分； 2)工器具及材料乱扔乱放每次扣3分		
		(3)安全施工做到"三不伤害"		施工中造成自己或别人受伤扣2分		

考试开始时间			考试结束时间		合计	
考生栏	编号：	姓名：	所在岗位：	单位：	日期：	
考评员栏	成绩：	考评员：		考评组长：		

用GJ-35型钢绞线制作拉线下把的操作

一、检修

(一) 工器具、材料

(1) 个人工器具：钢丝钳，250、300mm 活动扳手各一把，记号笔，钢卷尺 3m 等。

(2) 专用工器具：木锤、断线钳等。

(3) 材料：12 号或 14 号铁丝、18 号或 20 号铁丝、GJ－35 型钢绞线、NUT－1 型线夹（螺栓、销钉齐全）等。

(二) 安全要求

1. 防止工器具使用过程中伤人

(1) 使用木锤时要防止从手中脱落伤人。

(2) 使用钢丝钳、活动扳手时，用力适当，防止伤人。

2. 防止钢绞线反弹伤人

(1) 展放拉线时应两人配合脚踩、手握，顺盘绕方向展放，防止弹伤。

(2) 操作人员均应戴手套，敲击线夹时应精力集中，手抓稳，落点正确，防止伤手。

(三) 施工步骤

1. 施工前准备工作

(1) 作业人员核对线路名称、杆号，检查杆塔根部、基础是否完好。

(2) 工器具选择及检查。

1) 检查工具包完好，背带结实。

2) 检查钢丝钳绝缘手柄完好，转动灵活，钳口无缺损；木锤手柄与锤之间接合紧密，锤面平整；断线钳转轴灵活，钳口无缺损。

3) 检查画印笔完好，墨迹清晰；钢卷尺无缺损，刻度清晰。

(3) 材料选用及检查。

1) 镀锌铁丝（12、14 号）表面镀锌层应良好，无锈蚀，取铁丝长度

1200mm 左右，顺铁丝的自然弯曲方向绕成直径为 80～100mm 的小圈，圈之间要紧密。

2）封头铁丝（18、20 号）无锈蚀。

3）GJ-35 型钢绞线表面镀锌层应良好，不得有断股、松股、硬弯及锈蚀等缺陷。

4）UT 型线夹及螺栓表面不应有裂纹、砂眼、锌皮剥落及锈蚀等现象；螺杆与螺母的配合应良好。

5）准备适量的防锈漆、润滑剂。

2. 制作拉线下把

（1）电杆及拉线棒的检查及画印。

1）作业人员站在与拉线的垂直地面上，在距离电杆 10m 左右的位置观察电杆倾斜情况。根据电杆倾斜情况，确定制作拉线长度。

2）沿拉线受力方向，向上提拉拉线棒。新安装的拉线棒未受力，因拉线棒环缝隙存在等原因尚有部分长度的拉线棒未伸出地面。

3）将 U 型螺栓穿进拉线棒环，一人配合拉紧钢绞线，使 U 型螺栓与拉线受力方向一致，比出钢绞线弯曲位置并画印。

4）根据画印点量出钢绞线剪断位置，并用记号笔做记号，将在距记号点两侧 10～15mm 处用封头铁丝扎紧，封头铁丝按钢绞线的绕制方向缠绕 6～7 圈，收好线头，再剪断钢绞线。

（2）弯曲钢绞线、扎线。

1）将钢绞线从 NUT 型线夹小口套入，尾线长度 500mm 左右，并在钢绞线尾线 430mm 位置画印。

2）右手拉住钢绞线头，左脚踩住主线，左手控制钢绞线弯曲部位进行弯曲，弯曲后半径应略大于线夹舌板大头弯曲半径，画印点应位于弯曲部分中点，主副线应平行；将钢绞线线尾及主线弯成张开的开口销形式。

3）线夹的凸肚位置应与尾线同侧，放入楔子后，先用手拉紧，再用木锤敲打，使钢绞线与舌板接触紧密、牢固，并要求做到无缝隙，钢绞线弯曲处无散股现象。线夹尾线宜露出 300～500mm，尾线回头后与本线应采取有效方法扎牢或压牢。

4）拉线尾线露出绑扎位置 20～30mm，在钢绞线尾线处扎铁丝 55mm±5mm，要求每圈铁丝都扎紧、平直、无缝隙。

5）扎钢绞线铁丝的两端头应绞紧成 3 个麻花，将铁丝绞头压置于两钢绞线中间，要求平整，其端头应与尾线头平齐。

6）凸肚位置应朝上，并按规范要求在 UT 型线夹螺栓丝扣部分涂刷润滑剂。

上述工作完成后应清理现场，保证文明施工。

（四）工艺要求

1. 镀锌钢绞线下把制作

拉线盘和拉线棒安装好后，可进行拉线下把制作，制作工序如下：

（1）在拉线棒上系好紧线器的钢丝绳钩，用紧线器适当收紧固在电杆上的拉线。

（2）将 UT 型线夹拆开，U 型螺栓穿入拉线棒上端的拉环；将拉线拉直，在 U 型螺栓 2/3 处拉线上做记号。

（3）在做记号处弯曲拉线，弯曲的形状和线夹舌头相吻合。将拉线穿入 UT 型线夹，受力侧拉线紧靠平直部，尾线紧靠斜面部。

（4）在拉线弯曲部分放入 UT 型平舌头，并用木锤敲打，使其牢固、紧密。

（5）将 U 型螺栓和 UT 型线夹本体用垫圈、防盗帽固定、U 型螺栓上螺母拧紧，U 型螺栓和线夹本体之间有一定调节程度，螺栓的丝扣应露出全长的 1/3。

（6）拆除紧张器及钢丝绳套，拉线短头采用钢线卡子或铁丝绑扎固定。

2. 采用 UT 型线夹及楔形线夹固定的拉线安装要求

（1）安装前丝扣上应涂润滑剂。

（2）线夹舌板与拉线接触应紧密，受力后无滑动现象，线夹凸肚应在尾线侧，安装时不应损伤线股。

（3）拉线弯曲部分不应明显松脱，拉线断头处与拉线应有可靠固定。拉线处露出的尾线长度为 300～500mm。

（4）同一组拉线使用双线夹时，其尾线端的方向应统一。

（5）UT 型线夹的螺杆应露扣，并应有不小于 1/2 螺杆丝扣长度可供调紧。调整后，UT 型线夹的双螺母应并紧。

二、考核

（一）考核场地

在专用线路上考核，拉线盘、拉棒已安装到位。

（二）考核时间

（1）考核时间为 40min。

（2）考评员宣布开始后记录考核开始时间。

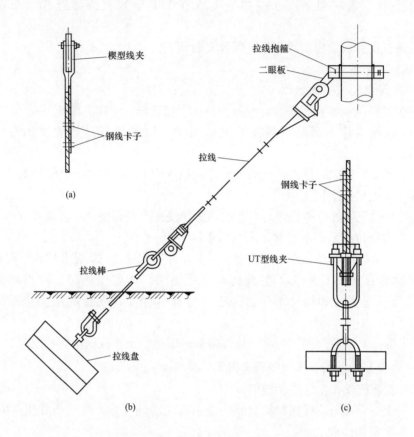

图 SX502 - 1 普通拉线制作示意

(a) 拉线上部正面；(b) 拉线；(c) 拉线下部正面

（3）现场清理完毕后，汇报工作终结，记录考核结束时间。

(三) 考核要点

（1）正确使用工器具，防止人身伤害事故发生。

（2）拉线做好后，绑扎铁丝直径不小于 3.2mm，下把绑扎长度一般为 50mm，端头线无散股。

（3）楔型线夹、UT 型线夹的舌板与钢绞线应接触紧密无间隙，无滑动现象，且不应有散股现象，端头等在非受力侧（肚皮侧）。

三、评分参考标准

行业：电力工程　　　　　　工种：送电线路工　　　　　　等级：五

编号	SX502	行为领域	e	鉴定范围	
考核时间	40min	题型	A	含权题分	25
试题正文	用GJ-35型钢绞线制作拉线下把的操作				
考核要点及其要求	(1) 要求单独操作（辅助工配合）。 (2) 要求着装正确（工作服、绝缘鞋、安全帽、劳保手套）。 (3) 自选钢绞线型号、相应线夹型号。 (4) 工具及材料由操作者自选，在不带电的训练场地上操作				
现场工器具、材料	(1) 个人工器具：钢丝钳，250mm、300mm活动扳手各一把，记号笔，钢卷尺3m等。 (2) 专用工器具：木锤、断线钳等。 (3) 材料：12号或14号铁丝、18号或20号铁丝、GJ-35型钢绞线、NX-1型线夹（螺栓、销钉齐全）等				
备注					

评分标准

序号	项目名称	考核要求	满分	扣分标准	扣分原因	得分
1	着装	工作服、绝缘鞋、安全帽、劳保手套穿戴正确	5	穿戴不正确一项扣1分		
2	工器具选用	(1) 个人工器具：钢丝钳、活动扳手两把、记号笔、钢卷尺、工具包	10	1) 工具选择不准确每件扣1分； 2) 工具使用不准确每次扣2分		
		(2) 专用工器具：木锤、断线钳、吊绳、登杆工具、安全带、油漆刷两把	10	1) 工具选择不准确每件扣1分； 2) 工具使用不准确每次扣2分		
3	材料准备	(1) 绑扎钢绞线的铁丝； (2) 选择钢绞线； (3) UT型线夹（双螺母带平垫圈）	10	(1) 错、漏一件扣2分； (2) 选择钢绞线型号错误扣3分； (3) 螺帽垫圈每漏一件扣1分，型号错扣2分； (4) 漏螺栓、销钉各扣2分，型号错扣2分		

序号	项目名称	考核要求	满分	扣分标准	扣分原因	得分
4	制作拉线UT型线夹	（1）观察电杆：拉线垂直面距离电杆5m处观察电杆是否倾斜	65	1）未观察扣2分； 2）观察方法位置不正确扣2分		
		（2）画印： 1）沿拉线受力方向拉紧拉线棒； 2）一人配合进行，画印正确		1）未沿拉线受力方向拉紧拉线棒扣2分； 2）画印不正确扣2分		
		（3）量出钢绞线剪断位置正确		不正确扣1分		
		（4）剪断钢绞线： 1）剪断前用细铁丝将剪断处两侧扎紧； 2）制作线夹前剪断多余钢绞线		1）细铁丝绑扎不紧造成钢绞线散股扣1分； 2）做好线夹再剪断扣1分		
		（5）线夹套入钢绞线方向正确		1）套反一次扣2分； 2）先弯后套扣2分		
		（6）弯曲钢绞线： 1）脚踩住主线，一手拉住钢绞线头，另一手控制钢绞线弯曲部位，进行弯曲； 2）将钢绞线线尾及主线弯成张开的开口销模样； 3）并将钢绞线线尾穿入线夹，方向正确		1）借助工具（扳手等）弯曲伤钢绞线扣2分； 2）钢绞线线尾未弯成开口销模样扣2分； 3）正负线穿反扣2分		
		（7）放入楔子拉紧凑		未拉紧扣1分		
		（8）用木锤敲打： 1）楔型线夹舌板与钢绞线接触紧密无缝隙； 2）弯曲处无散股现象； 3）钢绞线端头绑扎线牢固		1）楔型线夹舌板与钢绞线接触每1mm缝隙扣1分； 2）弯曲处散股扣4分； 3）钢绞线端头绑扎线散股、滑脱各扣2分		
		（9）钢绞线尾线绑扎方法正确（先顺钢绞线平压一段扎丝，再缠绕压紧该端头）		不正确扣2分		

			评分标准				
序号	项目名称	考核要求	满分	扣分标准		扣分原因	得分
4	制作拉线UT型线夹	(10) 尾线长度 UT型线夹尾线长度300～500mm	65	1）尾线出露长度大于500mm每10mm扣1分； 2）尾线出露长度小于300mm每10mm扣1分			
		(11) 扎铁丝： 1）钢绞线尾线处扎55mm±5mm； 2）每圈铁丝都扎紧密、无缝隙		1）扎线长度大于55mm＋5mm扣2分；小于55mm－5mm扣5分； 2）每圈不紧扣0.5分； 3）缝隙超过1mm每处扣0.5分			
		(12) 铁丝两端头处理： 1）铁丝两端头绞紧； 2）铁丝两端头缠3个麻花，麻花场不能超过尾线头； 3）压置于两钢线中间，平整		1）铁丝两端头不绞紧扣2分； 2）麻花超标扣2分； 3）铁丝绞头不中间，不平整各扣2分			
		(13) 防锈处理：在钢绞线尾线头处、绑扎铁丝处涂刷防锈漆		未涂刷防锈漆扣1分			
		(14) 尾线位置： 1）线夹的凸肚位置应与尾线同侧； 2）凸肚位置朝上		1）UT型线夹的凸肚位置应与尾线不同侧扣2分； 2）凸肚位置朝不正确扣2分			
		(15) 安装拉线下把：安装前在UT型线夹丝杆处涂刷润滑油，一人配合拉紧安装		1）未涂刷润滑油扣1分； 2）安装不上扣20分			
5	其他要求	(1) 文明生产： 1）符合文明生产要求； 2）工器具在操作中归位； 3）工器具及材料不应乱扔乱放	5	1）操作中工器具不归位扣2分； 2）工器具及材料乱扔乱放每次扣1分			
		(2) 安全施工做到"三不伤害"	5	施工中造成自己或别人受伤扣2分			
考试开始时间				考试结束时间		合计	
考生栏		编号：　　　姓名：		所在岗位：	单位：	日期：	
考评员栏		成绩：　　考评员：			考评组长：		

SX503　用GJ-35型钢绞线制作拉线上把的操作

一、检修

（一）工器具、材料

（1）个人工器具：钢丝钳，250、300mm 活动扳手各 1 把，记号笔，钢卷尺 3m 等。

（2）专用工器具：木锤、断线钳、吊绳、登杆工具、安全带等。

（3）材料：12 号或 14 号铁丝、18 号或 20 号铁丝、GJ－35 型钢绞线、NX－1 型线夹（螺栓、销钉齐全）等。

（二）安全要求

1. 防止高空坠落措施

（1）上杆塔作业前，应先检查安全带、脚钉、爬梯、防坠装置等是否完整牢靠，上下杆塔必须使用防坠措施。

（2）在杆塔上作业时，应使用有后备绳或速差自锁器的双控背带式安全带，安全带和保护绳应分挂在杆塔不同部位的牢固构件上，应防止安全带从杆顶脱出或被锋利物损坏。人员在转位时，手扶的构件应牢固，且不得失去安全保护。

（3）杆塔上有人时，不准调整或拆除拉线。

2. 防止物体打击措施

（1）现场工作人员必须正确佩戴安全帽。

（2）高处作业应使用工具袋，较大的工器具应固定在牢固的构件上，不准随便乱放。上下传递物件应用绳索拴牢传递，严禁上下抛掷。

（3）在高处作业现场，工作人员不得站在工作处的垂直下方，高空落物区不得有无关人员通行或逗留。工作点下方应设围栏或其他保护措施。

3. 防止钢绞线反弹伤人

（1）展放拉线时应两人配合脚踩、手握，顺盘绕方向展放，防止弹伤。

（2）操作人员均应戴手套，敲击线夹时应精力集中，手抓稳，落点正确，防止伤手。

（三）施工步骤

1. 施工前准备工作

（1）作业人员核对线路名称、杆号，检查杆塔根部、基础是否牢固。

（2）工器具选择及检查。

1）检查工具包完好，背带结实。

2）检查刚丝钳绝缘手柄完好，转动灵活，钳口无缺损；木锤手柄与锤之间接合紧密，锤面平整；断线钳转轴灵活，钳口无缺损。

3）检查记号笔完好，墨迹清晰；钢卷尺无缺损，刻度清晰。

4）检查登杆工具（脚扣、踩板）及安全带试验周期应符合要求，外观检查应无缺陷。

5）检查吊绳长度合适，无发霉断股。

（3）材料选用及检查。

1）镀锌铁丝（12、14号）表面镀锌层应良好，无锈蚀，取铁丝长度1200mm左右，顺铁丝的自然弯曲方向绕成直径为80～100mm小圈，圈之间要紧密。

2）封头铁丝（18、20号）无锈蚀。

3）GJ-35型钢绞线表面镀锌层应良好，不得有断股、松股、硬弯及锈蚀等缺陷。

4）楔型线夹及螺栓表面不应有裂纹、砂眼、锌皮剥落及锈蚀等现象；螺杆与螺母的配合应良好。

5）准备适量的防锈漆、润滑剂。

2. 制作拉线上把

（1）钢绞线从楔型线夹小口套入，将钢绞线要弯曲部分校直，在钢绞线上量出420mm左右，并画印标记。

（2）右手拉住钢绞线头，左脚踩住主线，左手控制钢绞线弯曲部位进行弯曲，弯曲后半径应略大于线夹舌板大头弯曲半径，画印点应位于弯曲部分中点。

（3）将钢绞线尾线及主线弯成开口销形式。

（4）钢绞线尾线应在线夹凸肚侧，主、尾线应平行。

（5）放入楔子后，用手拉紧，木锤敲打，使钢绞线与舌板接触紧密、牢固，并做到无缝隙，钢绞线弯曲处无散股现象，牢固、无缝隙。尾线出线夹口长度为300～500mm。

（6）在钢绞线尾线处绑扎铁丝55～60mm。绑扎的方法有手扎法、钳法两种。绑扎时右脚在前左脚在后，成弓字步，钢绞线置于右腋下，绑扎铁丝的外圆与钢绞线接触，绑扎铁丝垂直于钢绞线缠绕，按顺时针用力均匀缠绕，每圈铁丝都应均匀、平整、紧密无缝隙。铁丝端头应在两股钢绞线缝隙中间。将钢绞线弯曲部分校直。在绑扎铁丝上涂上防锈漆。

3. 安装拉线上把

(1) 登杆前的检查及安全工器具冲击试验。登杆前认真检查杆塔编号正确;沿杆基巡视,检查杆基牢固、基础无下沉,杆身表面无裂纹、露筋等现象。踩板(脚扣)、安全带做冲击试验。

(2) 选取工作位置。上杆位置应在拉线的挂点下方,沿同一方向上杆一次进入工作点,肩部应略高于挂点,登杆动作应熟练规范,安全可靠。踩板挂钩不能朝下;脚扣应与电杆紧密接触,两脚扣不能交叉。安全带使用时围杆带长度适宜有利于作业,应高挂低用;吊绳不能缠绕,作业时不能将吊绳拴在身上。

(3) 安装上把。正确安装螺栓,螺栓的面向受电侧从左至右,销钉开口朝下,线夹凸肚朝上。

上述工作完成后应清理现场,保证文明施工。

(四) 工艺要求

1. 用镀锌钢绞线制作上把

(1) 根据拉线长度,在钢绞线剪断处用细铁丝绑扎。

(2) 剪断钢绞线,将楔形线夹套筒套入钢绞线。

(3) 量取弯曲部位尺寸,将钢绞线弯曲,钢绞线弯成的圆弧应和楔形线夹的舌头相吻合。

(4) 对弯曲部位进行处理,使尾线(短头)和主线成开口状。

(5) 放入楔形线夹舌头,受力拉线紧靠线夹直面,尾线紧靠线夹侧面,用木锤向下敲打,使钢绞线、舌头和楔形线夹夹紧,并成为一个整体。

(6) 钢绞线短头的留取长度为 300~500mm,将钢绞线短头和主线并紧,用钢线卡子夹紧,或用(12、14 号)铁丝绑扎固定。

2. 采用 UT 型线夹及楔形线夹固定的拉线安装要求

(1) 安装前丝扣上应涂润滑剂。

(2) 线夹舌板与拉线接触应紧密,受力后无滑动现象,线夹凸肚应在尾线侧,安装时不应损伤线股。

(3) 拉线弯曲部分不应明显松脱,拉线断头处与拉线应有可靠固定。拉线处露出的尾线长度为 300~500mm。

(4) 同一组拉线使用双线夹时,其尾线端的方向应统一。

(5) UT 型线夹的螺杆应露扣,并应有不小于 1/2 螺杆丝扣长度可供调紧。调整后,UT 型线夹的双螺母应并紧。

二、考核

(一) 考核场地

在培训基地的专用线路上考核,拉线盘、拉棒已安装到位。

(二) 考核时间

(1) 考核时间为 40min。

(2) 考评员宣布开始后记录考核开始时间。

(3) 现场清理完毕后,汇报工作终结,记录考核结束时间。

(三) 考核要点

(1) 正确使用工器具,防止人身伤害事故发生。

(2) 登杆塔前要核对线路名称、杆号,检查登高工具是否在试验期限内,对安全带和防坠装置做冲击试验。高空作业中动作熟练,站位合理。安全带应系在牢固的构件上,并系好后备保护绳,确保双重保护。转向移位穿越时不得失去保护。作业时不得失去监护。

(3) 拉线做好后,绑扎铁丝直径不小于 3.2mm,上下把绑扎长度一般为 50mm,端头线无散股。

(4) 楔型线夹舌板与钢绞线应接触紧密无间隙,无滑动现象,且不应有散股现象,端头等在非受力侧(肚皮侧)。

三、评分参考标准

行业:电力工程　　　　　　　工种:送电线路工　　　　　　　等级:五

编号	SX503	行为领域	e	鉴定范围	
考核时间	40min	题型	A	含权题分	25
试题正文	用 GJ-35 型钢绞线制作拉线上把的操作				
考核要点 及其要求	(1) 要求单独操作(辅助工配合)。 (2) 要求着装正确(工作服、绝缘鞋、安全帽、劳保手套)。 (3) 自选钢绞线型号及相应线夹型号。 (4) 使用登杆工具登杆安装楔型线夹(操作人员可任意选择登杆工具)。 (5) 工具及材料由操作者自选,在不带电的训练场地上操作				
现场设备、 工具、材料	(1) 个人工具:钢丝钳,250、300mm 活动扳手各 1 把,记号笔,钢卷尺 3m 等。 (2) 专用工具:木锤、断线钳、吊绳、登杆工具、安全带等。 (3) 材料:12 号或 14 号铁丝、18 号或 20 号铁丝、GJ-35 型钢绞线、NX-1 型线夹(螺栓、销钉齐全)等				
备注					

续表

<table>
<tr><td colspan="7" align="center">评分标准</td></tr>
<tr><td>序号</td><td>项目名称</td><td>考核要求</td><td>满分</td><td>扣分标准</td><td>扣分原因</td><td>得分</td></tr>
<tr><td>1</td><td>着装</td><td>工作服、工作鞋、安全帽、手套穿戴正确</td><td>2</td><td>穿戴不正确一项扣1分</td><td></td><td></td></tr>
<tr><td rowspan="2">2</td><td rowspan="2">工器具选用</td><td>（1）个人工器具：钢丝钳、活动扳手2把、记号笔、钢卷尺、工具包</td><td rowspan="2">5</td><td>工具选择不准确每件扣1分；工具使用不准确每次扣2分</td><td></td><td></td></tr>
<tr><td>（2）专用工器具：木锤、断线钳、吊绳、登杆工具、安全带、油漆刷2把</td><td>工具选择不准确每件扣1分；工具使用不准确每次扣2分</td><td></td><td></td></tr>
<tr><td>3</td><td>材料准备</td><td>（1）绑扎钢绞线的铁丝；
（2）选择钢绞线；
（3）NX楔型线夹（注意带螺栓、销钉）</td><td>5</td><td>（1）错、漏一件扣2分；
（2）选择钢绞线型号错误扣3分；
（3）螺帽垫圈每漏一件扣1分，型号错扣2分；
（4）漏螺栓、销钉各扣2分，型号错扣2分</td><td></td><td></td></tr>
<tr><td rowspan="5">4</td><td rowspan="5">制作拉线楔型线夹</td><td>（1）套入钢绞线方向正确</td><td rowspan="5">50</td><td>套反一次扣2分，先弯后套扣2分</td><td></td><td></td></tr>
<tr><td>（2）弯曲钢绞线：
1）脚踩住主线，一手拉住钢绞线头，另一手控制钢绞线弯曲部位，进行弯曲；
2）将钢绞线线尾及主线弯成张开的开口销形式；
3）并将钢绞线线尾穿入线夹，方向正确</td><td>1）借助工具（扳手等）弯曲伤钢绞线扣2分；
2）钢绞线线尾未弯成开口销形式扣1分；
3）正负线穿反扣2分</td><td></td><td></td></tr>
<tr><td>（3）放入楔子拉紧凑</td><td>未拉紧扣1分</td><td></td><td></td></tr>
<tr><td>（4）用木锤敲打：
1）楔型线夹舌板与钢绞线接触紧密无缝隙；
2）弯曲处无散股现象；
3）钢绞线端头绑扎线牢固</td><td>1）楔型线夹舌板与钢绞线接触每1mm缝隙扣1分；
2）弯曲处散股扣4分；
3）钢绞线端头绑扎线散股、滑脱各扣2分</td><td></td><td></td></tr>
<tr><td>（5）尾线长度：楔型线夹尾线长度300～500mm</td><td>1）尾线出露长度大于500mm每10mm扣1分；
2）尾线出露长度小于300mm每10mm扣1分</td><td></td><td></td></tr>
</table>

16

评分标准						
序号	项目名称	考核要求	满分	扣分标准	扣分原因	得分
4	制作拉线楔型线夹	（6）扎铁丝： 1）钢绞线尾线处扎55mm±5mm； 2）每圈铁丝都扎紧密、无缝隙； 3）绑扎尾线不得用金属工器具直接敲击	50	1）扎线长度大于55mm＋5mm扣2分；小于55mm－5mm扣5分； 2）每圈不紧扣0.5分； 3）缝隙超过1mm每处扣0.5分； 4）绑扎尾线用金属工器具直接敲击扎线扣2分		
		（7）防锈处理：在钢绞线尾线头处、绑扎铁丝处涂刷防锈漆		未涂刷防锈漆扣1分		
5	登杆前检查	（1）杆身、杆根检查： 1）杆身无纵、横向裂纹； 2）杆根牢固、培土无下沉	10	1）杆身纵、横向裂纹未检查扣1分； 2）杆根、培土未检查扣1分		
		（2）吊绳检查： 1）吊绳完好无霉变、断股、散股； 2）吊绳选择正确（考核时准备不同规格的吊绳）		1）吊绳不检查扣1分； 2）有缺陷未检查到扣1分； 3）吊绳选择错误扣2分		
		（3）安全带检查： 1）安全带具有合格证并在有效试验周期内； 2）安全带使用前做冲击试验		1）割伤、磨损不检查扣2分； 2）没有合格证、过期未检查到扣2分； 3）不做冲击试验扣2分		
		（4）踩板或脚扣检查： 1）踩板或脚扣具有合格证并在有效试验周期内； 2）踩板或脚扣使用前做冲击试验（脚扣必须单腿做冲击试验）		1）不检查扣2分； 2）没有合格证未检查到扣2分； 3）踩板或脚扣有缺陷未检查到扣2分； 4）不做冲击试验扣2分		

序号	项目名称	考核要求	满分	扣分标准	扣分原因	得分
		操作者可任意选择踩板或脚扣登杆				
6	上、下杆	(1) 登杆： 1) 上、下杆过程沿同一方向； 2) 工器具与杆身无强烈碰撞； 3) 动作安全、无摇晃； 4) 踩板登杆小腿绞紧左边绳； 5) 使用踩板时钩口朝上； 6) 着地规范； 7) 注意调整脚扣尺寸，与混凝土杆直径配合，使脚扣胶皮面与混凝土杆接触可靠（脚扣满挂）； 8) 双手扶安全带，重心稍向后，动作正确（双手不能抓住安全带）； 9) 登杆过程不出现失控	10	1) 滚动、或左或右登杆均扣2分； 2) 强烈碰撞一次扣1分； 3) 发生不安全动作一次扣3分； 4) 小腿不绞紧左边绳扣2分； 5) 使用踩板时钩口朝下一次扣2分； 6) 着地不规范、跳跃各扣2分； 7) 脚扣未满挂一次扣2分； 8) 脚扣登杆不系安全带扣5分； 9) 双手抓住安全带扣3分		
		(2) 进入工作位置： 1) 上杆后一次进入工作位置； 2) 安全带使用正确； 3) 脚扣不得交叉		1) 进入工作位置不正确扣2分； 2) 安全带使用不正确扣2分； 3) 脚扣交叉每次扣2分		
7	杆上操作安装楔型线夹	(1) 操作位置正确； (2) 吊绳使用不应同侧上下； (3) 楔型线夹螺栓穿向与中相抱箍螺栓穿向一致； (4) 闭口销从上向下穿； (5) 绑扎尾线不得用金属工器具直接敲击； (6) 楔型线夹凸肚朝下	8	（1）操作位置不正确扣1分； （2）吊绳使用不应同侧上下； （3）楔型线夹螺栓穿向错误扣1分； （4）闭口销穿向错误扣1分； （5）绑扎尾线用金属工器具直接敲击扎线扣1分； （6）楔型线夹凸肚朝向错误扣1分		

评分标准						
序号	项目名称	考核要求	满分	扣分标准	扣分原因	得分
8	其他要求	（1）杆上工作： 1）杆上工作时不得掉东西； 2）禁止口中含物； 3）禁止浮置物品	5	1）掉一件材料扣5分； 2）掉一件工具扣5分； 3）口中含物每次扣5分； 4）浮置物品每次扣4分		
		（2）文明生产： 1）符合文明生产要求； 2）工器具在操作中归位； 3）工器具及材料不应乱扔乱放	3	1）操作中工器具不归位扣2分； 2）工器具及材料乱扔乱放每次扣1分		
		（3）安全施工做到"三不伤害"	2	施工中造成自己或别人受伤扣2分		
考试开始时间				考试结束时间		合计
考生栏	编号：　　姓名：　　　　　所在岗位：　　　　单位：　　　　　日期：					
考评员栏	成绩：　　考评员：　　　　　　　　　　　考评组长：					

一、操作

（一）工器具、材料

各种悬垂线夹、耐张线夹、接续金具、连接金具、拉线金具、保护金具。

（二）施工步骤

（1）现场准备 20 种以上线路金具，由考评员随机抽取 10 种线路金具给考生进行识别。

（2）根据金具编号，填写表 SX504 - 1。

表 SX504 - 1　　　　　　　　金具的编号及名称

编号	金具名称	规格或型号	用途
1			
2			
3			
4			
5			
6			
7			
8			
9			
10			

二、考核

（一）考核场地

在培训基地放置 20 种以上的线路金具并编号的场地，每个工位由考评员随机抽取线路金具给考生进行识别时相互间无影响。

(二) 考核时间

(1) 考核时间为 30min。

(2) 考评员宣布开始记录考核开始时间。

(3) 现场清理完毕后，提交记录表，记录考核结束时间。

(三) 考核要点

(1) 仔细识别线路金具。

(2) 正确填写各种金具的型号及用途。

三、评分参考标准

行业：电力工程　　　　　　工种：送电线路工　　　　　　等级：五

编号	SX504	行为领域	e	鉴定范围	
考核时间	30min	题型	A	含权题分	25
试题名称	架空输电线路金具识别				
考核要点及其要求	(1) 在培训基地实施考试。 (2) 现场提供 20 种以上各种型号线路金具，要求选手正确识别 10 种金具。 (3) 操作时间为 30min，时间到停止作业。 (4) 本项目为单人操作				
现场工器具、材料	(1) 工器具、材料：各种悬垂线夹、耐张线夹、接续金具、连接金具、拉线金具、保护金具。 (2) 考生自备工作服				
备注					
评分标准					

序号	作业名称	质量要求	分值	扣分标准	扣分原因	得分
1	线路金具一	(1) 识别金具名称正确； (2) 识别金具型号正确； (3) 金具用途回答正确	10	(1) 每种金具名称不正确扣4分； (2) 每种金具型号不正确扣3分； (3) 每种金具用途不正确扣3分		

序号	作业名称	质量要求	分值	扣分标准	扣分原因	得分
			评分标准			
2	线路金具二	(1) 识别金具名称正确； (2) 识别金具型号正确； (3) 金具用途回答正确	10	(1) 每种金具名称不正确扣4分； (2) 每种金具型号不正确扣3分； (3) 每种金具用途不正确扣3分		
3	线路金具三	(1) 识别金具名称正确； (2) 识别金具型号正确； (3) 金具用途回答正确	10	(1) 每种金具名称不正确扣4分； (2) 每种金具型号不正确扣3分； (3) 每种金具用途不正确扣3分		
4	线路金具四	(1) 识别金具名称正确； (2) 识别金具型号正确； (3) 金具用途回答正确	10	(1) 每种金具名称不正确扣4分； (2) 每种金具型号不正确扣3分； (3) 每种金具用途不正确扣3分		
5	线路金具五	(1) 识别金具名称正确； (2) 识别金具型号正确； (3) 金具用途回答正确	10	(1) 每种金具名称不正确扣4分； (2) 每种金具型号不正确扣3分； (3) 每种金具用途不正确扣3分		
6	线路金具六	(1) 识别金具名称正确； (2) 识别金具型号正确； (3) 金具用途回答正确	10	(1) 每种金具名称不正确扣4分； (2) 每种金具型号不正确扣3分； (3) 每种金具用途不正确扣3分		

		评分标准				
序号	作业名称	质量要求	分值	扣分标准	扣分原因	得分
7	线路金具七	(1) 识别金具名称正确; (2) 识别金具型号正确; (3) 金具用途回答正确	10	(1) 每种金具名称不正确扣4分; (2) 每种金具型号不正确扣3分; (3) 每种金具用途不正确扣3分		
8	线路金具八	(1) 识别金具名称正确; (2) 识别金具型号正确; (3) 金具用途回答正确	10	(1) 每种金具名称不正确扣4分; (2) 每种金具型号不正确扣3分; (3) 每种金具用途不正确扣3分		
9	线路金具九	(1) 识别金具名称正确; (2) 识别金具型号正确; (3) 金具用途回答正确	10	(1) 每种金具名称不正确扣4分; (2) 每种金具型号不正确扣3分; (3) 每种金具用途不正确扣3分		
10	线路金具十	(1) 识别金具名称正确; (2) 识别金具型号正确; (3) 金具用途回答正确	10	(1) 每种金具名称不正确扣4分; (2) 每种金具型号不正确扣3分; (3) 每种金具用途不正确扣3分		

考试开始时间			考试结束时间		合计	
考生栏	编号:	姓名:	所在岗位:	单位:	日期:	
考评员栏	成绩:	考评员:		考评组长:		

一、检修

（一）工器具、材料

（1）工器具：巡检仪、望远镜、数码相机、钢丝钳、扳手（300～350mm）、手锯等。

（2）材料：螺栓、防盗帽、巡视记录本、电力设施保护告知书等。

（二）安全要求

1. 防止环境意外伤害措施

巡视线路时应穿绝缘鞋或绝缘靴；雨、雪天路滑，应慢慢行走，过沟、崖和墙时防止摔伤，不走险路。防止动物伤害，做好安全措施；偏僻山区巡线由两人进行。暑天、大雪天等恶劣天气，必要时由两人进行。

2. 防止触电措施

巡视线路时应沿线路外侧行走，大风时应沿上风侧行走，发现导线断落地面或悬吊空中，应设法防止行人靠近断线地点 8m 以内，以免跨步电压伤人，并迅速报告领导，等候处理。

3. 防止高空坠落措施

单人巡视时禁止攀登树木和杆塔。

4. 防止交通意外措施

穿过公路、铁路时，要注意瞭望，遵守交通法规，以免发生交通意外事故。

（三）施工步骤

1. 巡视前的准备工作

（1）查阅图纸资料及线路缺陷情况，明确工作任务、范围，掌握线路有关参数、特点及接线方式，把握巡视重点。

（2）准备工器具及材料。所需工具准确齐全，对安全工具、个人防护用品进行检查，确保所用安全工具、个人防护用品经试验并合格有效。

2. 现场巡视

（1）巡视人员由有线路工作经验的人员担任，经考核合格后方能上岗，严格实行专责制,负责对每条线路实行定期巡视、检查和维护。

(2) 严格按线路巡视检查记录表实行巡视、检查,并做好记录。

3. 发现设备异常并采取处理措施

(1) 巡视人员在巡视过程中发现设备异常或威胁线路安全运行的情况,要认真分析研究并正确处理。

(2) 如属缺陷,应按缺陷管理办法及时进行处理,填报缺陷记录。特别是发现紧急和重大缺陷时,要及时向上级领导汇报有关情况,以便采取相应措施进行处理。如属一般缺陷时,可以就地处理的必须做到现场处理。

(3) 如属隐患,应按安全隐患管理要求及时进行处理,填报隐患记录。特别是发现紧急和重大隐患时,要及时向上级领导汇报有关情况,以便采取相应措施进行处理。

(4) 认真填写表 SX505-1 所示的巡视记录,并如实汇报。

表 SX505-1 架空输电线路巡视检查记录表

序号	检查项目	检查情况				
		___塔	___塔	___塔	___塔	___塔
1	杆塔					
1.1	杆塔有无倾斜、横担歪扭及杆塔部件有无锈蚀变形、缺损					
1.2	铁塔部件固定螺栓有无松动、缺螺栓或螺帽,螺栓丝扣长度是否够长,铆焊处是否裂纹、开焊					
1.3	拉线及部件有无锈蚀、松弛、断股抽筋、张力分配不均、缺螺栓、螺帽等部件丢失和被破坏等现象					
1.4	铁塔是否有危及安全运行或人员安全的异物、蜂窝、鸟巢等					
2	绝缘子					
2.1	绝缘子是否脏污,瓷质有无裂纹、破碎,铁帽及钢脚是否锈蚀,钢脚是否弯曲,钢化玻璃绝缘子有无爆裂					
2.2	复合绝缘子伞裙、护套材料有无脱胶、裂缝、滑移现象,棒芯端部有无锈蚀及连接滑移或缝隙					
2.3	绝缘子串偏斜是否超过规程要求					

序号	检查项目	检查情况				
		___塔	___塔	___塔	___塔	___塔
2.4	绝缘子有无闪络痕迹和局部火花放电现象					
2.5	绝缘子槽口、钢脚、弹簧销有无不配合,锁紧销子有无退出等					
2.6	绝缘子上悬挂有无异物					
3	导线、地线（包括OPGW）					
3.1	导线、地线有无腐蚀、断股、损伤或闪络烧伤					
3.2	导线、地线弧垂、相分裂导线间距有无变化					
3.3	导线、地线有无上扬、振动、舞动、脱冰跳跃,分裂导线有无鞭击、扭绞、粘连					
3.4	导线、地线连接金具有无过热、变色、变形、滑移					
3.5	导线在线夹中有无滑动,线夹船体部分有无自挂架中脱出					
3.6	跳线有无断股、歪扭变形、线间扭绞、舞动或摆动过大					
3.7	跳线与铁塔空气间隙有无变化					
3.8	导线静止状态或最大风偏后对地、对交叉跨越设施及对其他物体距离有无变化					
3.9	架空光缆接续盒及余缆架有无移位、变形、破损等异常情况					
3.10	导线线夹、间隔棒等有无异常声音或电晕情况					
3.11	导线、地线上是否悬挂异物					
4	金具有无锈蚀、变形、磨损、裂纹,开口销及弹簧销有无缺损脱出					
5	基础及基础防护					
5.1	基础有无变异,如有无裂纹、损坏、下沉或上拔;保护帽是否完好,周围土壤有无突起或沉陷;护基有无沉塌或被冲刷					
5.2	上、下边坡是否有塌方,防洪设施（如挡土墙、护坡、护面、排水沟）是否坍塌或损坏					

序号	检查项目	检查情况				
		___塔	___塔	___塔	___塔	___塔
6	防雷设施及接地装置					
6.1	放电间隙有无变动、烧损					
6.2	绝缘避雷器间隙有无变化					
6.3	地线、接地引下线、接地装置的连接情况是否正常					
6.4	接地引下线有无被盗、断线、锈蚀情况，接地装置有无外露					
7	其他辅助设施					
7.1	预绞丝有无滑动、断股或烧伤					
7.2	防振锤有无移位、脱落、偏斜、破损					
7.3	阻尼线有无变形、烧伤，绑线松动					
7.4	相分裂导线的间隔棒有无松动、位移、折断、线夹脱落、连接处磨损和放电烧伤					
7.5	相位、警告、指示及防护等标志有无缺损					
7.6	线路名称、杆塔编号有无字迹不清或丢失					
7.7	均压环、屏蔽环锈蚀及螺栓有无松动、偏斜					
8	线路防护区					
8.1	有无在铁塔上架设其他设施或利用铁塔、拉线作其他用途					
8.2	有无进入或穿越保护区的超高机械，有无向线路设施射击、抛掷物件					
8.3	有无在铁塔或拉线基础10m（特殊15m）范围内取土、打桩、钻探、开挖等施工或倾倒酸碱盐及其他有害化学物品					
8.4	有无在线路保护区内兴建建筑物、烧窑、烧荒、堆放谷物、草料、垃圾、易燃物、易爆物及其他影响供电安全的物品					

序号	检查项目	检查情况				
		＿＿塔	＿＿塔	＿＿塔	＿＿塔	＿＿塔
8.5	有无在保护区内打桩、钻探、地下采掘等作业，或有无在线路附近（500m内）爆破、开山采石					
8.6	有无在铁塔内或铁塔与拉线之间修建车道					
8.7	有无增加新的交叉跨越					
8.8	线路附近有无易被风吹起的锡箔纸、塑料薄膜或放风筝等					
8.9	巡视便道、车辆便道及桥梁等有无损坏					
8.10	有无可能引起放电的树木或其他设施					
8.11	保护区有无种植树木、竹子等高杆植物（如有，填写估计数量）					
8.12	树木、竹子等高杆植物与导线的最近距离是否符合要求					
8.13	有无树木、竹子或过高杂草需清理（如有应填写数量）					
9	发现的问题具体说明或建议					

塔号	问题具体说明或建议	处理意见	缺陷项次

没有发现问题请打"√"，有请打"×"，并在"发现的问题具体说明或建议"栏内详细说明发现问题的信息及内容。

二、考核

（一）考核场地

在培训基地杆塔上实施考试，塔上预先设置几个隐患点；或在实际运行线路上考核。

（二）考核时间

（1）考核时间为 40min。

（2）许可开工后记录考核开始时间。

（3）现场清理完毕后，汇报工作终结，记录考核结束时间。

（三）考核要点

（1）线路巡视前，首先要做好危险点分析与预控工作，确保巡视人员人身安全；其次要做好相关资料分析整理工作，明确巡视工作的重点。

（2）严格遵守现场巡视作业流程，巡视到位，认真检查线路各部件运行情况，发现问题及时汇报，及时填写巡视记录及缺陷记录。发现重大、紧急缺陷时立即上报有关人员。

三、评分参考标准

行业：电力工程　　　　　　　工种：送电线路工　　　　　　　等级：五

编号	SX505	行为领域	e	鉴定范围	
考核时间	40min	题型	A	含权题分	25
试题正文	110（220）kV 架空输电线路例行地面巡视				
考核要点及其要求	（1）在培训基地杆塔上实施考试，塔上预先设置几个隐患点。 （2）按地面巡视要求准备工器具及材料。 （3）根据作业指导书（卡）完成巡视工作，并填写巡视记录。 （4）操作时间为 40min，时间到停止作业。 （5）本项目为单人操作，现场配辅助作业人员一名				
现场工器具、材料	（1）工器具：巡检仪、望远镜、数码相机、钢丝钳、扳手、手锯等。 （2）材料：螺栓、防盗帽、巡视记录本、电力设施保护告知书等				
备注					

			评分标准				
序号	作业名称	质量要求		分值	扣分标准	扣分原因	得分
1	着装	穿长袖工作服、戴安全帽、穿绝缘鞋		2	不正确着装扣 2 分		
2	工器具选用	望远镜、手锯、数码相机、测高仪、钳子、扳手（300～350mm）		5	（1）工具选择不准确每件扣 1 分； （2）工具使用不准确每次扣 2 分		

		评分标准				
序号	作业名称	质量要求	分值	扣分标准	扣分原因	得分
3	材料准备	螺栓、防盗帽等	3	错、漏一件扣1分		
4	线路通道巡查	（1）有无向线路设施射击、抛掷物体情况； （2）有无攀登杆塔或在杆塔上架设电力线、通信光缆、有线电视光缆、广播线及安装广播喇叭等； （3）有无利用杆塔拉线作起重牵引地锚，在杆塔拉线上拴牲口，悬挂物件； （4）有无在杆塔内（不含杆塔和杆塔之间）或杆塔与拉线之间修建车道； （5）有无在杆塔拉线基础周围取土、堆土、打桩、钻探、开挖或倾倒酸、碱、盐及其他有害化学品； （6）有无在线路保护区内兴建建筑物、烧窑、烧荒或堆放谷物、布料、垃圾、矿渣、易燃物及其他影响供电安全的物品； （7）在杆塔上是否有危及安全供电的鸟巢、危及人员作业的蜂窝或攀附有蔓藤类植物； （8）有无在线路保护区内种植植物； （9）有无在线路保护区内进行农田水利基础建设及打桩、钻探、开挖、地下采掘等作业； （10）在线路保护区内有无进入或穿越保护区的超高机械； （11）在线路附近有危及线路安全及线路导线风偏摆动时，有无可能引起放电的树木或其他设施； （12）在线路附近有无施工爆破、开山采石、上坟烧纸、燃放炮烛、放风筝等； （13）线路附近河道、冲沟有无变化，巡视、维修时使用道路、桥梁是否损坏； （14）沿线交叉跨越有无变动情况	15	按作业指导书要求仔细检查线路通道缺陷，漏检一项扣2分，未发现缺陷扣15分		

			评分标准				
序号	作业名称	质量要求	分值	扣分标准	扣分原因	得分
5	导、地线（包括耦合地线、屏蔽线、OPGW通信光缆）巡查	（1）有无导、地线锈蚀，断股，损伤或闪络烧伤； （2）有无导、地线弧垂变化，相分裂导线间距变化； （3）有无导、地线上扬，振动，舞动，脱冰跳跃；有无相分裂导线鞭击、扭绞、粘连； （4）有无导、地线接续金具过热，变色，变形，滑落，外观鼓包，裂纹，烧伤，出口处断股，歪曲度不符合规程要求等； （5）有无导线在线夹内滑动，释放线夹船体部分是否自挂架中脱出； （6）有无跳线断股、歪扭变形，跳线与杆塔空气间隙是否变化，跳线间有无扭绞，跳线舞动、摆动过大； （7）导线对地、对交叉跨越设施及其他物体距离有无变化； （8）导、地线上是否悬挂有异物	10	按作业指导书要求仔细检查导地线缺陷，漏检一项扣2分，未发现缺陷扣10分		
6	杆塔、拉线和基础巡查	（1）杆塔倾斜，横担歪扭及杆塔部件锈蚀变形、缺损、被盗； （2）杆塔部件固定螺栓松动，缺螺栓或螺帽，螺栓丝扣长度不够，铆焊处裂纹、开焊、绑线断裂或松动； （3）混凝土杆出线裂纹扩展、混凝土脱落、钢筋外露、脚钉缺损； （4）拉线及部件锈蚀、松弛、断股抽筋、张力分配不均、缺螺栓、螺帽等，部件丢失和被破坏等现象； （5）杆塔及拉线的基础变异，周围土壤突起或沉陷，基础裂纹，损坏、下沉或上拔，护基沉塌或被冲刷； （6）基础保护帽上部塔材被埋入土或废弃物堆中，塔材锈蚀； （7）防洪设施坍塌或损坏	10	按作业指导书要求仔细检查导地线缺陷，漏检一项扣2分，未发现缺陷扣10分		

		评分标准				
序号	作业名称	质量要求	分值	扣分标准	扣分原因	得分
7	绝缘子、绝缘横担及金具巡查	（1）绝缘子、瓷横担脏污，瓷质裂纹、破碎，钢化玻璃绝缘子爆裂，绝缘子铁帽及钢脚锈蚀，钢脚弯曲； （2）合成绝缘子伞裙破裂、烧伤；金具、均压环变形、扭曲、锈蚀等异常情况； （3）绝缘子、绝缘横担有闪络痕迹和局部火花放电留下的痕迹； （4）绝缘子串、绝缘横担偏斜； （5）绝缘横担绑线松动、断股、烧伤； （6）金具锈蚀、变形、磨损、裂纹，开口销及弹簧销缺损或脱出，特别注意要检查金具经常活动、转动的部位和绝缘子串挂点的金具； （7）绝缘子槽口、钢脚、锁紧销子退出等	10	按作业指导书要求仔细检查绝缘子缺陷，漏检一项扣2分，未发现缺陷扣10分		
8	防雷设施和接地装置巡查	（1）放电间隙变动、烧损； （2）避雷器、避雷针等防雷装置和其他设备的连接、固定情况； （3）线路避雷器间隙变化情况； （4）地线、接地引下线、接地装置、连续接地线间的连接、固定以及锈蚀情况	10	按作业指导书要求仔细检查导地线缺陷，漏检一项扣2分，未发现缺陷扣5分		
9	检查附件及其他设施巡查	（1）预绞丝滑动、断股或烧伤； （2）防振锤位移、脱落、偏斜、钢丝断股，阻尼线变形、烧伤、绑线松动； （3）相分裂导线的间隔棒松动、位移、折断、线夹脱落、连接处磨损和放电烧伤；				

		评分标准				
序号	作业名称	质量要求	分值	扣分标准	扣分原因	得分
9	检查附件及其他设施巡查	（4）均压环、屏蔽环锈蚀及螺栓松动、偏斜； （5）防鸟设施损坏、变形或缺损； （6）附属通信设施破坏； （7）航空、航道警示灯工作情况； （8）各种检测装置缺损； （9）相位、警告、指示及防护等标志缺损、丢失，线路名称、杆塔编号字迹不清的； （10）防污监测点悬挂的检测绝缘子的缺损、丢失	10	按作业指导书要求仔细检查导地线缺陷，漏检一项扣2分，未发现缺陷扣5分		
10	巡视记录	认真填写巡视记录	15	巡视记录不全扣2分		
11	其他要求	（1）文明生产： 1）符合文明生产要求； 2）工器具在操作中归位； 3）工器具及材料不应乱扔乱放	5	1）操作中工器具不归位扣2分； 2）工器具及材料乱扔乱放每次扣1分		
		（2）安全施工做到"三不伤害"	5	施工中造成自己或别人受伤扣2分		
考试开始时间			考试结束时间		合计	
考生栏	编号：	姓名：	所在岗位：	单位：	日期：	
考评员栏	成绩：	考评员：		考评组长：		

一、操作

（一）工器具、材料

（1）工器具：ZC-7型绝缘电阻表、测试连接线、绝缘手套、遮栏（围栏）、安全帽、笔、纱布、绝缘垫。

（2）材料：悬式瓷绝缘子3片。

（二）安全要求

防触电伤人。绝缘电阻表在使用过程中应戴绝缘手套，测试过程中禁止接触测量表笔或绝缘子的金属部分。

（三）施工步骤

1. 准备工作

（1）正确规范着装。

（2）摆放工器具。

（3）对绝缘电阻表进行开、短路试验，检查绝缘电阻表是否完好。

2. 工作过程

（1）对绝缘子进行外观检查。检查瓷裙有无破损、钢帽有无锈蚀、钢脚有无歪斜。

（2）用干净纱布擦拭绝缘子表面，使其瓷裙表面光亮无污物。

（3）用绝缘电阻表的两接线柱 E 和 L 分别接绝缘子的钢帽和钢脚。

（4）测量并读取数据，记录数据，对数据进行判断，电阻值低于 $300M\Omega$ 判定为不合格。

（5）清理现场，向工作负责人报完工。

（四）绝缘电阻表使用要求

1. 绝缘电阻表使用方法

（1）测量前，应将绝缘电阻表保持水平位置，左手按住表身，右手摇动绝缘电阻表摇柄，转速约 120r/min，指针应指向无穷大（∞），否则说明绝缘电阻表有故障。

（2）测量前，应切断被测电器及回路的电源，并对相关元件进行临时接地放电，以保证人身与绝缘电阻表的安全和测量结果准确。

（3）测量时必须正确接线。绝缘电阻表共有 3 个接线端（L、E、G）。测量绝缘子绝缘电阻时，分别将 L、E 两端接绝缘子的钢帽和钢脚。

（4）绝缘电阻表接线柱引出的测量软线绝缘应良好，两根导线之间和导线与地之间应保持适当距离，以免影响测量精度。

（5）摇动绝缘电阻表时，不能用手接触绝缘电阻表的接线柱和被测回路，以防触电。

（6）摇动绝缘电阻表后，各接线柱之间不能短接，以免损坏。

（7）摇动绝缘电阻表后，时间不要久。

2. 使用绝缘电阻表的注意事项

（1）禁止在雷电时或高压设备附近测绝缘电阻，只能在设备不带电，也没有感应电的情况下测量。

（2）摇测过程中，被测设备上不能有人工作。

（3）测量设备的绝缘电阻时，必须先切断设备的电源。对含有电感、电容的设备（如电容器、变压器、电机及电缆线路），必须先进行放电。

（4）绝缘电阻表应水平放置，未接线之前，应先摇动绝缘电阻表，观察指针是否在"∞"处。再将 L 和 E 两接线端短路，慢慢摇动绝缘电阻表，指针应在零处。经开、短路试验，证实摇表完好方可进行测量。

（5）绝缘电阻表测量完毕，应立即使被测物放电，在绝缘电阻表未停止转动和被测物未放电之前，不可用手去触及被测物的测量部位或进行拆线，以防止触电。

（6）被测物表面应擦拭干净，不得有污物（如漆等），以免造成测量数据不准确。

（7）测量结束时，对于大电容设备要放电。

（8）要定期校验其准确度。

二、考核

（一）考核场地
（1）考场可设在室内，每个工位 3～4m²，配有一定区域的安全围栏。

（2）设置 2～3 套评判桌椅和计时秒表。

（二）考核时间
（1）考核时间为 30min。

（2）考评员宣布开始后记录考核开始时间。

（3）现场清理完毕后，汇报工作终结，记录考核结束时间。

(1) 要求单人操作，考生就位，经考评员许可后开始工作。

(2) 考生规范穿戴工作服、绝缘鞋、安全帽等；工器具选用满足工作需要，并进行外观和性能检查。

(3) 绝缘电阻表的使用。

1) 技术要求。绝缘电阻表应水平放置，未接线之前，应先摇动绝缘电阻表，观察指针是否在"∞"处。再将 L 和 E 两接线柱短路，慢慢摇动绝缘电阻表，指针应在零处。经开、短路试验，证实绝缘电阻表完好方可进行测量；绝缘电阻表的引线应用多股软线，且两根引线切忌绞在一起，以免造成测量数据不准确；被测物表面应擦拭干净，不得有污物（如漆等），以免造成测量数据不准确。

2) 安全要求。绝缘电阻表在使用过程中戴绝缘手套，测试过程中，禁止接触测量表笔或绝缘子的金属部分。

(4) 自查验收。施工作业结束后，按要求清理施工现场，整理工具，向考评员报完工。

(5) 安全文明生产，按规定时间完成，按所完成的内容计分，要求操作过程熟练连贯，施工有序，工具、材料存放整齐，现场清理干净。

三、评分参考标准

行业：电力工程　　　　　　　工种：送电线路工　　　　　　　等级：五

编号	SX506	行为领域	e	鉴定范围	
考核时间	30 min	题型	A	含权题分	25
试题名称	使用绝缘电阻表测量悬式绝缘子绝缘电阻				
考核要求及要点	(1) 规范穿戴工作服、绝缘鞋、安全帽等。 (2) 工器具选用满足工作需要，进行外观及性能检查。 (3) 熟练使用绝缘电阻表。 (4) 测量过程正确规范，测量数据记录清晰完整				
现场工器具	ZC-7 型绝缘电阻表、测试连接线、绝缘手套、遮栏（围栏）、安全帽、笔、纱布、绝缘垫				
备注					
评分标准					

序号	作业名称	质量要求	分值	扣分标准	扣分原因	得分
1	着装	正确佩戴安全帽，穿工作服，穿绝缘鞋，戴绝缘手套	5	(1) 未着装扣 5 分； (2) 着装不规范扣 3~5 分		

		评分标准				
序号	作业名称	质量要求	分值	扣分标准	扣分原因	得分
2	工器具选用与检查	(1) 工器具选用满足施工要求	5	工器具选用不当扣3分		
		(2) 绝缘电阻表外观及性能检查： 1) 检查校验合格证是否有效。 2) 绝缘电阻表应水平放置，未接线之前，应先摇动绝缘电阻表，观察指针是否在"∞"处。再将L和E两接线端短路，慢慢摇动绝缘电阻表，指针应在零处。经开、短路试验，证实绝缘电阻表完好方可进行测量	15	1) 未检查扣5分； 2) 未检查绝缘电阻表外观扣2分；绝缘电阻表未放平扣3分；未做开路试验扣5分；未做短路试验扣5分		
3	绝缘子测量	(1) 外观检查：对绝缘子进行外观检查，检查瓷裙有无破损，钢帽有无锈蚀，钢脚有无歪斜	5	未对绝缘子进行外观检查扣5分		
		(2) 擦拭绝缘子：用干净纱布擦拭绝缘子表面，使其瓷裙表面光亮无污物	5	未擦拭绝缘子扣5分		
		(3) 接线：把绝缘子放绝缘垫上，用绝缘电阻表的两接线柱E和L分别接绝缘子的钢帽和钢脚	10			
		(4) 绝缘子检测： 1) 绝缘电阻表的引线应用多股软线，且两根引线切忌绞在一起，以免造成测量数据不准确； 2) 摇动手柄，转速从低速慢慢增设到120r/min左右，并维持1min后读数； 3) 绝缘电阻表在使用过程中戴绝缘手套，测试过程中，禁止接触测量表笔或绝缘子的金属部分	30	1) 接线不准确扣5~10分； 2) 摇测不准确扣5~10分； 3) 测量过程中未戴绝缘手套扣5分；测量过程中接触到测量表笔或绝缘子的金属部分扣5分		

续表

						扣分原因	得分
序号	作业名称	质量要求	分值	扣分标准			
3	测量	（5）填写检修记录：整理测量的绝缘子阻值，记录资料并归档	10	未整理记录资料扣5分			
4	判断不合格的绝缘子	小于300MΩ判定为零值绝缘子	10	判定结果不正确扣10分			
5	清理现场	将工器具整理打包，并检查工作场地无遗留物	5	未清理现场扣5分			

评分标准

考试开始时间			考试结束时间		合计	
考生栏	编号：	姓名：	所在岗位：	单位：	日期：	
考评员栏	成绩：	考评员：		考评组长：		

一、施工

(一) 工器具、材料

(1) 工器具：个人工具、防护用具、围栏、安全标示牌（"在此工作!"一块、"从此进出!"一块）、拔销器、5000V绝缘电阻表、抹布。

(2) 材料：U型螺栓U-1880型、球头挂环Q-7型、7～8片悬式绝缘子XP-70型、单联碗头W-7型、悬式线夹XGU-3、铝包带、弹簧销、LGJ-185型导线2m。

(二) 安全要求

(1) 现场设置安全围栏和标示牌。

(2) 全程使用劳动防护用品。

(3) 操作过程中，确保人身与设备安全。

(三) 施工步骤

1. 查阅资料

查阅图纸资料，明确金具、绝缘子型号及数量，了解组装工艺要求。

2. 准备工作

(1) 着装。工作服、绝缘鞋、安全帽、手套穿戴正确。

(2) 选择工具，做外观检查。选择安全用具及辅助器具，并检查工器具外观完好无损，具有合格证并在有效试验周期内。

(3) 选择材料，做外观检查。选择组装材料，并检查材料外观完好无损，每片绝缘子应进行绝缘检测合格，并清扫干净。

3. 操作步骤

(1) 材料摆放。根据图纸，依次摆放绝缘子串组装材料。

(2) 金具及绝缘子连接。按从横担侧到导线侧或从导线侧到横担侧，依次连接金具和绝缘子，并调整金具绝缘子的穿钉插销方向。

(3) 铝包带绑扎。以导线画线位置为中心缠绕铝包带。铝包带缠绕紧密，其缠绕方向应与外层铝股的绞制方向一致；所缠铝包带应露出悬垂线夹，但不超过10mm，其端头应回缠绕于悬垂线夹内压住。

（4）悬垂线夹安装。拆开悬垂线夹，把缠绕好铝包带的导线放入线夹内，拧紧U型螺栓后与碗头挂板相连接。

4. 工作终结

（1）自查验收。操作人员自查绝缘子串的组装质量是否符合图纸要求和工艺要求。

（2）清理现场，退场。清理地面工作现场，确认工器具均已收齐，工作现场做到"工完、料净、场地清"。

（四）工艺要求

（1）组装完成后，各金具及绝缘子间连接顺序无误，连接可靠转动灵活。

（2）绝缘子检测应使用5000V绝缘电阻表进行绝缘检测，绝缘电阻值不低于300MΩ。

（3）绝缘子片数符合图纸要求，开口方向相同。

（4）绝缘子安装时应检查球头、碗头与弹簧销子之间的间隙。在安装好弹簧销子的情况下球头不得自碗头中脱出。严禁线材（铁丝）代替弹簧销。

（5）铝包带缠绕紧密，其缠绕方向应与外层铝股的绞制方向一致；所缠铝包带应露出悬垂线夹，但不超过10mm，其端头应回缠绕于悬垂线夹内压住。

（6）金具螺栓开口销均应开口。

（五）注意事项

（1）作业现场人员必须正确戴好安全帽。

（2）作业区域设置安全围栏，悬挂安全标示牌。

（3）玻璃绝缘子的操作应戴防护眼镜。

二、考核

（一）考核场地

（1）场地面积能同时满足多个工位，并保证工位间的距离合适，不应影响操作或对各方的人身安全。

（2）为避免环境因素影响，本项目可在室内进行，每个工位面积应不小于$4mm^2$，并用围栏隔开，应有照明、通风、电源、降温设施。

（3）设置评判桌椅和计时秒表、计算器。

（二）考核时间

（1）考核时间为30min。

（2）考评员宣布开始后记录考核开始时间。

（3）现场清理完毕后，汇报工作终结，记录考核结束时间。

（三）考核要点

（1）要求一人操作，考生就位，经许可后开始工作，规范穿戴工作服、绝缘鞋、安全帽、手套等，正确使用围栏、标示牌。

（2）工器具选用满足工作需要，进行外观检查。

（3）选用材料的规格、型号、数量符合要求，进行外观检查检测。

（4）各金具及绝缘子间连接顺序数量无误，连接可靠转动灵活。

（5）安全文明生产，按规定时间完成，按所完成的内容计分，要求操作过程熟练连贯，施工有序，工器具、材料存放整齐，现场清理干净。

（6）发生安全事故本项考核不及格。

三、评分参考标准

行业：电力工程　　　　　　工种：送电线路工　　　　　　等级：五

编号	SX507	行为领域	e	鉴定范围	
考核时间	30min	题型	A	含权题分	25
试题名称	110kV架空线路悬式绝缘子串地面组装				
考核要点 及其要求	（1）根据110kV悬式绝缘子串组装图，选择材料并完成组装。 （2）组装好的绝缘子符合工艺要求。 （3）操作时间为30min，时间到终止操作。 （4）本项目为单人操作				
现场工器 具、材料	（1）主要工器具：个人工器具、防护用具、围栏、安全标示牌（"在此工作！"一块、"从此进出！"一块）、拔销器、5000V绝缘电阻表、抹布。 （2）主要材料：U型螺栓U-1880型、球头挂环Q-7型、7～8片悬式绝缘子XP-70型、单联碗头W-7型、悬式线夹XGU-3型、铝包带、弹簧销、1m导线LGJ-185型。 （3）考生自备工作服、绝缘鞋，可以自带个人工具				
备注					
评分标准					

序号	作业名称	质量要求	分值	扣分标准	扣分原因	得分
1	着装	工作服、绝缘鞋、安全帽、手套穿戴正确	2	穿戴不正确一项扣1分		

		评分标准				
序号	作业名称	质量要求	分值	扣分标准	扣分原因	得分
2	工器具选用	电工常用工具	3	操作再次拿工具每件扣1分		
3	根据图纸,选择材料	(1)导线型号选择; (2)绝缘子选择; (3)线路金具选择	30	(1)导线型号选择不正确扣5分; (2)绝缘子选择不正确扣5分; (3)金具型号和数量选择不正确每件扣5分		
4	材料检查	(1)绝缘子检查; (2)钢芯铝绞线检查; (3)线路金具检查	20	(1)未检查导线扣2分; (2)未检查清扫绝缘子扣2分; (3)未检查金具外观每件扣2分		
5	组装	(1)各种材料的摆放顺序正确; (2)弹簧销安装到位; (3)开口销开口; (4)现场清理	40	(1)材料摆放顺序不正确扣10分; (2)弹簧销不到位每处扣3分; (3)开口销未开口每处扣2分; (4)绝缘子、螺栓方向不一致扣5分; (5)现场清理不干净扣5分		
6	安全文明生产	(1)符合安全文明生产要求; (2)工器具在操作中归位; (3)工器具及材料不应乱扔乱放	5	(1)操作中工器具不归位扣2分; (2)工器具及材料乱扔乱放每次扣2分		
考试开始时间				考试结束时间		合计
考生栏	编号:		姓名:	所在岗位:	单位:	日期:
考评员栏	成绩:		考评员:		考评组长:	

一、施工

(一) 工器具、材料

(1) 工器具：个人工器具、防护用具、登高工具（脚扣或踩板）、围栏、安全标示牌（"在此工作！"一块、"从此进出！"一块）、ϕ12 传递绳 30m、1t 滑车、3m 钢卷尺、记号笔。

(2) 材料：单横担∠50mm×5mm×850mm、M 型抱铁 135mm×35mm、U 型抱箍 ϕ16R90。

(二) 安全要求

1. 防止触电措施

(1) 登杆塔前必须仔细核对线路名称、杆号，多回线路还应核对线路的识别标记，确认无误后方可登杆。

(2) 严格执行 Q/GDW 1799.2—2013《国家电网公司电力安全工作规程 线路部分》保证安全的技术措施。

(3) 登杆塔作业人员、绳索、工器具及材料与带电体保持规定的安全距离。

2. 防止高空坠落措施

(1) 攀登杆塔作业前，应检查杆塔根部、基础和拉线是否牢固。

(2) 攀登杆塔作业前，应先检查登高工具、设施，如安全带、脚钉、爬梯、防坠装置等是否完整牢靠。上下杆塔必须使用防坠装置。

(3) 在杆塔上作业时，应使用有后备绳或速差自锁器的双控背带式安全带，安全带和后备保护绳（速差自锁器）应分挂在杆塔不同部位的牢固的件上，应防止安全带从杆顶脱出或被锋利物损坏。人员在转位时，手扶的构件应牢固，且不得失去安全保护。

3. 防止落物伤人措施

(1) 现场工作人员必须正确佩戴安全帽。

(2) 高处作业应使用工具袋，较大的工器具应固定在牢固的构件上，不准随便乱放。上下传递物件应用绳索拴牢传递，严禁上下抛掷。

（3）在进行高空作业时，不准他人在工作地点的下面通行或逗留，工作地点下面应有围栏或装设其他保护装置，防止落物伤人。

4. 防止工器具失灵、导线脱落、绝缘子脱落等措施

（1）使用工具前应进行检查，严禁以小带大。

（2）检查金具、绝缘子的连接情况。

（3）提线工具收紧前，检查工器具连接情况是否牢固可靠。

（4）当采用单吊线装置时，应采取防止导线脱落的后备保护措施。

5. 防倒杆伤人

（1）登杆前应检查杆根、杆身和埋深。钢筋混凝土杆保护层不应腐蚀脱落、钢筋外露，普通钢筋混凝土杆不应有纵向裂纹和横向裂纹，缝隙宽度不应超过0.2mm，预应力钢筋混凝土杆不应有裂纹。

（2）登杆前应检查拉线是否完好。拉线镀锌钢绞线不应断股，镀锌层不应锈蚀、脱落，拉线张力应均匀，不应严重松弛，拉棒锈蚀后直径减少值不应超过2mm。

（三）施工步骤

1. 准备工作

（1）工作票及任务单。工作票签发人根据现场情况等相关资料，签发工作票和任务单，根据 Q/GDW 1799.2—2013《国家电网公司电力安全工作规程 线路部分》和现场实际填写电力线路第一种工作票，工作负责人确认无误后接受工作票和任务单。

（2）着装。工作服、绝缘鞋、安全帽、绝缘手套穿戴正确。

（3）选择工具，做外观检查。选择工具、防护用具及登高工具，并检查工器具外观完好无损，具有合格证并在有效试验周期内。踩板的踏板、钩子不得有裂纹和变形，心形环完整，绳索无断股或霉变；绳扣接头每绳股连续插花应不少于4道，绳扣与踏板间应套接紧密。脚扣的金属母材及焊缝无任何裂纹和可目测到的变形；皮带完好，无霉变、无裂缝或严重变形；小爪连接牢固，活动灵活，橡胶防滑块（套）完好，无破损。有腐蚀裂纹的禁止使用。

（4）选择材料，做外观检查。单横担、M型抱铁外观合格，无变形，镀锌层完好，抱箍螺帽垫片齐全。

2. 操作步骤

（1）上杆塔作业前的准备。

1）杆上作业人员根据工作情况选择工器具及材料，并检查是否完好。

2）杆上作业人员检查杆塔根部、基础是否完好。

3）杆上作业人员检查登杆工具及安全防护用具，并确保良好、可靠，对登杆工具、安全防护用具和防坠装置做冲击试验。

4）地面作业人员在适当的位置将传递绳理顺确保无缠绕。

（2）登杆塔作业。杆上作业人员戴好安全帽，系好安全带、后备保护绳，携带传递绳开始登塔。杆塔有防坠装置的，应使用防坠装置。

1）踩板登杆。

a. 将上板背在身上（钩子朝电杆面，木板朝人体背面），左手握下板绳绕过杆身、右手持钩、钩口朝上挂板。

b. 右手握住下板挂钩下方绳子，右脚外侧靠紧右边踩板绳上下板；重心转移到右腿后，右脚内侧抵住杆身；左腿绕过踩板左边绳上下板，左小腿绞紧左边绳，两脚内侧夹紧杆身。

c. 挂上板（方法同a）。

d. 右手抓紧上板两根绳子，左手压紧踩板左端部，抽出右脚踩在上板上，右脚外侧靠紧踩板右边绳。

e. 缩右腿使右腿膝肘部挂紧右边绳登上上板，左脚蹬在杆上，右脚使踩板靠近左大腿。

f. 侧身、左手握住下板钩下100mm左右处绳子，脱钩取板，左脚绕过踩板左边绳上板同时左小腿绞紧踩板左边绳子，两脚内侧夹紧杆身。

g. 重复以上步骤，两踩板交替上升登至工作位置。

2）脚扣登杆。

a. 调整脚扣尺寸，与钢筋混凝土电杆直径配合，使脚扣胶皮面与杆身接触可靠（脚扣满挂）。

b. 抬脚使脚扣平面（金属杆圆弧面）与杆身成90°，脚扣叩杆、脚背外翻挂实，下蹬；脚扣登杆必须全过程使用安全带。

c. 另一只脚上抬松脱脚扣，向上登杆，方法同a。

d. 双手扶安全带，重心稍向后，动作正确（双手不能抓住安全带），注意根据杆身直径变化调整脚扣尺寸。

（3）单横担安装。

1）杆上作业人员携带传递绳登至安装单横担处时，应将安全带、后备保护绳系杆身上，在杆身的适当位置挂好传递绳。

2）杆上作业人员用钢卷尺从杆顶向下量取安装尺寸，并用记号笔做好标记。

3）地面作业人员将组装好的单横担传递到杆上作业人员，杆上作业人员将杆身套入单横担抱箍内，移动单横担至标记处。

4）拧紧U型抱箍螺母并调整方向，使单横担与线路方向垂直，横担面水平一致。

（4）下塔作业。塔上作业人员检查单横担安装质量，杆上无任何遗留物后，解开安全带、后备保护绳，携带传递绳下杆塔。

1）踩板下杆。

a. 左手握绳、右手持钩、钩口朝上，在大腿部对应杆身上挂下板。

b. 右手握上板绳，抽出左腿，左脚蹬在上板下方的杆身上，右腿膝肘部挂紧绳子侧身并向外顶出，上板靠近左大腿。

c. 左手握住下板的挂钩和绳子，左右摇动使其围杆下落，同时左脚下滑至适当位置蹬杆，定住下板绳（钩口朝上）。

d. 左手在上板上方握住左边绳，右手松出左边绳、只握右边绳，右脚下上板，右手沿右边绳下滑至上板上方，右脚踩下板，脚外侧靠紧右边绳，脚内侧抵住杆身。左脚绕过左边绳踩在下板上，小腿绞紧左边绳，两脚夹住杆身。

e. 左手握住上板，向上晃动松下上板；挂下板（方法同 a）。

f. 重复以上步骤，两踩板交替下降到地面。

2）脚扣下杆。

a. 抬脚使脚扣平面（金属杆圆弧面）与杆身成 90°，脚扣叩杆、脚背外翻挂实，下蹬。

b. 另一只脚上抬松脱脚扣，下杆，方法同 a。

c. 注意调整脚扣尺寸，与钢筋混凝土电杆直径配合，使脚扣胶皮面与杆身接触可靠；双手扶扶杆身，重心稍向后，动作正确。

3. 工作终结

（1）工作负责人确认所有施工内容已完成，质量符合标准，杆塔上、单横担上及其他辅助设备上没有遗留物。

（2）清理地面工作现场，确认工器具均已收齐，工作现场做到"工完、料净、场地清"。并向工作许可人汇报作业结束，履行终结手续。

（四）工艺要求

（1）熟练使用登杆工具，上下杆动作规范自然，不失稳。

（2）单横担安装位置正确，上下偏差不超过 20mm。

（3）单横担安装好后水平应一致，并与线路方向垂直，上下左右倾斜不超过 20mm。

（4）单横担 U 型抱箍顺线路方向穿入，平垫、弹簧垫齐全，位置不颠倒，螺帽拧紧后，螺纹至少露出两扣。

（五）注意事项

（1）上下钢筋混凝土电杆时，手脚要稳，并打好保护。

（2）作业区域设置安全围栏，悬挂安全标示牌。

（3）服从工作负责人指挥。

二、考核

(一) 考核场地

（1）考场可以在设有两基培训专用 12m 钢筋混凝土拔梢杆（梢径 170mm）上进行，杆上无障碍。不少于 2 个工位。

（2）给定线路检修时需办理工作票，线路上安全措施已完成，配有一定区域的安全围栏。

（3）设置两套评判桌椅和计时秒表、计算器。

(二) 考核时间

（1）考核时间为 40min。

（2）许可开工后记录考核开始时间。

（3）现场清理完毕后，汇报工作终结，记录考核结束时间。

(三) 考核要点

（1）要求一人操作、一人配合，考场有一名工作负责人。考生就位，经许可后开始工作，规范穿戴工作服、工作鞋、安全帽、手套等。

（2）工器具选用满足工作需要，进行外观检查。

（3）选用材料的规格、型号、数量符合要求，进行外观检查。

（4）登杆。

1）技术要求。技术熟练，有脚扣登杆过程中应收小脚扣，合理站位，固定好传递绳。

2）安全要求。登杆前检查杆根和埋深，检查登高工具是否在试验期限内，对脚扣（踩板）和安全带做冲击试验。高空作业中安全带应系在牢固的构件上，不得失去保护，作业时不得失去监护。

（5）下杆。

1）技术要求。杆上作业完成，清理杆上遗留物，得到工作负责人许可后下杆，用脚扣下杆过程中放大脚扣。

2）安全要求。下杆过程中不能失去保护，离地面小于 500mm 才能脱离登高工具着地。

（6）单横担安装符合工艺要求。

（7）自查验收。施工作业结束后，工作负责人依据施工验收规范对施工工艺、质量进行自查验收，按要求清理施工现场，整理工具、材料，办理工作终结手续。

（8）安全文明生产。并按规定时间完成任务，按所完成的内容计分，要求操作过程熟练连贯，施工有序，工具、材料存放整齐，现场清理干净。

（9）发生安全事故本项考核不及格。

三、评分参考标准

行业：电力工程　　　　　　工种：送电线路工　　　　　　等级：五

编号	SX508	行为领域		e	鉴定范围	
考核时间	40 min	题型		A	含权题分	25
试题名称	攀登钢筋混凝土电杆安装单横担					
考核要点及其要求	（1）正确熟练使用登高工具和安全防护用具，上下杆动作规范自然，不失稳。 （2）单横担安装符合工艺要求。 （3）操作时间为40min，时间到终止操作。 （4）本项目为单人操作，现场配辅助作业人员一名、工作负责人一名。辅助工作人员只协助考生完成塔上工具、材料的上吊和下卸工作；工作负责人只监护工作安全					
现场工器具、材料	（1）工器具：个人工器具、防护用具、登高工具（脚扣或踩板）、围栏、安全标示牌（"在此工作"一块、"从此进出"一块）、$\phi12$ 传递绳 30m、1t 滑车、3m 钢卷尺、记号笔。 （2）材料：单横担∠50mm×5mm×850mm、M 型抱铁 135mm×35mm、U 型抱箍 $\phi16R90$。 （3）考生自备工作服、绝缘鞋、自带个人工具					
备注						
评分标准						

序号	作业名称	质量要求	分值	扣分标准	扣分原因	得分
1	正确着装	穿长袖工作服、戴安全帽、穿胶鞋、戴劳保手套	2	不正确着装一件扣 2 分		
2	工器具、材料选用	（1）个人工器具：钢丝钳、扳手、记号笔、钢卷尺、工具包等	3	操作中再次拿工具每件扣 1 分		
		（2）专用工器具：吊绳、踩板或（脚扣）操作者自选一件		操作中再次拿工具每件扣 1 分		
		（3）材料准备：选择单横担组件及检查		1）选配错一件扣 1 分； 2）少检查一件扣 1 分		

		评分标准				
序号	作业名称	质量要求	分值	扣分标准	扣分原因	得分
3	登杆前检查	（1）杆身、杆根及拉线检查： 1）杆身无纵、横向裂纹； 2）杆根牢固，培土无下沉； 3）拉线牢固，受力均匀	10	1）杆身纵、横向裂纹未检查扣2分； 2）杆根、培土未检查扣2分； 3）拉线牢固，受力未检查扣2分		
		（2）吊绳检查： 1）吊绳完好，无霉变、断股、散股； 2）吊绳选择正确		1）吊绳不检查扣2分； 2）有缺陷未检查到扣2分； 3）吊绳选择错误扣2分		
		（3）安全带检查： 1）安全带具有合格证并在有效试验周期内； 2）安全带使用前做冲击试验		1）割伤、磨损不检查扣2分； 2）没有合格证、过期未检查到扣2分； 3）不做冲击试验扣2分		
		（4）踩板或脚扣检查： 1）踩板或脚扣具有合格证并在有效试验周期内； 2）踩板或脚扣使用前做冲击试验（脚扣必须单腿做冲击试验）		1）不检查扣2分； 2）没有合格证未检查到扣2分； 3）踩板或脚扣有缺陷未检查到扣2分； 4）不做冲击试验扣2分		
4	登杆	（1）上、下杆过程沿同一方向； （2）登高工具与杆身无强烈碰撞； （3）动作安全、无摇晃； （4）踩板登杆小腿绞紧左边绳； （5）使用踩板时钩口朝上； （6）着地规范； （7）注意调整脚扣尺寸，与混凝土杆直径配合，使脚扣胶皮面与混凝土杆接触可靠（脚扣满挂）； （8）双手扶安全带，重心稍向后，动作正确（双手不能抓住安全带）； （9）登杆过程不出现失控	40	（1）滚动、或左或右登杆均扣5分； （2）强烈碰撞一次扣5分； （3）发生不安全动作一次扣10分； （4）小腿不绞紧左边绳扣5分； （5）使用踩板时钩口朝下一次扣10分； （6）着地不规范、跳跃各扣5分； （7）脚扣未满挂一次扣10分； （8）脚扣登杆不系安全带扣10分； （9）双手抓住安全带扣5分		

序号	作业名称	质量要求	分值	扣分标准	扣分原因	得分
			评分标准			
5	进入工作位置	（1）上杆后一次进入工作位置； （2）安全带使用正确； （3）脚扣不得交叉； （4）站位后，用力自然，双手能同时作业	5	（1）进入工作位置不正确扣5分； （2）安全带使用不正确扣5分； （3）脚扣交叉每次扣5分； （4）单手作业扣5分		
6	横担安装	（1）单横担安装位置正确，上下偏差不超过20mm； （2）单横担安装好后水平一致，并与线路方向垂直，上下、左右倾斜不超过20mm； （3）单横担箍顺线路方向穿入，平垫、弹簧垫齐全，位置不颠倒，螺帽拧紧后，螺纹至少露出两扣； （4）横担孔是条眼的加平垫；但最多每面不能超出两块； （5）横担部件安装紧密	20	（1）横担位置偏差超过20mm扣5分； （2）左右、上下偏斜大于20mm扣5分； （3）垫片位置颠倒扣5分； （4）螺母未拧紧扣5分		
7	工器具及材料传递	（1）正确使用绳结； （2）使用吊绳不得出现缠绕； （3）吊绳不能在同侧上下	10	（1）使用绳结错一次扣2分； （2）吊绳缠绕一次扣2分； （3）吊绳在同侧上下一次扣2分； （4）吊横担强烈碰撞一次扣2分		
8	其他要求	（1）杆上工作时不得掉东西；禁止口中含物；禁止浮置物品	5	1）掉一件材料扣5分； 2）掉一件工具扣5分； 3）口中含物每次扣5分； 4）浮置物品每次扣4分		
		（2）文明生产： 1）符合文明生产要求； 2）工器具在操作中归位； 3）工器具及材料不应乱扔乱放	5	1）操作中工器具不归位扣2分； 2）工器具及材料乱扔乱放每次扣2分		
考试开始时间			考试结束时间		合计	

考生栏		编号：	姓名：	所在岗位：	单位：	日期：
考评员栏		成绩：	考评员：		考评组长：	

一、施工

(一) 工器具、材料

激光测高仪。

(二) 安全要求

防止坠物伤人措施,在线下或杆塔下测量时作业人员必须戴好安全帽。

(三) 施工步骤

1. 准备工作

(1) 正确规范着装。

(2) 选择工具并做外观检查。

2. 工作过程

(1) 选定测量点。

(2) 对所需测量线路交叉跨越距离进行测量。

1) 安装电池。电池仓在仪器底部,图柏斯 200 型电池盖的打开方法是:用大拇指按住电池盖上方,往外方面扣,打开电池仓,将电池放入电池仓中,注意电池的正负极,切勿放反,否则会影响机器的使用寿命。

2) 开机。fire 键开机。

3) 测量。眼睛通过单筒目镜,将仪器进入 HT 测量模式对准至目标进行测量,测量步骤为:第一步测水平距离;第二步测俯角(瞄准树底部);第三步测仰角(瞄准树顶部),前面两步操作时,测量结果一闪而过,测完第三步时,仪器上定格显示的结果就是树高。测水平距离时瞄准 BC 轴线上任意一点都可以,不一定要平视。测俯仰角时,不一定要通视,只要瞄准端点位置即可。测量示意图及测量过程示意图分别如图 SX509 - 1 和图 SX509 - 2 所示。

4) 对测量数据进行记录。

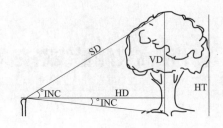

图 SX509-1 采用测高仪测量示意图

SD—斜距；HD—水平距离；VD—垂直高度；

INC—倾斜角度；HT—绝对高度

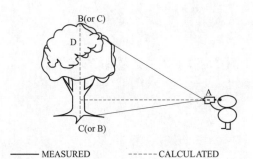

—— MEASURED   ------ CALCULATED

图 SX509-2 采用测高仪测量过程示意图

（高差测量模式：以测图示树高为例）

3. 工作终结

(1) 自查验收。

(2) 清理现场、退场。

（四）工艺要求

(1) 测量点选取合适，便于观察测量。

(2) 测高仪物镜清晰。

(3) 参数选择正确。

(4) 读数准确无误。

二、考核

（一）考核场地

(1) 场地要求。在培训线路上测量或选用一处有交叉跨越的地方进行测量。

(2) 给定测量作业任务时需办理工作票，配有一定区域的安全围栏。

(3) 设置评判桌椅和计时秒表、计算器。

（二）考核时间

(1) 考核时间为 30min。

(2) 考评员宣布开始后记录考核开始时间。

(3) 现场清理完毕后，汇报工作终结，记录考核结束时间。

（三）考核要点

(1) 要求一人操作，配有工作负责人。考生就位，经许可后开始工作，规范穿戴工作服、绝缘鞋、安全帽、手套等。

(2) 工器具选用满足工作需要，进行外观检查。

（3）测高仪使用正确，读数、记录无误。
（4）所测数据正确无误。

三、评分参考标准

行业：电力工程　　　　　　　工种：送电线路工　　　　　　　等级：五

编号	SX509	行业领域		e	鉴定范围	
考核时间	30min	题型		A	含权题分	25
试题名称	采用测高仪测量线路交叉跨越距离					
考核要点 及其要求	（1）给定条件：考场可以设在培训专用场地进行，场地无障碍。 （2）工作环境：在培训线路上测量或选用一处有交叉跨越的地方测量。 （3）选择工具，做外观检查					
现场 工器具、材料	（1）主要工器具：测高仪。 （2）考生自备工作服，可以自带个人工具					
备注						

			评分标准				
序号	作业名称	质量要求		分值	扣分标准	扣分 原因	得分
1	着装	工作服、绝缘鞋、安全帽、绝缘手套穿戴正确		5	（1）未着装扣5分； （2）着装不规范扣3分		
2	工器具选用	工器具选用满足作业需要，工器具做外观检查		5	（1）选用不当扣3分； （2）工器具未做外观检查扣2分		
3	选定仪器站点	选择测量点合理，选用测量点距离正确		10	测量点位置在线路交叉的正下方，不正确扣10分		

					评分标准		
序号	作业名称	质量要求	分值		扣分标准	扣分原因	得分
4	选择测高仪测量方法	将测高仪开机后，调整到所需的测量参数项	10	所选测量参数不正确扣10分			
5	测量线路高度	对准所要测量线路，调整目镜为垂直方向，调整目镜对焦，使所测线路清晰，按下按键，读取数据，多次测量测得高度 X_1	30	（1）所对准线路有误扣10分； （2）目镜中目标不清晰扣5分； （3）分划板十字丝不清晰明确，扣5分； （4）读取数据有误扣10分			
6	记录	通过多次测量，最后取其平均值，并记录到表中	10	（1）记录不正确扣7分； （2）平均值计算有误扣3分			
7	收仪器	关闭测高仪，并放于专用的收纳袋中	10	（1）未关闭仪器扣5分； （2）未放入专用袋中扣5分			
8	自查验收	组织依据施工验收规范对施工工艺、质量进行自查验收	10	未组织验收扣10分			
9	文明生产	文明生产，禁止违章操作，不发生安全生产事故。操作过程熟练，工具、材料摆放整齐，现场清理干净	10	（1）发生不安全现象扣5分； （2）工具材料乱放扣3分； （3）现场未清理干净扣2分			
考试开始时间			考试结束时间			合计	
考生栏	编号：	姓名：		所在岗位：	单位：	日期：	
考评员栏	成绩：	考评员：			考评组长：		

角钢塔上下塔防坠装备的使用

一、施工

(一) 工器具

安全带、双钩单环安全绳（简称双钩）1 套、40m 导轨安全绳（简称安全绳）1 根、抓绳器 2 个。

(二) 安全要求

1. 防止触电伤人措施

登杆前核对线路名称及杆号，如有同杆并架未停电线路，严禁进入未停电侧横担。

2. 防止倒杆伤人措施

登杆前检查杆塔基础及塔脚是否牢固。

3. 防止高空坠落措施

登杆前应检查登高工具、安全带、防坠装备（双钩、安全绳、抓绳器）是否完整牢固，并对安全带做冲击试验；作业人员上下塔必须使用防坠装备，高空作业中安全带应系在牢固的构件上，并采用高挂低用的方式，在转移作业位置时不准失去安全保护。

4. 防止坠物伤人措施

杆塔作业应使用工具袋，作业现场人员必须戴好安全帽，工作点下方应按坠落半径设置围栏或其他保护措施。

(三) 施工步骤

1. 准备工作

(1) 正确规范着装。

(2) 准备工器具及做外观检查。

2. 工作过程

(1) 得到工作负责人开工许可，塔上电工核对线路线路名称及编号后，作业人携带安全绳使用双钩登塔。

（2）在设定的杆塔作业面处安装一条双向安全绳。

（3）清查杆上遗留物，使用抓绳器下塔。

（4）下塔后撤去安全绳。

3. 工作终结

清理现场，向工作负责人报完工。

（四）操作要求

1. 双钩

上塔前，作业人员先将双钩O形环与安全带连接；上塔过程中，作业人员将其中一个挂钩挂在身体上方的塔材上，然后登塔，当该挂钩处于身体下方时，将另一个挂钩挂于身体上方的塔材上，并取下前一个挂钩。重复以上步骤直至作业点；下塔过程中，作业人员按照上述方法，采用两个挂钩向下倒换的方式下塔。

2. 安全绳

（1）装设安全绳。单相设置安全绳时，塔上安全绳挂环应装设在牢固的构件上；双向设置安全绳时，塔上安全绳应穿过水平塔材，并在与塔材接触部位装上保护软套。塔下安全绳应使用制动器及挂环装设在牢固的构件上或专用装置上，安全绳双向设置时应两端固定。装设的安全绳应保持一定张力。

（2）作业人员上塔。塔上装设安全绳的作业人员应使用双钩上塔，其他作业人员使用抓绳器上塔（抓绳器一端装在安全绳上，另一端挂在安全带上）。

（3）作业人员下塔。安全绳单向设置时，最后一位下塔的作业人员在撤去安全绳后使用双钩下塔，其他作业人员使用抓绳器下塔；安全绳双向设置时，所有作业人员均使用抓绳器下塔，下塔后再撤去安全绳。

二、考核

（一）考核场地

（1）考场可以设在培训专用角钢铁塔上进行，杆上无障碍，塔脚钉无缺失，杆塔上塔材无缺失，塔身螺栓无松动。

（2）给定杆塔登杆时需办理开工手续，配有一定区域的安全围栏。

（3）本项目为单人操作，现场配辅助作业人员一名。

（二）考核时间

（1）考核时间为40min。

（2）考评员宣布开始后记录考核开始时间。

（3）现场清理完毕后，汇报工作终结，记录考核结束时间。

(三) 考核要点

(1) 要求一人操作，一人配合。考生就位，经许可后开始工作，规范穿戴工作服、工作鞋、安全帽、手套等。

(2) 工器具选用满足工作需要，进行外观检查。

(3) 杆塔工作面位置（给定）。

(4) 使用双钩登塔。

1) 技术要求。上塔前，作业人员先将双钩与O形环与安全带连接；上塔过程中，作业人员将其中一个挂钩挂在身体上方的塔材上，然后登塔，当该挂钩处于身体下方时，将另一个挂钩挂于身体上方的塔材上，并取下前一个挂钩。重复以上步骤直至作业点，到达给定工作面位置后，将安全带系在杆塔牢固的构件上。

2) 安全要求。登杆前要检查登高工具、安全带、双钩、安全绳、抓绳器是否完整牢固，对安全带做冲击试验。

(5) 安装双向安全绳。

1) 技术要求。双向设置安全绳时，塔上安全绳应穿过水平塔材，并在与塔材接触部位装上保护软套。塔下安全绳应使用制动器及挂环装设在牢固的构件上或专用装置上，安全绳双向设置时应两端固定，装设的安全绳应保持一定张力。

2) 安全要求。杆塔作业应使用工具袋，作业现场人员必须戴好安全帽，在杆塔上作业，工作点下方应按坠落半径设置围栏或其他保护措施。

(6) 使用抓绳器下塔。

1) 技术要求。抓绳器一端装在安全绳上，另一端挂在安全带上，安装好抓绳器后，解开安全带开始下塔。

2) 安全要求。杆上作业完成，清理杆上遗留物，得到工作负责人许可后下杆。

(7) 拆除双向安全绳。人员下塔后，在地面拆除双向安全绳。

(8) 安全文明生产，按规定时间完成，按所完成的内容计分，要求操作过程熟练连贯，施工有序，工具存放整齐，现场清理干净。

(9) 发生安全事故本项考核不及格。

三、评分参考标准

行业：电力工程　　　　　　工种：送电线路工　　　　　　等级：五

编号	SX510	行为领域	e	鉴定范围	
考核时间	40min	题型	A	含权题分	30
试题名称	角钢塔上下塔防坠装备的使用				
考核要求及其要点	(1) 规范穿戴工作服、绝缘鞋、安全帽等。 (2) 工器具选用满足工作需要，进行外观检查。 (3) 登杆及下杆合理使用工器具，防坠装备使用熟练，过程平稳有序				
现场工器具、材料	安全带、双钩单环安全绳（简称双钩）、导轨安全绳（简称安全绳）、抓绳器等				
备注	(1) 给定线路检修时已办理工作票，设定考评员为工作负责人，考生作业前向考评员报开工。 (2) 本项目为单人操作，现场配辅助作业人员一名				

评分标准

序号	作业名称	质量要求	分值	扣分标准	扣分原因	得分
1	工器具选用	（1）着装：正确佩戴安全帽，穿工作服，穿绝缘鞋，戴手套	5	1）未着装扣5分； 2）着装不规范扣3分		
		（2）系安全带：系好安全带，将双钩O型环与安全带连接	5	不正确扣5分		
		（3）工器具选用：工器具选用满足施工要求，工器具做外观检查	10	1）工器具选用不当扣5分； 2）未做外观检查扣5分		
2	登塔前检查	（1）核对设备编号：登塔前要核对线路编号	10	未核对扣10分		
		（2）检查塔脚及基础：登杆前检查杆塔基础及塔脚是否牢固，检查完毕后向考评员汇报	5	未检查扣5分		
		（3）对安全带做冲击试验：在登杆前将安全带系在塔脚主材上，人依托安全带自然向后仰3次	5	1）未进行冲击试验扣5分； 2）冲击试验不正确扣3分		

		评分标准				
序号	作业名称	质量要求	分值	扣分标准	扣分原因	得分
3	登塔	(1) 向考评员申请开工	5	未申请开工扣5分		
		(2) 登塔：带安全绳上杆塔，上塔过程中，作业人员将其中一个挂钩挂在身体上方的塔材上，然后登塔，当该挂钩处于身体下方时，将另一个挂钩挂于身体上方的塔材上，并取下前一个挂钩	15	(1) 登杆不平稳扣5分；(2) 使用双钩不当扣5分		
		(3) 杆塔上使用安全带：1) 安全带要求高挂低用；2) 检查扣环是否牢固	10	1) 不正确扣5分		
				2) 未检查扣5分		
		(4) 安装安全绳：1) 双向设置安全绳时，塔上安全绳应穿过水平塔材；2) 塔材接触部位装上保护软套	10	1) 不正确扣5分		
				2) 未安装扣5分		
		(5) 安装抓绳器：抓绳器一端装在安全绳上，另一端挂在安全带上	10	不正确扣5~10分		
		(6) 下塔：操作人员使用抓绳器下塔	5	不熟练扣1~5分		
4	清理现场	下塔后在地面撤去双向安全绳，将工器具整理打包，并检查工作场地无遗留物	5	(1) 未清理现场扣5分；(2) 有工器具遗留扣5分		
考试开始时间				考试结束时间	合计	
考生栏	编号：　　　姓名：　　　　　　　所在岗位：　　　　　单位：　　　　　　　日期：					
考评员栏	成绩：　　　考评员：　　　　　　　　　　　　　　　考评组长：					

一、施工

(一) 工器具、材料

(1) 工器具：防潮布 1 块、2m 长麻绳 2 根。

(2) 材料：横担 1 条、针式绝缘子 1 只、悬式绝缘子 1 片、1m 长圆木 1 根、踩板 1 只。

(二) 安全要求

(1) 现场设置安全围栏和标示牌。

(2) 全程使用劳动防护用品。

(3) 操作过程中，确保人身与设备安全。

(三) 常用绳扣打结方法

1. 平扣

平结又称接绳扣，用于连接两根粗细相同的麻绳。结绳方法如下：

(1) 将两根麻绳的绳头互相交叉在一起，如图 SX511 - 1 (a) 所示 A 绳头在 B 绳头的下方，也可以互相对调位置。

(2) 将 A 绳头在 B 绳头上绕一圈，如图 SX511 - 1 (b) 所示。

(3) 将 A、B 两根绳头互相折拢并交叉，A 绳头仍在 B 绳头的下方，如图 SX511 - 11 (c) 所示。

(4) 将 A 绳头在 B 绳头上绕一圈，即将 A 绳头绕过 B 绳头从绳圈中穿入，与 A 绳并在一起（也可以将 B 绳头按 A 绳头的穿绕方法穿绕），将绳头拉紧即成平结，如图 SX511 - 1 (d) 所示。

2. 活扣

活扣的打结方法基本上与平扣相同，只是在第 (1) 步将绳头交叉时，把两个绳头中的任一根绳头（A 或 B）留得稍长一些；在第 (4) 步中，不要把绳头 A（或绳头 B）全部穿入绳圈，而将其绳端的圈外留下一段，然后把绳结拉紧，如图 SX511 - 2 所示。

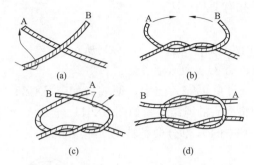

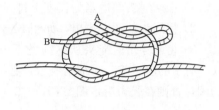

图 SX511-1　平扣打结方法示意　　　　图 SX511-2　活扣打结方法示意

活结的特点是当需要把绳结拆开时，只需把留在圈外的绳头 A（或 B）用力拉出，绳结即被拆开，拆开方便而迅速。

3. 死扣

死扣大多数用于重物的捆绑吊装，其绳扣的结法简单，可以在绳扣中间打结。捆绑时必须将绳与重物扣紧，不允许留有间隙，以免重物在绳扣中滑动。死扣的结绳方法有两种。

（1）第一种方法是将麻绳对折后打成绳扣，然后把重物从绳扣穿过，把绳扣拉紧后即成死结，如图 SX511-3 所示。打结步骤如下：

1）将麻绳在中间部位（或其他适当部位）对折，如图 SX511-3（a）所示。

2）将对折后的绳套折向后方（或前方），形成如图 SX511-3（b）所示的两个绳圈。

3）将两个绳圈向前方（或后方）对折，即成为如图 SX511-3（c）所示的死结。

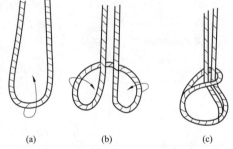

图 SX511-3　死扣打结方法一示意

（2）第二种结绳方法是先结成绳结，然后将物件从绳结中穿过再扣紧绳结，故当物件很长时，利用第一种方法很困难，可采用第二种方法。打结步骤如下：

1）将麻绳在中间对折并绕在物件（如电杆木）上，如图 SX511-4（a）所示。

2）将绳头从绳套中穿过，如图 SX511-4（b）所示，然后将绳结扣紧，即可进行吊运工作。

4. 水手扣

水手扣在起重作业中使用较多，主要用于拖拉设备和系挂滑车等。此绳结牢固、易解，拉紧后不会出现死结。水手扣有两种打法。

（1）第一种打结方法。

1）在麻绳头部适当的长度上打一个圈，如图 SX511-5（a）所示。

2）将绳头从圈中穿出，如图 SX511-5（b）所示。

3）将已穿出的绳头从麻绳的下方绕过后再穿入圈中，便成为如图 SX511-5（c）所示的水手结。绳结结成后，必须将绳头的绳结拉紧如图 SX511-5（a）所示的圈，否则在受力后，图 SX511-5（c）中的 A 部分会翻转，使绳结不紧。

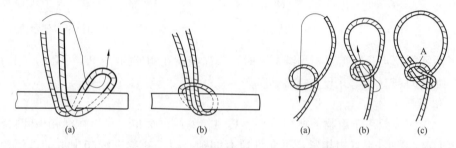

（a）　　　　　（b）	（a）　　（b）　　（c）
图 SX511-4　死扣打结方法二示意	图 SX511-5　水手扣打结 方法一示意

（2）第二种打结方法。

1）将麻绳结成一个圈，如图 SX511-6（a）所示。

2）将绳头按图 SX511-6（a）中箭头所示方向向左折，即形成如图 SX511-6（b）所示的绳圈。

3）将图 SX511-6（c）中的绳头在绳的下方绕过后再穿入绳圈中便形成如图 SX511-6（d）所示形状的水手结。绳结形成后，同样要把绳结拉紧后才能使用。

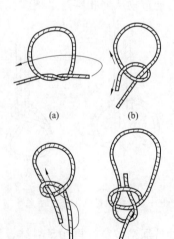

（a）　　　　　（b）

（c）　　　　　（d）

图 SX511-6　水手扣打结
方法二示意

5. 双环扣

双环扣的作用与水手结基本相同，双环扣可在绳的中间打结。由于其绳结同时有两个绳环，因此在捆绑重物时更安全。双环扣有两种打法。

（1）第一种打结方法。

1）把绳对折后，将绳头压在绳环上形成如图 SX511-7（a）所示的绳环 A、B。

2）将绳头从绳环 A 的上方绕到下方，从绳环 B 中穿出后再穿入绳环 A 中即成为如图 SX511-7（b）所示的双环扣。

（2）第二种打结方法。

1）将绳对折后圈成一个绳环 B，如图 SX511-8（a）所示。

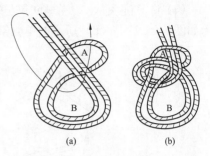

(a)   (b)

图 SX511-7　双环扣打结方法一示意

2）将绳环 A 从绳环 B 的上方穿入，成为如图 SX511-8（b）所示的形状。

3）将绳环 A 向前面翻过来，并套在绳环 C 的下方，形成如图 SX511-8（c）所示的形状。

4）绳环 A 继续向上翻，直至靠在两根绳头上，然后将绳拉紧，即成为如图 SX511-8（d）所示的双环扣。

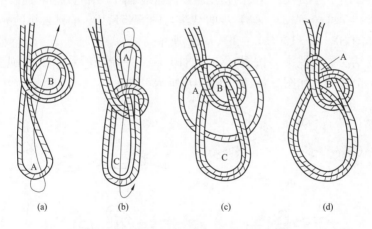

(a)   (b)   (c)   (d)

图 SX511-8　双环扣打结方法二示意

6. 单帆索扣

单帆索扣用于两根麻绳的连接。绳扣的打法如下：

（1）将两根绳头互相叉叠在一起，如图 SX511-9（a）所示。A 绳头被压在 B 绳头的下方。

（2）将 A 绳头在 B 绳头上方绕一圈，A 绳头仍在 B 绳头的下方，如图 SX511-9（b）所示。

（3）将 A、B 绳头互相靠拢并交叉在一起，B 绳头仍压在 A 绳头的上方，如图 SX511-9（c）所示。

（4）将 B 绳头从 A 绳头的下方穿出，并压在 B 绳的上方，将绳结拉紧，即成为如图 SX511-9（d）所示的单帆索扣。

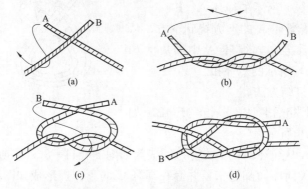

图 SX511-9　单帆索扣打结方法示意

7. 双帆索扣

双帆索扣用于两根麻绳绳头的相互连接，绳结牢固，结绳方便，绳结不易松散。

双帆索扣第（1）、（2）、（3）步的结法与图 SX511-9 单帆索扣的打结方法相同，分别如图 SX511-10（a）、（b）、（c）所示。

最后的结法是将绳头 B 按图 SX511-10（c）中箭头所示，在 A 绳上绕一圈，将绳绕成一个绳圈，如图 SX511-10（d）所示。

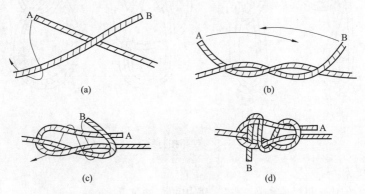

图 SX511-10　双帆索扣打结方法示意

8. 猪蹄扣（“8”字结）

猪蹄扣主要用于捆绑物件或绑扎桅杆，其打结方法简单，而且可以在绳的中间打结，绳结脱开时不会打结。猪蹄扣有两种打法。

（1）第一种打结方法。

1）将绳绕成一个绳圈，如图 SX511-11（a）所示。

2）紧挨第一个绳圈再绕成一个绳圈，如图 SX511-11（b）所示。

3）将两个绳圈 C、D 互相靠拢，且 C 圈压在 D 圈的上方，如图 SX511-11（c）所示。

4）将两个绳圈 C、D 互相重叠在一起，即成为如图 SX511-11（d）所示的"8"字结。将绳结套在物件上以后须把绳结拉紧，重物才不致从绳结中脱落。

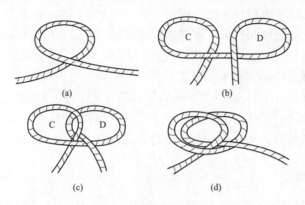

图 SX511-11　猪蹄扣打结方法一示意

（2）第二种打结方法。由于第一种结绳法要先结成绳结，然后把物件穿在绳结中，该种方法只能用于较短的杆件；当杆件较长，鞭杆件穿入有困难时，就必须用第二种打结方法。其步骤如下：

1）将绳从杆件的后方绕向前方，绳头 B 压在绳头 A 的上方，如图 SX511-12（a）所示。

2）将 B 绳头继续从杆件的后方绕向前方，A 绳头压在 B 绳头的上方，如图 SX511-12（b）所示。

3）将 B 绳头从绳圈 E 中穿出，将绳头拉紧，即成为如图 SX511-12（c）所示的"8"字结。

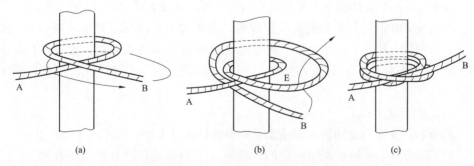

图 SX511-12　猪蹄扣打结方法二示意

9. 双猪蹄扣（双"8"字结）

双猪蹄扣的用途与猪蹄扣基本相同，比猪蹄扣更加牢固。双猪蹄扣的打结方法如下：

（1）首先打一个"8"字结，紧靠"8"字结再绕一个圈C，如图 SX511‐13（a）所示。

（2）将绕成的绳圈C压在已打成的"8"字结的下方，并重叠在一起。然后将绳结套在杆件上，将绳头拉紧，即成为如图 SX511‐13（b）所示的双"8"字结。

打结的第（1）步中，在绕圈C时应注意，绳头一定要压在绳上，不能放在绳的下方。如果绳圈绕错时则不能打成双"8"字结。

如果直接在杆件上打双"8"字结，则打第一个"8"字结的方法与"8"字结的第二种方法相同。在杆件上打好一个"8"字结后，将绳头B折向杆件后面，再从杆件后面绕到前面，绳头从本次绕绳的下方穿出，如图 SX511‐13（c）所示。

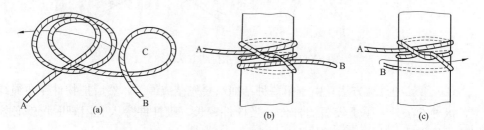

图 SX511‐13　双猪蹄扣打结方法示意

10. 背扣

背扣用于起吊较重的杆件，如圆木、管子等，其特点是易绑扎，易解开。其打结方法如下：

（1）将绳在木杆上绕一圈，如图 SX511‐14（a）所示。

（2）将绳头从绳的后方绕向前方，如图 SX511‐14（b）所示。

（3）将绳头穿入绳圈中，并将绳头留出一段，如图 SX511‐14（c）所示。

在解开背扣时，只需将绳头一拉即可。如果绳头在绳圈上多绕一圈则成为如图 SX511‐14（d）所示的背扣。此绳结由于绳头在绳圈上多绕一圈，故绳结比图 SX511‐14（c）所示的更牢固，但解扣不如图 SX511‐14（c）所示的背扣方便。

11. 倒背扣

倒背扣用于垂直方向捆绑起吊质量较轻的杆件或管件。其打结方法如下：

（1）将绳从木杆的前面绕向后面，再从后面绕向前面，并把绳压在绳头的下方，如图 SX511‐15（a）所示。

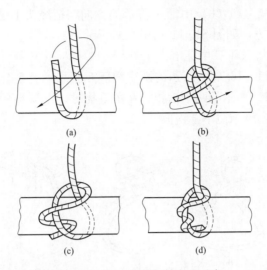

图 SX511-14 背扣打结方法示意

（2）在第一个圈的下部，再将绳头从木杆的前面绕到后面，并继续绕到前面，如图 SX511-15（b）所示。

（3）把绳头按图 SX511-15（b）上箭头所示方向连续绕两圈，把绳头压在绳圈内，即成为如图 SX511-15（c）所示的叠结。在垂直起吊前，应把绳结拉紧，使绳结与木杆间不留空隙。

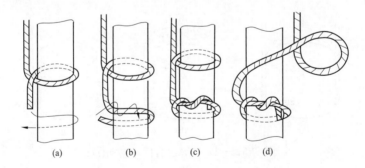

图 SX511-15 倒背扣打结方法示意

12. 抬扣

抬扣主要用于质量较轻物件的抬运或吊运。在抬起重物时绳结自然收紧，结绳及解绳迅速。其打结方法如下：

（1）将一个绳头结成一个环，如图 SX511-16（a）所示。

（2）按图 SX511-16（b）中箭头所示的方向，将另一个绳头 B 压在已折成的绳环上，如图 SX511-16（b）所示。

（3）按图 SX511-16（b）中箭头所示的方向，把绳头 B 在绳环上绕一圈半，绳头 B 在绳环的下方，如图 SX511-16（c）所示。

（4）将绳环 C 从绳环 D 中穿出，如图 SX511-16（d）所示。

（5）将图 SX511-16（d）所示的两个绳环互相靠近直至合在一起时，便成为如图 SX511-16（e）所示的两个抬扣。在吊重物时，绳圈 D 便会自然收紧，将两个绳头 A、B 压紧，绳结便不会松散。

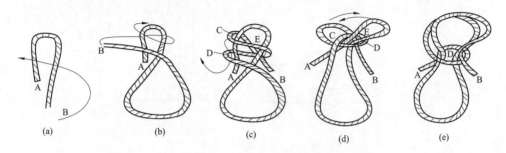

图 SX511-16　抬扣打结方法示意

13. 抬缸扣

抬缸扣用于抬缸或吊运圆形的物件，其打结方法如下：

（1）将绳的中部压在缸的底部，两个绳头分别从缸的两侧向上引出，如图 SX511-17（a）所示。

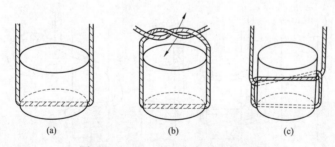

图 SX511-17　抬缸扣打结方法示意

（2）将绳头在缸的上部互相交叉绕一下，如图 SX511-17（b）所示。

（3）按图 SX511-17（b）中箭头所示方向，将绳交叉的部分向缸的两侧分开，并套在缸的中上部，如图 SX511-17（c）所示，然后将绳头拉紧，即成抬缸扣。注意在将交叉部分向两侧分开套在缸上时一定要套在缸的中上部，这样由于缸的重心在中部绳套的下方，抬缸时缸就不会倾倒。

14. 板凳扣（蝴蝶结）

板凳扣主要用于吊人升空作业，一般只用于紧急情况或在现场没有其他载人升空机械时使用。如在起重桅杆竖立后，需在高处穿挂滑车等；在作业时，操作者必须在腰部系一根绳，以增加升空的稳定性。其打结方法如下：

（1）将绳的中部对折（可在绳的适当部位）形成一个绳环，如图 SX511－18（a）所示。

（2）用手拿住绳环的顶部，然后按图 SX511－18（a）中箭头所示的方向再对折，对折后便形成如图 SX511－18（b）所示的两个绳环。

（3）按图 SX511－18（b）中箭头所示方向，将两个靠在一起的部分绳环互相重叠在一起，形成如图 SX511－18（c）所示的形状。

（4）用手捏住两绳环上部的交叉部分，然后向后折，直至与两个绳头相重叠在一起，便形成如图 SX511－18（d）所示的四个绳圈。

（5）将两个大绳圈分别从与自己相邻的小绳圈由下向上穿出，便形成如图 SX511－18（e）所示的蝴蝶结。

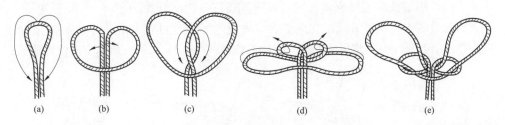

（a）　　　　　（b）　　　　　（c）　　　　　（d）　　　　　（e）

图 SX511－18　板凳扣打结方法示意

在使用板凳扣时，先将绳结拉紧，使绳与绳之间互相压紧，不使之移动，然后将腿各伸入两个绳圈中。绳头必须在操作者的胸前，操作者用手抓住绳头便可进行升空作业。

15．挂钩扣

挂钩扣主要用于吊装千斤绳与起重机械吊钩的连接。绳结的结法方便、牢靠，受力时绳套滑落至钩底不会移动。其打结方法如下：

（1）将绳在吊钩的钩背上连续绕两圈，如图 SX511－19（a）所示。

（2）在最后一圈绳头穿出后落在吊钩的另一侧面，如图 SX511－19（b）所示。

（3）当绳受力后便成为如图 SX511－19（c）所示的形状。绳与绳之间互相压紧，受力后绳不会移动。

16．拴柱扣

拴柱扣主要用于缆风绳的固定或用于溜放绳索时用。用于固定缆风绳时，结绳方便、迅速、易解；当用于溜放绳索时，受力绳索溜放时能缓慢放松，易控制绳索的溜放速度。用作固定缆风绳时，其打结方法如下：

（1）将缆风绳在锚桩上绕一圈，如图 SX511－20（a）所示。

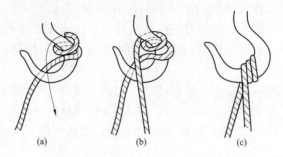

图 SX511-19　挂钩扣打结方法示意

（2）将绳头绕到缆风绳的后方，然后再从后绕到前方，如图 SX511-20（b）所示。

（3）将绕到缆风绳前方的绳头从锚桩的前方绕到后方，并将绳头一端与缆风绳并在一起，用细铁丝或细麻绳扎紧，如图 SX511-20（c）所示。

当此绳结作溜放绳索时，其绳结的结法是，将绳索的绳头在锚桩上连续绕上两圈，并将手握紧绳头，将绳索的绳头按图 SX511-20（d）中箭头所示方向慢慢溜放。

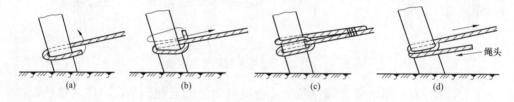

图 SX511-20　拴柱扣打结方法示意

二、考核

（一）考核场地

在培训基地室外或室内进行，现场铺有防潮苫布，场地面积同时满足多个工位，保证选手操作方便、互不影响。

（二）考核时间

（1）考核时间为 30min，由考生随机抽 5 种绳扣，并进行捆、绑、拴等。

（2）考评员宣布开始后记录考核开始时间。

（3）现场清理完毕，记录考核结束时间。

（三）考核要点

（1）麻绳外观检查和整理。

（2）各种绳扣在捆、绑、拴、结等场所的应用。

(3) 现场安全文明生产。

(4) 绳扣打结的熟练程度。

三、评分参考标准

行业：电力工程　　　　　　　工种：送电线路工　　　　　　　等级：五

编号	SX511	行为领域		e	鉴定范围		
考核时间	30min	题型		A	含权题分		25
试题名称	常用绳扣打结方法						
考核要点及其要求	(1) 在培训基地实施考试。 (2) 考核各种绳扣在捆、绑、拴、结等场所的应用及熟练程度。 (3) 操作时间为30min，时间到停止作业。 (4) 本项目为单人操作						
现场工器具、材料	(1) 工器具：防潮布1块、2m长麻绳2根。 (2) 材料：横担1条、针式绝缘子1只、悬式绝缘子1片、1m长圆木1根、踩板1只						
备注	在常用绳扣打结方法中，随机抽取四种予以考核						
评分标准							
序号	作业名称	质量要求	分值	扣分标准		扣分原因	得分
1	着装	工作服	2	穿戴不正确一项扣2分			
2	绳扣一	(1) 绳扣的打结方法正确； (2) 绳扣的打结过程熟练； (3) 明确绳扣的使用场所	18	(1) 绳扣的打结方法不正确扣10分； (2) 绳扣的打结过程不熟练扣1～4分； (3) 绳扣的使用场所不清楚扣1～4分			
3	绳扣二	(1) 绳扣的打结方法正确； (2) 绳扣的打结过程熟练； (3) 明确绳扣的使用场所	18	(1) 绳扣的打结方法不正确扣10分； (2) 绳扣的打结过程不熟练扣1～4分； (3) 绳扣的使用场所不清楚扣1～4分			
4	绳扣三	(1) 绳扣的打结方法正确； (2) 绳扣的打结过程熟练； (3) 明确绳扣的使用场所	18	(1) 绳扣的打结方法不正确扣10分； (2) 绳扣的打结过程不熟练扣1～4分； (3) 绳扣的使用场所不清楚扣1～4分			

评分标准							
序号	作业名称	质量要求	分值	扣分标准		扣分原因	得分
5	绳扣四	(1)绳扣的打结方法正确； (2)绳扣的打结过程熟练； (3)明确绳扣的使用场所	18	(1)绳扣的打结方法不正确扣10分； (2)绳扣的打结过程不熟练扣1～4分； (3)绳扣的使用场所不清楚扣1～4分			
6	绳扣五	(1)绳扣的打结方法正确； (2)绳扣的打结过程熟练； (3)明确绳扣的使用场所	18	(1)绳扣的打结方法不正确扣10分； (2)绳扣的打结过程不熟练扣1～4分； (3)绳扣的使用场所不清楚扣1～4分			
7	安全文明生产	各种物品摆放整齐，现场清理干净	8	(1)摆放不整齐扣4分； (2)清理不干净扣4分			
考试开始时间				考试结束时间		合计	
考生栏	编号：　　　姓名：　　　　所在岗位：　　　　单位：　　　　日期：						
考评员栏	成绩：　　考评员：　　　　　　　　　考评组长：						

一、施工

(一) 工器具、材料

(1) 工器具：250mm活动扳手1把、200mm钢丝钳1把、3m钢卷尺1把、记号笔1把、1000mm断线钳1把。

(2) 材料：LGJ-185型导线4m，NLD-3、NLD-4型耐张线夹各1副，10×1型铝包带6m，16号铁丝1m。

(二) 安全要求

(1) 正确无误的选择材料。

(2) 根据划印的位置正确缠绕铝包带制作耐张线夹。

(3) U型螺栓、压块、垫圈等安装应符合规范规定。

(三) 施工步骤

1. 工作准备

(1) 正确规范着装。

(2) 选择工器具，做外观检查。

(3) 选择材料，做外观检查。

2. 操作规范及工艺

(1) 工作人员穿戴合格的劳保用品进入操作现场，包括工作服、安全帽、绝缘鞋、工具包、手套。

(2) 操作人员将所使用的工器具、材料摆放整齐，逐一检查其是否良好。

(3) 将散股的导线头用断线钳卡断，卡断后的导线头用扎线扎牢。

(4) 画印。

1) 用记号笔在导线上画出清晰的线夹安装位置。

2) 画印的位置由考评员现场给出，同时指出引流线侧。

(5) 缠绕铝包带。

1) 将铝包带卷成适当长度的两圈。

2）留出耐张线夹连接螺栓孔中心位置的印记，从印记处向两边缠绕，其缠绕方向应与外层铝股绞制方向一致。

3）铝包带应缠绕紧密，铝包带端头应露出线夹口 10mm，回缠 3 圈并压在线夹内。

（6）耐张线夹的拆装与检查。

1）检查耐张线夹的型号是否与要求一致，并拆除螺栓线夹上的 U 型螺栓，取下挂线螺杆。螺栓部件应摆放整齐。耐张线夹规格及尺寸见表 SX401 - 1。

表 SX401 - 1　　　　　　　　　　耐张线夹规格尺寸表

型号	适用绞线直径范围 (mm)	c	d	l	l1	U 型螺栓	
						个数	直径
NLD - 1	5.0～10.0	18	16	150	120	2	12
NLD - 2	10.0～14.0	18	16	205	130	3	12
NLD - 3	14.1～18.0	22	18	310	160	4	16
NLD - 4	18.1～23.0	25	18	410	220	5	16

注　字母及数字意义：N 表示耐张；L 表示螺栓；D 表示倒装式；数字表示适用导线组合号。

2）检查线夹、U 型螺栓、压块的镀锌层是否脱落，合格后进行安装。

（7）装入导线。

1）将导线放进耐张线夹槽内，导线端头应在耐张线夹引流线侧，导线上的印记对准线夹上的连接螺栓孔中心。

2）将线夹内主线侧的导线与线夹握紧，使导线不能在线夹内滑动。

3）沿线夹的弯度弯曲导线到线夹引流线侧。

（8）U 型螺栓和压块安装。

1）为保证耐张线夹安装位置的正确和安装质量，U 型螺栓必须从线夹的悬挂处向引流线侧安装，安装好第一个 U 型螺栓和压块并拧紧螺帽后才能安装第二个 U 型螺栓，以此类推，不得将所有 U 型螺栓和压块安装好后再紧固螺栓。

2）压块应平整，U 型螺栓两侧出丝长度需一样，弹簧垫必须压平，螺帽防水面朝上，所有垫圈、销钉必须齐全。

（9）质量检查。

1）耐张线夹方向不得装反，铝包带必须平整，且出线夹口 10mm。

2）导线的印痕应在连接螺栓的中心处，压块应当中压正，U 型螺栓螺帽应上紧，弹簧垫应压平，不可过分用力。

二、考核

（一）考核场地
（1）本项目可在室内进行，应有足够光线。
（2）场地面积应能满足操作的需要，每个工位 2m×3m。

（二）考核时间
（1）考核时间为 50min。
（2）考评员宣布开始后记录考核开始时间。
（3）现场清理完毕后，汇报工作终结，记录考核结束时间。

（三）考核要点
（1）正确无误的选择材料。
（2）根据画印的位置正确缠绕铝包带制作耐张线夹。
（3）U 型螺栓、压块、垫圈等安装应符合规范规定。
（4）现场安全文明生产。
（5）耐张线夹安装的熟练程度。

三、评分参考标准

行业：电力工程　　　　　　工种：送电线路工　　　　　　等级：四

编号	SX401	行业领域	d	鉴定范围	
考核时间	50min	题型	A	含权题分	30
试题名称	LGJ-185 型螺栓式耐张线夹的制作				
考核要点及其要求	（1）一人单独操作，地面进行，一人配合。 （2）着装规范，必须穿工作服，戴安全帽。 （3）螺栓式线夹可以重复使用。 （4）考生应准备个人工具：活动扳手两把、钢丝钳、钢卷尺、记号笔等				
现场工器具、材料	（1）工器具：250mm 活动扳手 1 把、200mm 钢丝钳 1 把、3m 钢卷尺 1 把、记号笔 1 把、1000mm 断线钳各 1 把。 （2）材料：LGJ-185 型导线 4m，NLD-3、NLD-4 型耐张线路各 1 副，10×1 型铝包带 6m、16 号铁丝 1m				
备注					
评分标准					

序号	作业名称	质量要求	分值	扣分标准	扣分原因	得分
1	着装	正确佩戴安全帽，穿工作服，穿绝缘鞋	5	（1）未着装扣 5 分； （2）着装不规范扣 2 分		

		评分标准				
序号	作业名称	质量要求	分值	扣分标准	扣分原因	得分
2	工器具、材料准备	工器具、材料选用准确、齐全，工器具作外观检查	5	缺一项扣1分		
3	施工现场布置	施工区域设置安全围栏，工器具和材料有序摆放	5	(1) 未设置安全围栏扣3分； (2) 工器具、材料摆放不整齐扣2分		
4	LGJ-185型螺栓式耐张线夹的制作	(1) 缠绕铝包带： 1) 画印，用记号笔在导线上画出清晰的线夹安装位置（教师给出）； 2) 铝包带缠绕紧密，其缠绕方向应与外层铝股绞制方向一致，从中间画印处开始向两边缠绕，铝包带端头应露出线夹口10mm，回缠3圈并压在线夹内	25	1) 未缠紧扣3分； 2) 缝隙大于1mm扣1分； 3) 露出线夹口超出10mm±2mm，一处扣2分； 4) 未回头3圈一处扣2分		
		(2) 对准导线上的印记安装耐张线夹：安装方向正确、位置正确	25	1) 安装方向错误扣20分； 2) 位置错误扣10分		
		(3) U型螺栓和压块安装：U型螺栓应从悬挂侧向出口侧顺序安装，悬挂侧第一个U型螺栓松紧适度，压块平正，U型螺栓两侧出丝长度一样，弹垫必须压平，所有垫圈、销钉齐全，螺帽防水面（倒角面）应朝上	25	1) U型螺栓未按顺序安装扣3分； 2) 压块一块不正扣1分； 3) 一个螺栓出丝长度不同扣1分； 4) 一颗弹垫未压平扣1分； 5) 垫圈、销钉丢失一件扣1分； 6) 螺帽防水面一颗未朝上扣1分		
5	安全文明生产	(1) 文明生产，禁止违章操作，不发生安全生产事故； (2) 操作过程熟练； (3) 工器具、材料存放整齐，现场清理干净	10	(1) 发生不安全现象扣5分； (2) 工具材料乱放扣3分； (3) 现场未清理干净扣2分		
考试开始时间				考试结束时间		合计
考生栏	编号：	姓名：		所在岗位：	单位：	日期：
考评员栏	成绩：	考评员：			考评组长：	

一、施工

(一) 工器具、材料

0.5t 绝缘滑车、60m 无极绝缘绳、绝缘保护绳、220kV 绝缘操作杆、绝缘千斤、2500V 及以上绝缘电阻表、防潮帆布、安全带、防坠装备（双钩一套、40m 安全绳 1 根、抓绳器 2 个）。

(二) 安全要求

1. 防止高空坠落措施

(1) 攀登杆塔作业前，应检查杆塔根部、基础和拉线是否牢固。

(2) 攀登杆塔作业前，应先检查登高工具、设施，如安全带、脚钉、爬梯、防坠装置等是否完整牢靠。上下杆塔必须使用防坠装置。

(3) 在杆塔上作业时，应使用有后备绳或速差自锁器的双控背带式安全带，安全带和后备保护绳（速差自锁器）应分挂在杆塔不同部位的牢固构件上，应防止安全带从杆顶脱出或被锋利物损坏。人员在转位时，手扶的构件应牢固，且不得失去安全保护。

2. 防止感应电伤人措施

220kV 线路杆塔上作业时应穿导电鞋，必要时需穿静电防护服。

3. 防止工具绝缘失效措施

工器具运输过程中妥善保管、避免受潮；现场使用前应用 2500V 及以上的绝缘电阻表或绝缘检测仪进行分段检测（电极宽为 2cm，极间宽为 2cm），检查其绝缘电阻不小于 700MΩ。

4. 防止空气间隙击穿措施

作业前应确认空气间隙满足安全距离的要求；作业过程中应注意保持绝缘操作杆的有效长度不小于 2.1m；专责监护人应时刻注意和提醒作业人员动作幅度不能过大，人身必须与导线保持 1.8m 以上距离，使用绝缘操作杆清除异物时，带电体—异物—空气—杆塔之间的有效组合间隙必须大于 1.8m。

5. 防止恶劣天气作业措施

带电作业应在良好天气进行，如遇雷、雨、雪、雾不得进行带电作业，风力大于5级时，一般不宜进行带电作业。

6. 防止落物伤人措施

(1) 现场工作人员必须正确佩戴安全帽。

(2) 高处作业应使用工具袋，较大的工器具应固定在牢固的构件上，不准随便乱放。上下传递物件应用绳索拴牢传递，严禁上下抛掷。

(3) 在进行高空作业时，不准他人在工作地点的下面通行或逗留，工作地点下面应装设有围栏或其他保护装置，防止落物伤人。

(三) 施工步骤

1. 准备工作

(1) 正确规范着装。

(2) 选择工具，做外观检查。

(3) 对绝缘操作杆进行绝缘检测。

2. 工作过程

(1) 得到工作负责人开工许可后，塔上电工核对线路名称、杆号，并携带绝缘传递绳登塔至横担适当位置，系好安全带，将绝缘滑车及绝缘绳在作业横担适当位置安装好。

(2) 地面电工用绝缘传递绳将绝缘操作杆传递给塔上电工。

(3) 塔上电工持绝缘操作杆清除运行线路上的异物。

(4) 异物清理完毕后，塔上电工和地面电工配合，将绝缘检测操作杆传至地面。

(5) 塔上电工检查确认塔上无遗留工具后，得到工作负责人同意后携带绝缘绳平稳下塔。

3. 工作终结

(1) 整理记录资料。

(2) 清理现场，向工作负责人报完工。

(四) 工艺要求

(1) 在工作中使用的工器具、材料必须用绳索传递，不得抛扔，传递绳滑车挂钩与挂点连接应有防脱措施。

(2) 高空作业人员带传递绳移位时地面人员应精力集中注意配合。

(3) 杆上工作时不得失去安全带保护，监护人应加强监护。

(4) 使用绝缘操作杆清除异物时，作业人员应注意保持绝缘操作杆的有效长度不小于2.1m；专责监护人应时刻注意和提醒作业人员动作幅度不能过大，人身必须与导线保持1.8m以上距离，使用绝缘操作杆清除异物时，带电体—异物—

空气—杆塔之间的有效组合间隙必须大于1.8m。

（5）清除的异物不得随意抛掷，应装入工具袋中用传递绳传递到地面。

二、考核

（一）考核场地

（1）在不带电的培训线路上模拟运行中线路操作。

（2）给定线路检修时已办理工作票，线路上验电接地的安全措施已完成，配有一定区域的安全围栏。

（3）设置2～3套评判桌椅和计时秒表。

（二）考核时间

（1）考核时间为45min。

（2）考评员宣布开始后记录考核开始时间。

（3）现场清理完毕后，汇报工作终结，记录考核结束时间。

（三）考核要点

（1）考生就位，经许可后开始工作，规范穿戴工作服、绝缘鞋、安全帽、手套等。

（2）工器具选用满足工作需要，并对其进行外观检查。

（3）检查操作杆是否干净，用干净的毛巾或布仔细擦拭，并使用2500V及以上绝缘电阻表分段测试绝缘电阻（电极宽为2cm，极间宽为2cm），要求绝缘电阻不低于700MΩ。

（4）登杆。

1）技术要求。动作熟练，平稳登杆。

2）安全要求。登杆前要核对线路名称、杆号，对检查登高工具进行外观检查。

（5）高空作业中安全带应系在牢固的构件上，并系好后备保护绳，确保双重保护，转移作业位置时不得失去安全保护。

（6）清除异物过程。

1）清除异物时绝缘操作杆的有效绝缘长度必须大于2.1m。

2）使用绝缘操作杆清除异物时，带电体—异物—空气—杆塔之间的有效组合间隙必须大于1.8m。

3）作业人员动作幅度不能过大，人身必须与导线保持1.8m以上距离。

4）异物清理完毕后，塔上电工和地面电工配合，将绝缘检测操作杆传至地面。

5）放下时测量杆不碰杆塔，测量杆接近地面要减速，让监护人员接住。

（7）下杆。杆上作业完成后，清理杆上遗留物，得到工作负责人许可后下杆，下杆动作平稳。

（8）自查验收。清理现场施工作业结束后，按要求清理施工现场，整理工具，向考评员报完工。

（9）安全文明生产，按规定时间完成，按所完成的内容计分，要求操作过程熟练连贯，施工有序，工具、材料存放整齐，现场清理干净。

（10）发生安全事故本项考核不及格。

三、评分标准

行业：电力工程　　　　　　　工种：送电线路工　　　　　　　等级：四

编号	SX402	行为领域	e	鉴定范围	
考核时间	45min	题型	A	含权题分	30分
试题名称	用绝缘操作杆清除220kV运行线路上异物				
考核要点及其要求	（1）规范穿戴工作服、绝缘鞋、安全帽等。 （2）工器具选用满足工作需要，进行外观检查。 （3）登塔及下塔合理使用安全工器具，过程平稳有序。 （4）清除异物过程正确规范				
现场工器具、材料	0.5t绝缘滑车、60m无极绝缘绳、绝缘保护绳、220kV绝缘操作杆、绝缘千斤、2500V及以上绝缘电阻表、防潮帆布、安全带、防坠装备（双钩一套、40m安全绳1根、抓绳器2个）				
备注	给定线路检修时已办理工作票，设定考评员为工作负责人，考生作业前向考评员报开工，异物（风筝）悬挂在线夹与防振锤之间的导线上				

评分标准

序号	作业名称	质量要求	分值	扣分标准	扣分原因	得分
1	工作前的准备	（1）正确佩戴安全帽，穿工作服，穿绝缘鞋，戴手套	5	1）未着装扣5分； 2）着装不规范扣3～5分		
		（2）选用工器具，工器具做外观检查	10	1）工器具选用不当，每项扣3分； 2）未做外观检查，每项扣2分		
2	绝缘工器具检查	（1）绝缘操作杆外观检查：检查有无损坏、受潮、变形，并用干燥、干净的毛巾将绝缘操作杆擦拭干净	5	不正确扣1～3分		
		（2）检测绝缘操作杆绝缘：使用2500V及以上绝缘电阻表分段测试绝缘电阻（电极宽为2cm，极间宽为2cm），要求不低于700MΩ	5	未测试绝缘操作杆绝缘扣5分		
		（3）检查传递绳：外观检查（要求是绝缘绳）	5	未检查传递绳扣5分		

		评分标准				
序号	作业名称	质量要求	分值	扣分标准	扣分原因	得分
3	登杆	（1）登杆前要核对线路名称及编号	5	未核对扣5分		
		（2）防坠装备使用：使用防坠装备（双钩）登塔，作业人员将其中一个挂钩挂在身体上方的塔材上，然后登塔，当该挂钩处于身体下方时，将另一个挂钩挂于身体上方的塔材上，并取下前一个挂钩，登杆平稳	5	1）未使用防坠装备扣5分； 2）使用不熟练扣2～3分		
4	杆上准备	（1）安全带的使用：安全带的挂钩或绳子应挂在结实牢固的构件上，并采用高挂低用的方式，作业过程中应随时检查安全带是否挂牢，在转移作业位置时不准失去安全带的保护	5	1）安全带低挂高用，扣3分； 2）在转移作业位置时失去安全带保护扣5分		
		（2）传递工器具：塔上作业人员应使用工具袋，上下传递物件应用绳索传递，严禁抛掷，作业人员应防止掉东西；传递绳必须与导线保持1.8m以上距离	5	1）未使用工具袋扣5分； 2）随意抛掷工器具扣5分； 3）作业过程中掉东西，每掉一次扣2分		
5	清除异物保持安全距离	1）在检测过程中，人身与带电体必须保持1.8m以上安全距离； 2）绝缘操作杆有效绝缘长度必须大于2.1m； 3）清除异物时，带电体—异物—空气—杆塔之间的有效组合空气间隙必须大于1.8m； 4）动作熟练正确，满足安全距离要求； 5）清除的异物不得随意抛掷，应装入工具袋中用传递绳传递到地面	15	1）前三项每一项不正确均扣5分（现场提问）； 2）不正确扣2～10分； 3）异物随意抛掷扣5分		

评分标准						
序号	作业名称	质量要求	分值	扣分标准	扣分原因	得分
6	工器具传递至地面	将工器具通过传递绳传递至地面，吊绳绑扎正确，操作杆垂直上下，放下时测量杆不碰杆塔，操作杆接近地面要减速，让监护人员接住	10	（1）传递在空中缠绕扣3分；（2）传递的工器具在空中脱落，每次扣5分		
7	人员下塔	清理杆上遗留物，得到工作负责人许可后携带传递绳平稳下塔，下杆过程平稳	5	（1）杆塔上有遗留物扣5分；（2）下杆不平稳扣2分		
8	工作终结清理现场	将工器具整理打包，并检查工作场地无遗留物	5	未清理现场扣5分		
考试开始时间				考试结束时间		合计
考生栏	编号：	姓名：	所在岗位：	单位：	日期：	
考评员栏	成绩：	考评员：		考评组长：		

一、检修

（一）工器具、材料

（1）工器具：巡检仪、望远镜、数码相机、钢丝钳、扳手、手锯、防坠装置等。

（2）材料：螺栓、防盗帽、巡视记录本、电力设施保护告知书等。

（二）安全要求

1. 防止触电措施

（1）登杆塔前必须仔细核对线路名称、杆号，确认无误后方可上杆塔。

（2）巡线时应沿线路外侧行走，大风时应沿上风侧行走，发现导线断落地面或悬吊空中，应设法防止行人靠近断线地点8m以内，以免跨步电压伤人，并迅速报告领导，等候处理。

（3）登杆塔作业人员、绳索、工器具及材料应与带电体保持规定的安全距离。

2. 防止高空坠落措施

（1）上杆塔作业前，应先检查安全带、脚钉、爬梯、防坠装置等是否完整牢靠，严禁利用绳索下滑。

（2）上横担进行工作前，应检查横担连接是否牢固及其腐蚀情况。在杆塔上作业时，应使用有后备绳或速差自锁器的双控背带式安全带，安全带和保护绳应分挂在杆塔不同部位的牢固构件上，应防止安全带从杆顶脱出或被锋利物损坏。人员在转位时，手扶的构件应牢固，且不得失去安全保护。

（3）杆塔上有人时，不准调整或拆除拉线。

3. 防止环境意外伤害措施

巡线时应穿绝缘鞋或绝缘靴，雨、雪天路滑应缓慢行走，过沟、崖和墙时防止摔伤，不走险路。防止动物伤害，做好安全措施；偏僻山区巡线由两人进行。暑天、大雪天等恶劣天气，必要时由两人进行。

4. 防止交通意外措施

穿过公路、铁路时，要注意瞭望，遵守交通法规，以免发生交通意外事故。

(三) 施工步骤

1. 巡视前的准备工作

(1) 查阅图纸资料及线路缺陷情况，明确工作任务、范围，掌握线路有关参数、特点及接线方式，把握巡视重点。

(2) 准备工器具及材料。所需工具准确齐全，对安全工具、个人防护用品进行检查，确保所用安全工具、个人防护用品经试验并合格有效。

2. 登杆巡视

(1) 巡视人员由有线路工作经验的人员担任，经考核合格后方能上岗，严格实行专责制，负责对每条线路实行定期巡视、检查和维护。

(2) 塔上作业人员检查登杆工具及安全防护用具并确保其良好、可靠，并对登杆工具、安全防护用具和防坠装置做冲击试验。

(3) 塔上作业人员戴好安全帽，系好安全带、后备保护绳，携带传递绳开始登塔。禁止携带器材登杆或在杆塔上移位。杆塔有防坠装置的，应使用防坠装置，铁塔没有防坠装置的，应使用双钩防坠装置。

(4) 严格按线路巡视检查记录表实行巡视、检查，并做好记录。

3. 发现设备异常并采取处理措施

(1) 巡视人员在巡视过程中发现设备异常或威胁线路安全运行的情况，要认真分析研究并正确处理。

(2) 如属缺陷，应按"缺陷管理办法"及时进行处理，填报缺陷记录。特别是发现紧急和重大缺陷时，要及时向上级领导汇报有关情况，以便采取相应措施进行处理。如属一般缺陷时，可以就地处理的必须做到现场处理。

(3) 如属隐患，应按安全隐患管理要求及时进行处理，填报隐患记录。特别是发现紧急和重大隐患时，要及时向上级领导汇报有关情况，以便采取相应措施进行处理。

(4) 认真填写巡视记录（见表 SX403-1），并如实汇报。

表 SX403-1 架空输电线路巡视检查记录表

序号	检查项目	检查情况				
		___塔	___塔	___塔	___塔	___塔
1	杆塔					
1.1	杆塔有无倾斜、横担歪扭及杆塔部件有无锈蚀变形、缺损					
1.2	铁塔部件固定螺栓有无松动、缺螺栓或螺帽，螺栓丝扣长度是否够长，铆焊处有无裂纹、开焊					

序号	检查项目	检查情况				
		___塔	___塔	___塔	___塔	___塔
1.3	拉线及部件有无锈蚀、松弛、断股抽筋、张力分配不均，缺螺栓、螺帽等部件丢失和被破坏等现象					
1.4	铁塔是否有危及安全运行或人员安全的异物、蜂窝、鸟巢等					
2	绝缘子					
2.1	绝缘子是否脏污，瓷质有无裂纹、破碎，铁帽及钢脚是否锈蚀，钢脚是否弯曲，钢化玻璃绝缘子有无爆裂					
2.2	复合绝缘子伞裙、护套材料有无脱胶、裂缝、滑移现象，棒芯端部有无锈蚀及连接滑移或缝隙					
2.3	绝缘子串偏斜是否超过规程要求					
2.4	绝缘子有无闪络痕迹和局部火花放电现象					
2.5	绝缘子槽口、钢脚、弹簧销有无不配合，锁紧销子有无退出等					
2.6	绝缘子上悬挂有无异物					
3	导线、地线（包括OPGW）					
3.1	导线、地线有无腐蚀、断股、损伤或闪络烧伤					
3.2	导线、地线弧垂、相分裂导线间距有无变化					
3.3	导线、地线有无上扬、振动、舞动、脱冰跳跃，分裂导线有无鞭击、扭绞、粘连					
3.4	导线、地线连接金具有无过热、变色、变形、滑移					
3.5	导线在线夹中有无滑动，线夹船体部分有无自挂架中脱出					
3.6	跳线有无断股、歪扭变形、线间扭绞、舞动或摆动过大					
3.7	跳线与铁塔空气间隙有无变化					
3.8	导线静止状态或最大风偏后对地、对交叉跨越设施及对其他物体距离有无变化					
3.9	架空光缆接续盒及余缆架有无移位、变形、破损等异常情况					
3.10	导线线夹、间隔棒等有无异常声音或电晕情况					
3.11	导线、地线上是否悬挂异物					

序号	检查项目	检查情况				
		___塔	___塔	___塔	___塔	___塔
4	金具有无锈蚀、变形、磨损、裂纹、开口销及弹簧销缺损脱出					
5	基础及基础防护					
5.1	基础有无变异，如有无裂纹、损坏、下沉或上拔，保护帽是否完好，周围土壤有无突起或沉陷；护基有无沉塌或被冲刷					
5.2	上、下边坡是否有塌方，防洪设施（如挡土墙、护坡、护面、排水沟）是否坍塌或损坏					
6	防雷设施及接地装置					
6.1	放电间隙有无变动、烧损					
6.2	绝缘避雷器间隙有无变化					
6.3	地线、接地引下线、接地装置的连接情况是否正常					
6.4	接地引下线有无被盗、断线、锈蚀情况，接地装置有无外露					
7	其他辅助设施					
7.1	预绞丝有无滑动、断股或烧伤					
7.2	防振锤有无移位、脱落、偏斜、破损					
7.3	阻尼线有无变形、烧伤，绑线松动					
7.4	相分裂导线的间隔棒有无松动、位移、折断、线夹脱落、连接处磨损和放电烧伤					
7.5	相位、警告、指示及防护等标志有无缺损					
7.6	线路名称、杆塔编号有无字迹不清或丢失					
7.7	均压环、屏蔽环锈蚀及螺栓有无松动、偏斜					
8	线路防护区					
8.1	有无在铁塔上架设其他设施或利用铁塔、拉线作其他用途					
8.2	有无进入或穿越保护区的超高机械，有无向线路设施射击、抛掷物件					
8.3	有无在铁塔或拉线基础10m（特殊15m）范围内取土、打桩、钻探、开挖等施工或倾倒酸碱盐及其他有害化学物品					

序号	检查项目	检查情况				
		___塔	___塔	___塔	___塔	___塔
8.4	有无在线路保护区内兴建建筑物、烧窑、烧荒、堆放谷物、草料、垃圾、易燃物、易爆物及其他影响供电安全的物品					
8.5	有无在保护区内打桩、钻探、地下采掘等作业，或有无在线路附近（500m 内）爆破、开山采石					
8.6	有无在铁塔内或铁塔与拉线之间修建车道					
8.7	有无增加新的交叉跨越					
8.8	线路附近有无易被风吹起的锡箔纸、塑料薄膜或放风筝等					
8.9	巡视便道、车辆便道及桥梁等有无损坏					
8.10	有无可能引起放电的树木或其他设施					
8.11	保护区有无种植树木、竹子等高杆植物（如有，填写估计数量）					
8.12	树木、竹子等高杆植物与导线的最近距离是否符合要求					
8.13	有无树木、竹子或过高杂草需清理（如有应填写数量）					
9	发现的问题具体说明或建议					

塔号	问题具体说明或建议	处理意见	缺陷项次

没有发现问题请打"√"，有请打"×"，并在"发现的问题具体说明或建议"栏内详细说明发现问题的信息及内容。

二、考核

（一）考核场地

在培训基地杆塔上实施考试，塔上预先设置几个隐患点；或在实际运行线路上考核。

（二）考核时间

(1) 考核时间为 40min。

(2) 考评员宣布开始后记录考核开始时间。

(3) 现场清理完毕后，汇报工作终结，记录考核结束时间。

（三）考核要点

(1) 线路巡视前，首先要做好危险点分析与预控工作，确保巡视人员人身安全；其次要做好相关资料分析整理工作，明确巡视工作的重点。

(2) 严格遵守现场巡视作业流程，巡视到位，认真检查线路各部件运行情况，发现问题及时汇报。及时填写巡视记录及缺陷记录。发现重大、紧急缺陷时立即上报有关人员。

(3) 登杆塔前要核对线路名称、杆号，检查登高工具是否在试验期限内，对安全带和防坠装置做冲击试验。高空作业中动作熟练，站位合理。安全带应系在牢固的构件上，并系好后备保护绳，确保双重保护。转向移位穿越时不得失去保护。作业时不得失去监护。

(4) 杆塔上作业完成，清理杆上遗留物，得到工作负责人许可后方可下杆。

三、评分参考标准

行业：电力工程　　　　　　　工种：送电线路工　　　　　　　等级：四

编号	SX403	行为领域	e	鉴定范围	
考核时间	40min	题型	A	含权题分	25
试题正文	110（220）kV 架空输电线路例行登杆巡视				
考核要点及其要求	(1) 在培训基地杆塔上实施考试，塔上预先设置几个隐患点。 (2) 按地面巡视要求准备工器具及材料。 (3) 根据作业指导书（卡）完成巡视工作，并填写巡视记录。 (4) 操作时间为 40min，时间到停止作业。 (5) 本项目为单人操作，现场配辅助作业人员一名				
现场工器具、材料	(1) 工器具：巡检仪、望远镜、数码相机、钢丝钳、扳手、手锯等。 (2) 材料：螺栓、防盗帽、巡视记录本、电力设施保护告知书等				
备注					
评分标准					

序号	项目名称	质量要求	分值	扣分标准	扣分原因	得分
1	着装	穿长袖工作服、戴安全帽、穿绝缘鞋	2	不正确着装扣 2 分		

		评分标准				
序号	项目名称	质量要求	分值	扣分标准	扣分原因	得分
2	个人工具选用	望远镜、手锯、数码相机、测高仪、钳子、扳手300～350mm	5	(1) 工具选择不准确每件扣1分； (2) 工具使用不准确每次扣2分		
3	材料准备	螺栓、防盗帽等	3	错、漏一件扣1分		
4	登杆	(1) 登杆前准备工作： 1) 检查杆塔及作业现场环境（包括导、地线、杆塔、基础、绝缘子、金具及周边环境等）； 2) 绝缘手套、接地线、验电器的检查； 3) 安全带、保护绳、防坠落装置的检查与冲击试验	5	1) 未检查杆塔及作业现场环境（包括导、地线、杆塔、基础、绝缘子、金具及周边环境等）扣1分； 2) 绝缘手套、接地线、验电器未检查扣1分； 3) 安全带、保护绳、防坠落装置未检查与未做冲击试验扣1分		
		(2) 上下塔： 登杆过程熟练，动作安全、无摇晃，规范使用防坠落装置	10	1) 动作不安全一次扣2分； 2) 登杆过程不熟练扣2分； 3) 未规范使用防坠落装置扣2分		
5	导、地线（包括耦合地线、屏蔽线、OPGW通信光缆）巡查	(1) 有无导、地线锈蚀、断股、损伤或闪络烧伤； (2) 有无导、地线弧垂变化、相分裂导线间距变化； (3) 有无导、地线上扬、振动、舞动、脱冰跳跃，相分裂导线鞭击，扭绞、粘连； (4) 有无导、地线接续金具过热、变色、变形、滑落、外观鼓包、裂纹、烧伤、出口处断股、歪曲度不符合规程要求等； (5) 有无导线在线夹内滑动，释放线夹船体部分是否自挂架中脱出； (6) 有无跳线断股、歪扭变形，跳线与杆塔空气间隙是否变化，跳线间有无扭绞，跳线舞动、摆动是否过大； (7) 导线对地、对交叉跨越设施及其他物体距离有无变化； (8) 导、地线上是否悬挂有异物	10	检查导线、地线缺陷，漏检一项扣2分，未发现缺陷扣10分		

		评分标准				
序号	项目名称	质量要求	分值	扣分标准	扣分原因	得分
6	杆塔、拉线和基础巡查	（1）杆塔倾斜，横担歪扭及杆塔部件锈蚀变形、缺损、被盗； （2）杆塔部件固定螺栓松动，缺螺栓或螺帽，螺栓丝扣长度不够，铆焊处裂纹、开焊、绑线断裂或松动； （3）混凝土杆出线裂纹扩展、混凝土脱落、钢筋外露、脚钉缺损； （4）拉线及部件锈蚀、松弛、断股抽筋、张力分配不均、缺螺栓、螺帽等，部件丢失和被破坏等现象； （5）杆塔及拉线的基础变异，周围土壤突起或沉陷，基础裂纹，损坏、下沉或上拔，护基沉塌或被冲刷； （6）基础保护帽上部塔材被埋入土或废弃物堆中，塔材锈蚀； （7）防洪设施坍塌或损坏	10	检查导线、地线缺陷，漏检一项扣2分，未发现缺陷扣10分		
7	绝缘子、绝缘横担及金具巡查	（1）绝缘子、瓷横担脏污、瓷质裂纹、破碎、钢化玻璃绝缘子爆裂，绝缘子铁帽及钢脚锈蚀，钢脚弯曲； （2）合成绝缘子伞裙破裂、烧伤，金具、均压环变形、扭曲、锈蚀等异常情况； （3）绝缘子、绝缘横担有闪络痕迹和局部火花放电留下的痕迹； （4）绝缘子串、绝缘横担偏斜； （5）绝缘横担绑线松动、断股、烧伤； （6）金具锈蚀、变形、磨损、裂纹，开口销及弹簧销缺损或脱出，特别注意要检查金具经常活动、转动的部位和绝缘子串挂点的金具； （7）绝缘子槽口、钢脚、锁紧销子退出等	10	检查导线绝缘子缺陷，漏检一项扣2分，未发现缺陷扣10分		

			评分标准			
序号	项目名称	质量要求	分值	扣分标准	扣分原因	得分
8	防雷设施和接地装置巡查	(1) 放电间隙变动、烧损； (2) 避雷器、避雷针等防雷装置和其他设备的连接、固定情况； (3) 线路避雷器间隙变化情况； (4) 地线、接地引下线、接地装置、连续接地线间的连接、固定以及锈蚀情况	10	检查导线、地线缺陷，漏检一项扣2分，未发现缺陷扣5分		
9	检查附件及其他设施巡查	(1) 预绞丝滑动、断股或烧伤； (2) 防振锤位移、脱落、偏斜、钢丝断股，阻尼线变形、烧伤，绑线松动； (3) 相分裂导线的间隔棒松动、位移、折断、线夹脱落、连接处磨损和放电烧伤； (4) 均压环、屏蔽环锈蚀及螺栓松动、偏斜； (5) 防鸟设施损坏、变形或缺损； (6) 附属通信设施破坏； (7) 航空、航道警示灯工作情况； (8) 各种检测装置缺损； (9) 相位、警告、指示及防护等标志缺损、丢失，线路名称、杆塔编号字迹不清的； (10) 防污监测点悬挂的检测绝缘子的缺损、丢失	10	检查导地线缺陷，漏检一项扣2分，未发现缺陷扣5分		
10	巡视记录	认真填写巡视记录	15	(1) 巡视记录未填写扣15分； (2) 巡视记录不全每项扣2分		
11	其他要求	(1) 杆上工作： 1) 杆上工作时不得掉东西； 2) 禁止口中含物； 3) 禁止浮置物品	5	1) 掉一件材料扣5分； 2) 掉一件工具扣5分； 3) 口中含物每次扣5分； 4) 浮置物品每次扣4分		

序号	项目名称	质量要求	分值	扣分标准	扣分原因	得分
		评分标准				
11	其他要求	(2) 文明生产： 1) 符合文明生产要求； 2) 工器具在操作中归位； 3) 工器具及材料不应乱扔乱放	2	1) 操作中工器具不归位扣2分； 2) 工器具及材料乱扔乱放每次扣1分		
		(3) 安全施工：做到"三不伤害"	3	施工中造成自己或别人受伤扣2分		
考试开始时间			考试结束时间		合计	
考生栏	编号：	姓名：	所在岗位：	单位：	日期：	
考评员栏	成绩：	考评员：		考评组长：		

一、检修

(一) 工器具、材料

(1) 工器具：ZC-8 型接地电阻测试仪 1 台、ϕ10 接地探针 2 根、2.5mm^2 检测线 20m 和 40m 各 1 根、5 磅手锤 1 把、300mm 扳手 2 把、钢丝刷 1 把。

(2) 材料：导电脂、纱布、4～6 个 M16×45mm 螺栓。

(二) 安全要求

1. 防止雷电伤人措施

工作中若遇雷云在杆塔上方活动或其他威胁工作班人员安全时，工作负责人应停止测量工作并撤离现场。

2. 防止触电伤人措施

接触与地断开的接地线时应使用绝缘手套，测量过程中，检测人员不得裸手接触测试仪接头线。

(三) 施工步骤

1. 准备工作

(1) 正确规范着装。

(2) 准备工器具及做外观检查。

2. 工作过程

(1) 得到工作负责人开工许可后，开始测量工作。

(2) 沿线路垂直方向展放测试线，在测试线末端的合适位置安装接地探针，并将测试线与探针进行可靠连接。

(3) 用扳手拆除杆塔所有的接地线连接螺栓，使接地网与杆塔处于断开状态。

(4) 将接地引下线用砂布擦拭干净，以确保连接可靠。

(5) 将接地测量线与 ZC-8 型接地电阻测试仪接线端 E、P、C 正确连接。

(6) 将仪表放置水平，检查检流计是否指在中心线上，否则可用调零器调整指在中心线上。

(7) 将倍率标度指在最大倍率上，慢慢摇动发电机摇把，同时拨动测量标度盘使检流计指针指在中心线上，如测量标度盘的读数小于 1 时，应将倍率标度置于较小标度倍数上，再重新调整测量标度盘以得到正确的读数。

(8) 用测量标度盘的读数乘以倍率标度的倍数即为所测杆塔的工频接地电阻值，按季节系数换算后为本杆塔的实际工频接地电阻值。

(9) 测量结束，拆除接地电阻测量仪，恢复接地体与杆塔连接，清除接地体表面的锈蚀，并涂抹导电脂，安装接地线连接螺栓（如接地线路连接螺栓锈蚀，需进行更换）。

3. 工作终结

(1) 整理记录资料。

(2) 清理现场，向工作负责人报完工。

(四) 工艺要求

(1) 两根接地测量导线彼此相距 5m。

(2) 按本杆塔设计的接地线长度 L，布置测量辅助射线为 2.5L 和 4L，或电压辅助射线应比本杆塔接地线长 20m，电流辅助射线比本杆塔接地线长 40m；三极法测量工频接地电阻的布置示意如图 SX404-1 所示。

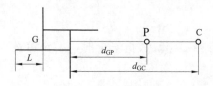

图 SX404-1　三极法测量
工频接地电阻布置示意
G—接地装置；P—电压极；C—电流极；
L—杆塔接地装置放射形接地极的最大长度；
d_{GP}—接地装置 G 和电压极 P
之间的直线距离为 2.5L；
d_{GC}—接地装置 G 和电流极 C 之间
的直线距离为 4L

(3) 将接地探针用砂布擦拭干净，并使接地测量导线与探针接触可靠、良好。

(4) 探针应紧密不松动地插入土壤中 20cm 以上，且应与土壤接触良好。

(5) 当检流计指针接近平衡时，加大摇把转速，使其达到 120r/min 以上，调整测量标度盘使指针指在中心线上。

(6) 测量结束，拆除绝缘电阻表，恢复接地体与杆塔连接，清除连接体表面的铁锈，并涂抹导电脂，确保所有接地引下线全部复位，并紧固牢固。

二、考核

(一) 考核场地

(1) 在不带电的培训线路上模拟运行中线路操作。

(2) 给定线路检修时已办理工作票，线路上验电接地的安全措施已完成，配有一定区域的安全围栏。

(3) 设置 2～3 套评判桌椅和计时秒表。

(二) 考核时间

(1) 考核时间为 45min。

(2) 考评员宣布开始后记录考核开始时间。

(3) 现场清理完毕后,汇报工作终结,记录考核结束时间。

(三) 考核要点

(1) 要求一人操作,一人配合,考生就位,经考评员许可后开始工作。

(2) 考生规范穿戴工作服、绝缘鞋、安全帽等;工器具选用满足工作需要,并进行外观检查;选用材料的规格、型号、数量符合要求,进行外观检查。

(3) 测试线的各连接点必须打磨并连接可靠。

(4) 测试线的施放和测试接地棒打入地下的深度,必须符合要求。

(5) 测试仪器在使用时必须摆放平稳;读数前摇柄转速必须达 120r/min。

(6) 恢复接地引下线,必须使其接触良好、牢固可靠。

(7) 安全要求。在断开接地体与杆塔连接时,两手不得同时触及断开点两端,防止感应电触电。测量过程中,不得裸手触碰绝缘电阻表接线头,防止触电。在恢复接地体与杆塔连接时,两手不得同时触及断开点两端,防止感应电触电。

三、评分参考标准

行业:电力工程　　　　　　　工种:送电线路工　　　　　　　等级:四

编号	SX404	行为领域	e	鉴定范围		30
考核时间	45min	题型	A	含权题分		30
试题名称	杆塔接地电阻测量					
考核要点及其要求	(1) 规范穿戴工作服、绝缘鞋、安全帽等。 (2) 工器具及材料选用满足工作需要,进行外观检查。 (3) 仪器接线正确规范,操作过程中满足相关安全要求。 (4) 测量过程正确规范,测量数据记录清晰完整					
现场工器具、材料	(1) 工器具:ZC-8 型接地电阻测试仪 1 台、φ10 接地探针 2 根、2.5mm² 检测线 20m 和 40m 各 1 根、5 磅手锤 1 把、300mm 扳手 2 把、钢丝刷 1 把。 (2) 材料:导电脂、纱布、4~6 个 M16×45mm 螺栓					
备注						

			评分标准				

序号	作业名称	质量要求	分值	扣分标准	扣分原因	得分
1	工作前的准备	(1) 正确佩戴安全帽,穿工作服,穿绝缘鞋,戴手套	5	1) 未着装扣 5 分; 2) 着装不规范扣 3~5 分		
		(2) 选用工器具正确齐备	5	工器具选用不当,每项扣 2 分		

评分标准

序号	作业名称	质量要求	分值	扣分标准	扣分原因	得分
2	检查	（1）检查仪表机械零位和电气零位	3	未检查仪表的机械零位和电气零位扣3分		
		（2）测试线（线体、测试线两端鳄鱼夹、接线叉）、测试棒完好，各连接处紧密	3	漏查一项扣1分		
		（3）检查绝缘手套必须合格，检查方式正确	4	（1）未检查扣4分；（2）检查方法不正确扣4分		
3	拆卸接地引下线	戴绝缘手套、一次拆卸完全部接地引下线，打磨接触点。为缩短电力线路及设备不带接地装置的不正常运行状态时间，应待其他准备工作完成后再拆接地引下线（与4.4同步进行）测量结束后应尽快恢复	10	（1）未戴绝缘手套扣5分；（2）未拆卸全部接地引下线倒5分；（3）未打磨接触点一处扣2分		
4	测试接地电阻	（1）绝缘电阻表选位：地面平整，摇测时，绝缘电阻表不会簸动	5	不符合要求扣2～5分		
		（2）施放测试线：横线路方向，C、P两级的接线相距大于5m（平行不得交叉）	5	1）有交叉扣5分；2）其他不符合要求扣5分		
		（3）打入测试棒：深度大于0.2m、打磨接触点	5	不符合要求扣5分		
		（4）连接测试线：C、P、E级及各连接点正确、接触良好	15	接线不正确扣15分		
		（5）设置挡位：从最大挡开始	5	未从最大挡开始扣3分		
		（6）旋转读数盘：从最大读数处开始	5	错一次扣4分		
		（7）旋转摇柄：1）由慢到快；2）直至达120r/min；3）持续5s以上	5	每一项不符合要求扣3分		

		评分标准				
序号	作业名称	质量要求	分值	扣分标准	扣分原因	得分
4	测试接地电阻	(8) 读数准确	10	读数不正确扣10分		
		(9) 拆除各点接线,恢复接地引下线: 1) 戴绝缘手套; 2) 打磨各接触点; 3) 螺栓连接处紧密	5	一项不合格扣3分		
5	工作终结	(1) 清理现场:将工器具整理打包,并检查工作场地无遗留物	5	未清理现场扣5分		
		(2) 填写测试记录:填写测试记录,测试记录见表SX404-1	5	1) 未填写测试记录表扣5分; 2) 填写不正确,每处扣3分		
考试开始时间				考试结束时间	合计	
考生栏	编号:	姓名:	所在岗位:	单位:	日期:	
考评员栏	成绩:	考评员:		考评组长:		

表 SX404-1　　　　　　　　　**杆塔接地电阻测量记录表**

序号	线路名称	杆塔号	接地电阻值(Ω)				测量日期
			A	B	C	D	

一、检修

(一) 工器具

0.5t绝缘滑车、60m无极绝缘绳、绝缘保护绳、220kV绝缘操作杆、火花间隙、绝缘千斤、2500V及以上绝缘电阻表、防潮帆布、安全带、防坠装备（双钩一套、40m安全绳1根、抓绳器2个）。

(二) 安全要求

1. 防止高空坠落措施

(1) 攀登杆塔作业前，应检查杆塔根部、基础和拉线是否牢固。

(2) 攀登杆塔作业前，应先检查登高工具、设施，如安全带、脚钉、爬梯、防坠装置等是否完整牢靠。上下杆塔必须使用防坠装置。

(3) 在杆塔上作业时，应使用有后备绳或速差自锁器的双控背带式安全带，安全带和后备保护绳（速差自锁器）应分挂在杆塔不同部位的牢固构件上，应防止安全带从杆顶脱出或被锋利物损坏。人员在转位时，手扶的构件应牢固，且不得失去安全保护。

2. 防止感应电伤人措施

220kV线路杆塔上作业时宜穿导电鞋，必要时需穿静电防护服。

3. 防工具绝缘失效措施

工器具运输过程中妥善保管、避免受潮；现场使用前应用2500V及以上的绝缘电阻表或绝缘检测仪进行分段检测（电极宽2cm，极间宽2cm），检查其绝缘电阻不小于700MΩ。

4. 防止空气间隙击穿措施

作业前应确认空气间隙满足安全距离的要求；作业过程中应注意保持绝缘操作杆的有效长度不小于2.1m；专责监护人应时刻注意和提醒作业人员动作幅度不能过大，人身必须与导线保持1.8m以上距离；使用火花间隙检测时，当发现同一串的零值绝缘子片数达到5片时，应立即停止检测。

5. 防止恶劣天气作业措施

带电作业应在良好天气进行，如遇雷、雨、雪、雾不得进行带电作业，风力大于5级时，一般不宜进行带电作业。

6. 防止落物伤人措施

(1) 现场工作人员必须正确佩戴安全帽。

(2) 高处作业应使用工具袋，较大的工器具应固定在牢固的构件上，不准随便乱放。上下传递物件应用绳索拴牢传递，严禁上下抛掷。

(3) 在进行高空作业时，不准他人在工作地点的下面通行或逗留，工作地点下面应装设有围栏或其他保护装置，防止落物伤人。

(三) 施工步骤

1. 准备工作

(1) 正确规范着装。

(2) 选择工器具，做外观检查。

(3) 对绝缘操作杆进行绝缘检测。

2. 工作过程

(1) 得到工作负责人开工许可后，塔上电工核对线路线路名称、杆号，携带绝缘传递绳登塔至横担适当位置，系好安全带，将绝缘滑车及绝缘绳在作业横担适当位置安装好。

(2) 地面电工用绝缘传递绳将绝缘操作杆传递给塔上电工。

(3) 塔上电工持绝缘操作杆将检测器的两根探针同时接触每片绝缘子的钢帽和钢脚，细听间隙处有无放电声，无放电声的绝缘子即为劣化绝缘子。逐相由导线侧第一片绝缘子开始，按顺序逐片往横担侧进行检测。发现零值绝缘子时，重复测试2~3次，确认后向地面报告，由地面电工做好记录。

(4) 检测时要认真细听火花间隙的放电声，并根据需要再进一步校正火花间隙距离，使测量靠横担处的绝缘子时有轻微放电声为准。

(5) 绝缘子检测完毕后，塔上电工和地面电工配合，将绝缘检测操作杆、绝缘子测试仪下传至地面。

(6) 塔上电工检查确认塔上无遗留工具后，得到工作负责人同意后携带绝缘绳平稳下塔。

3. 工作终结

(1) 整理记录资料。

(2) 清理现场，向工作负责人报完工。

(四) 工艺要求

(1) 在工作中使用的工器具、材料必须用绳索传递，不得抛扔，传递绳滑车挂钩与挂点连接应有防脱措施。

(2) 高空作业人员带传递绳移位时地面人员应精力集中注意配合。

(3) 杆上工作时不得失去安全带保护，监护人应加强监护。

(4) 使用绝缘操作杆测量零值绝缘子时，作业人员应注意保持绝缘操作杆的有效长度不小于 2.1m；专责监护人应时刻注意和提醒作业人员动作幅度不能过大，人身必须与导线保持 1.8m 以上距离。

(5) 检测过程中，应始终牢记每串绝缘子中不良绝缘子的片数：220kV 线路不得超过 5 片，否则应立即停止检测。

二、考核

(一) 考核场地

(1) 在不带电的培训线路上模拟运行中线路操作。

(2) 给定线路检修时已办理工作票，线路上验电接地的安全措施已完成，配有一定区域的安全围栏。

(3) 设置 2～3 套评判桌椅和计时秒表。

(二) 考核时间

(1) 考核时间为 60min。

(2) 考评员宣布开始后记录考核开始时间。

(3) 现场清理完毕后，汇报工作终结，记录考核结束时间。

(三) 考核要点

(1) 考生就位，经许可后开始工作，规范穿戴工作服、绝缘鞋、安全帽、手套等。

(2) 工器具选用满足工作需要，并进行外观检查。

(3) 检查操作杆是否干净，用干净的毛巾或布仔细擦拭，并使用 2500V 及以上绝缘电阻表分段测试绝缘电阻（电极宽为 2cm，极间宽为 2cm），要求不低于 700MΩ。

(4) 登杆。

1) 技术要求。动作熟练，平稳登杆。

2) 安全要求。登杆前要核对线路名称、杆号，对检查登高工具进行外观检查。

(5) 高空作业中安全带应系在牢固的构件上，并系好后备保护绳，确保双重保护，转移作业位置时不得失去安全保护。

(6) 测量零值绝缘子过程。

1) 清除异物时绝缘操作杆的有效绝缘长度必须大于 2.1m。

2) 作业人员动作幅度不能过大，人身必须与导线保持 1.8m 以上距离。

3) 测量顺序正确，从导线侧向横担侧，测量位置正确，火花间隙短路叉两端切实分别接触瓷裙上下侧的铁件上。

4）一串绝缘子串中零值绝缘子片数达到 5 片时，应立即停止检测。

5）杆塔上转移时测量杆放平稳，不漏测绝缘子。

6）发现零值绝缘子时，重复测试 2～3 次，确认后向地面报告，将火花间隙短路叉翻一面再测一次，火花间隙短路叉保持原位，报告记录后才可移开火花间隙短路叉。

7）测量完毕后，塔上电工和地面电工配合，将绝缘检测操作杆传至地面。

8）放下时测量杆不碰杆塔，测量杆接近地面要减速，让监护人员接住。

（7）下杆。杆上作业完成后，清理杆上遗留物，得到工作负责人许可后下杆，下杆动作平稳。

（8）自查验收。清理现场施工作业结束后，按要求清理施工现场，整理工具，向考评员报完工。

（9）安全文明生产。按规定时间完成，按所完成的内容计分，要求操作过程熟练连贯，施工有序，工器具、材料存放整齐，现场清理干净。

（10）发生安全事故本项考核不及格。

三、评分标准

行业：电力工程　　　　　　　工种：送电线路工　　　　　　　等级：四

编号	SX405	行为领域	e	鉴定范围	
考核时间	60min	题型	A	含权题分	35 分
试题名称	220kV 架空线路带电检测零值绝缘子				
考核要点及其要求	（1）规范穿戴工作服、绝缘鞋、安全帽等。 （2）工器具选用满足工作需要，进行外观检查。 （3）登塔及下塔合理使用安全工器具，过程平稳有序。 （4）测量过程正确规范，记录完整。 （5）操作时间为 45min，时间到终止作业				
现场工器具、材料	0.5t 绝缘滑车、60m 无极绝缘绳、绝缘保护绳、220kV 绝缘操作杆、火花间隙、绝缘千斤、2500V 及以上绝缘电阻表、防潮帆布、安全带、防坠装备（双钩一套、40m 安全绳 1 根、抓绳器 2 个）				
备注	给定线路检修时已办理工作票，设定考评员为工作负责人，考生作业前向考评员报开工，测量耐张杆塔绝缘子				

<table>
<tr><td colspan="7" align="center">评分标准</td></tr>
<tr><td>序号</td><td>作业名称</td><td>质量要求</td><td>分值</td><td>扣分标准</td><td>扣分原因</td><td>得分</td></tr>
<tr><td rowspan="2">1</td><td rowspan="2">工作前的准备</td><td>正确佩戴安全帽，穿工作服，穿绝缘鞋，戴手套</td><td>5</td><td>1）未着装扣 5 分；
2）着装不规范扣 3～5 分</td><td></td><td></td></tr>
<tr><td>选用工器具，工器具做外观检查</td><td>5</td><td>1）工器具选用不当，每项扣 3 分；
2）未做外观检查，每项扣 2 分</td><td></td><td></td></tr>
</table>

		评分标准				
序号	作业名称	质量要求	分值	扣分标准	扣分原因	得分
2	绝缘工器具检查	(1) 绝缘操作杆外观检查：检查有无损坏、受潮、变形，并用干燥、干净的毛巾将绝缘操作杆擦拭干净	5	不正确扣1～3分		
		(2) 检测绝缘操作杆绝缘：使用2500V及以上绝缘电阻表分段测试绝缘电阻（电极宽2cm，极间宽2cm），要求不低于700MΩ	5	未测试绝缘电阻扣5分		
		(3) 检查传递绳：外观检查（要求是绝缘绳）	2	未检查扣2分		
		(4) 检查放电间隙：认真检查放电间隙，调整放电间隙为0.7mm	3	未检查放电间隙扣3分		
3	登杆	(1) 核对设备编号：登杆前要核对线路名称及杆号	5	未核对扣5分		
		(2) 防坠装备使用：使用防坠装备（双钩）登塔，作业人员将其中一个挂钩挂在身体上方的塔材上，然后登塔，当该挂钩处于身体下方时，将另一个挂钩挂于身体上方的塔材上，并取下前一个挂钩，登杆平稳	5	1) 未使用防坠装备扣5分；2) 使用不熟练扣2～3分		
4	杆上准备	(1) 安全带的使用：安全带的挂钩或绳子应挂在结实牢固的构件上，并采用高挂低用的方式，作业过程中应随时检查安全带是否拴牢，在转移作业位置时不准失去安全带的保护	5	1) 安全带低挂高用，扣3分；2) 在转移作业位置时失去安全带保护扣5分		
		(2) 传递工器具：塔上作业人员应使用工具袋，上下传递物件应用绳索传递，严禁抛掷，作业人员应防止掉东西；传递绳必须与导线保持1.8m以上距离	5	1) 未使用工具袋扣5分；2) 随意抛掷工器具扣5分；3) 作业过程中掉东西，每掉一次扣2分		

		评分标准					
序号	作业名称	质量要求	分值	扣分标准		扣分原因	得分
5	绝缘子检测的安全要求及技术要求	1) 在检测过程中，人身与带电体必须保持1.8m以上安全距离； 2) 绝缘操作杆有效绝缘长度必须大于2.1m； 3) 测量顺序正确，从导线侧向横担侧； 4) 测量位置正确，火花间隙短路叉两端切实分别接触瓷裙上下侧的铁件上； 5) 不漏测； 6) 火花间隙短路叉保持原位，报告记录后才可移开火花间隙短路叉； 7) 一串绝缘子串中零值绝缘子片数达到5片时，应立即停止检测	35	1) 不正确扣5分（现场提问）； 2) 测量顺序错误扣5分； 3) 每漏测一片扣1分，扣完为止			
6	工器具传递至地面	将工器具通过传递绳传递至地面，吊绳绑扎正确，测量杆垂直上下，放下时测量杆不碰杆塔，测量杆接近地面要减速，让监护人员接住	5	（1）传递在空中缠绕扣3分； （2）传递的工器具在空中脱落，每次扣5分			
7	人员下塔	清理杆上遗留物，得到工作负责人许可后携带传递绳平稳下塔，下杆过程平稳	5	（1）杆塔上有遗留物扣5分； （2）下杆不平稳扣2分			
8	工作终结	(1) 清理现场：将工器具整理打包，并检查工作场地无遗留物	5	未清理现场扣5分			
		(2) 填写测试记录：填写测试记录（测试记录见表SX405-1）	5	1) 未填写测试记录扣5分； 2) 填写不正确，每处扣3分			
考试开始时间				考试结束时间		合计	
考生栏	编号：	姓名：		所在岗位：	单位：		日期：
考评员栏	成绩：	考评员：			考评组长：		

表 SX405－1　　　　　　　**220kV 架空线路带电检测零值绝缘子记录表**

线路名称：			杆塔号：										记录人：					
相别	绝缘子位置		1	2	3	4	5	6	7	8	9	10	11	12	13	14	15
A 相	多号侧绝缘子串	内侧绝缘子串															
		外侧绝缘子串															
	少号侧绝缘子串	内侧绝缘子串															
		外侧绝缘子串															
	吊瓶串	多号侧绝缘子串															
		少号侧绝缘子串															
B 相	多号侧绝缘子串	内侧绝缘子串															
		外侧绝缘子串															
	少号侧绝缘子串	内侧绝缘子串															
		外侧绝缘子串															
	吊瓶串	多号侧绝缘子串															
		少号侧绝缘子串															
C 相	多号侧绝缘子串	内侧绝缘子串															
		外侧绝缘子串															
	少号侧绝缘子串	内侧绝缘子串															
		外侧绝缘子串															
	吊瓶串	多号侧绝缘子串															
		少号侧绝缘子串															

注　绝缘子编号以横担侧绝缘子为小号，导线侧绝缘子为大号。

一、施工

(一) 工器具、材料

(1) 工器具：个人工器具、防护用具、登高工具（脚扣或踩板）、围栏、安全标示牌（"在此工作！"一块、"从此进出！"一块）、$\phi12$ 传递绳 30m、1t 滑车、3m 钢卷尺、记号笔。

(2) 材料：2 根双横担∠50×5×850、M 型抱铁 135×35、双头螺栓 M16×240。

(二) 安全要求

1. 防止触电措施

(1) 登杆塔前必须仔细核对线路名称、杆号，多回线路还应核对线路的识别标记，确认无误后方可登杆。

(2) 严格执行 Q/GDW 1799.2—2013《国家电网公司电力安全工作规程 线路部分》保证安全的技术措施。

(3) 登杆塔作业人员、绳索、工器具及材料与带电体保持规定的安全距离。

2. 防止高空坠落措施

(1) 攀登杆塔作业前，应检查杆塔根部、基础和拉线是否牢固。

(2) 攀登杆塔作业前，应先检查登高工具、设施，如安全带、脚钉、爬梯、防坠装置等是否完整牢靠。上下杆塔必须使用防坠装置。

(3) 在杆塔上作业时，应使用有后备绳或速差自锁器的双控背带式安全带，安全带和后备保护绳（速差自锁器）应分挂在杆塔不同部位的牢固的件上，应防止安全带从杆顶脱出或被锋利物损坏。人员在转位时，手扶的构件应牢固，且不得失去安全保护。

3. 防止落物伤人措施

(1) 现场工作人员必须正确佩戴安全帽。

(2) 高处作业应使用工具袋，较大有工器具应固定在牢固的构件上，不准随便乱放，上下传递物件应用绳索拴牢传递，严禁上下抛掷。

（3）在进行高空作业时，不准他人在工作地点的下面通行或逗留，工作地点下面应有围栏或装设其他保护装置，防止落物伤人。

4．防止工器具失灵、导线脱落、绝缘子脱落等措施

（1）使用工具前应进行检查，严禁以小带大。

（2）检查金具、绝缘子的连接情况。

（3）提线工具收紧前，检查工器具连接情况是否牢固可靠。

（4）当采用单吊线装置时，应采取防止导线脱落的后备保护措施。

5．防止倒杆伤人措施

（1）登杆前检查杆根、杆身和埋深。钢筋混凝土杆保护层不应腐蚀脱落、钢筋外露，普通钢筋混凝土杆不应有纵向裂纹和横向裂纹，缝隙宽度不应超过 0.2mm，预应力钢筋混凝土杆不应有裂纹。

（2）登杆前应检查拉线是否完好。拉线镀锌钢绞线不应断股，镀锌层不应锈蚀、脱落，拉线张力应均匀，不应严重松弛，拉棒锈蚀后直径减少值不应超过 2mm。

（三）施工步骤

1．准备工作

（1）工作票及任务单。工作票签发人根据现场情况等相关资料，签发工作票和任务单，根据 Q/GDW 1799.2—2013 《国家电网公司电力安全工作规程 线路部分》和现场实际填写电力线路第一种工作票，工作负责人确认无误后接受工作票和任务单。

（2）着装。工作服、绝缘鞋、安全帽、绝缘手套穿戴正确。

（3）选择工器具，做作外观检查。选择工器具、防护用具及登高工具，并检查工器具外观完好无损，具有合格证并在有效试验周期内。踩板的踏板、钩子不得有裂纹和变形，心形环完整，绳索无断股或霉变；绳扣接头每绳股连续插花应不少于 4 道，绳扣与踏板间应套接紧密。脚扣的金属母材及焊缝无任何裂纹和可目测到的变形；皮带完好，无霉变、裂缝或严重变形；小爪连接牢固，活动灵活，橡胶防滑块（套）完好，无破损。有腐蚀裂纹的禁止使用。

（4）选择材料，做外观检查。双横担、M 型抱铁外观合格，无变形，镀锌层完好，双头螺栓垫片齐全。

2．操作步骤

（1）上杆塔作业前的准备。

1）杆上作业人员根据工作情况选择工器具及材料，并检查是否完好。

2）杆上作业人员检查杆塔根部、基础是否完好。

3）杆上作业人员检查登杆工具及安全防护用具并确保良好、可靠，并对登杆工具、安全防护用具和防坠装置做冲击试验。

4）地面作业人员在适当的位置将传递绳理顺确保无缠绕。

（2）登杆塔作业。杆上作业人员戴好安全帽，系好安全带、后备保护绳，携带传递绳开始登塔。杆塔有防坠装置的，应使用防坠装置。

1）踩板登杆。

a. 将上板板背在身上（钩子朝电杆面，木板朝人体背面），左手握下板绳绕过杆身、右手持钩、钩口朝上挂板。

b. 右手握住踩板挂钩下方绳子，右脚外侧靠紧右边踩板绳上下板；重心转移到右腿后，右脚内侧抵住杆身；左腿绕过踩板左边绳上下板，左小腿绞紧左边绳，两脚内侧夹紧杆身。

c. 挂上板（方法同 a）。

d. 右手抓紧上板两根绳子，左手压紧踩板左端部，抽出右脚踩在上板上，右脚外侧靠紧踩板右边绳。

e. 缩右腿使右腿膝肘部挂紧右边绳上上板，左脚蹬在杆上，右脚使踩板靠近左大腿。

f. 侧身、左手握住下板钩下 100mm 左右处绳子，脱钩取板，左脚绕过踩板左边绳上板同时左小腿绞紧踩板左边绳子，两脚内侧夹紧杆身。

g. 重复以上步骤，两踩板交替上升登至工作位置。

2）脚扣登杆。

a. 调整脚扣尺寸，与钢筋混凝土电杆直径配合，使脚扣胶皮面与杆身接触可靠（脚扣满挂）。

b. 抬脚使脚扣平面（金属杆圆弧面）与杆身成 90°，脚扣叩杆、脚背外翻挂实，下蹬；脚扣登杆必须全过程使用安全带。

c. 另一只脚上抬松脱脚扣，向上登杆，方法同 a。

d. 双手扶安全带，重心稍向后，动作正确（双手不能抓住安全带），注意根据杆身直径变化调整脚扣尺寸。

（3）双横担安装。

1）杆上作业人员携带传递绳登至安装单横担处时，将安全带、后备保护绳系杆身上，在杆身的适当位置挂好传递绳。

2）杆上作业人员用钢卷尺从杆顶向下量取安装尺寸，并用记号笔做好标记。

3）地面作业人员将组装好的双横担传递到杆上作业人员，杆上作业人员将杆身套入两个 M 型抱铁中间，移动双横担至标记处。

4）拧紧中间两个双头螺栓并调整方向，使双横担与线路方向垂直（转角杆双横担在角平分线上），横担面水平一致。

5）拧紧两边双头螺栓使双横担两根横担角钢相互平行。

（4）下塔作业。塔上作业人员检查双横担安装质量，杆上无任何遗留物后，解开安全带、后备保护绳，携带传递绳下杆塔。

1）踩板下杆。

a. 左手握绳、右手持钩、钩口朝上，在大腿部对应杆身上挂下板。

b. 右手握上板绳，抽出左腿，左脚蹬在上板下的杆身上，右腿膝肘部挂紧绳子侧身并向外顶出，上板靠近左大腿。

c. 左手握住下板的挂钩和绳子，左右摇动使其围杆下落，同时左脚下滑至适当位置蹬杆，定住下板绳（钩口朝上）。

d. 左手在上板上方握住左边绳，右手松出左边绳、只握右边绳，右脚下上板，右手沿右边绳下滑至上板上方，右脚踩下板，脚外侧靠紧右边绳，脚内侧抵住杆身。左脚绕过左边绳踩在下板上，小腿绞紧左边绳，两脚夹住杆身。

e. 左手握住上板，向上晃动松下上板；挂下板（方法同 a）。

f. 重复以上步骤，两踩板交替下降到地面。

2）脚扣下杆。

a. 抬脚使脚扣平面（金属杆圆弧面）与杆身成 90°，脚扣叩杆、脚背外翻挂实，下蹬。

b. 另一只脚上抬松脱脚扣，下杆，方法同 a。

c. 注意调整脚扣尺寸，与钢筋混凝土电杆直径配合，使脚扣胶皮面与杆身接触可靠；双手扶扶杆身，重心稍向后，动作正确。

3. 工作终结

（1）工作负责人确认所有施工内容已完成，质量符合标准，杆塔上、双横担上及其他辅助设备上没有遗留物。

（2）清理地面工作现场，确认工器具均已收齐，工作现场做到"工完、料净、场地清"。并向工作许可人汇报作业结束，履行终结手续。

（四）工艺要求

（1）熟练使用登杆工具，上下杆动作规范自然，不失稳。

（2）双横担安装位置正确，上下偏差不超过 20mm。

（3）双横担安装好后水平一致，并与线路方向垂直（转角杆双横担在角平分线上），上下左右倾斜不超过 20mm，两根横担角钢相互平行。

（4）双横担双头螺栓平垫、弹簧垫齐全，位置不颠倒，螺帽拧紧后，螺纹至少露出两扣。

（五）注意事项

（1）上下钢筋混凝土电杆时，手脚要稳，并打好保护。

（2）作业区域设置安全围栏，悬挂安全标示牌。

（3）服从工作负责人指挥。

二、考核

（一）考核场地

（1）考场可以设两基培训专用钢筋混凝土拔梢杆（梢径为170mm）上进行，杆上无障碍物，不少于两个工位。

（2）给定线路检修时需办理工作票，线路上安全措施已完成，配有一定区域的安全围栏。

（3）设置两套评判桌椅和计时秒表、计算器。

（二）考核时间

（1）考核时间为40min。

（2）考评员宣布开始后记录考核开始时间。

（3）现场清理完毕后，汇报工作终结，记录考核结束时间。

（三）考核要点

（1）要求一人操作，一人配合，一名工作负责人。考生就位，经许可后开始工作，规范穿戴工作服、绝缘鞋、安全帽、手套等。

（2）工器具选用满足工作需要，并应进行外观检查。

（3）选用材料的规格、型号、数量符合要求，进行外观检查。

（4）登杆。

1）技术要求。技术熟练，有脚扣登杆过程中应收小脚扣，合理站位，固定好传递绳。

2）安全要求。登杆前检查杆根和埋深，检查登高工具是否在试验期限内，对脚扣（踩板）和安全带做冲击试验。高空作业中安全带应系在牢固的构件上，始终不得失去保护。作业时不得失去监护。

（5）下杆。

1）技术要求。杆上作业完成，清理杆上遗留物，得到工作负责人许可后下杆，用脚扣下杆过程中放大脚扣。

2）安全要求。下杆全过程不能失去保护，离地面小于500mm才能脱离登高工具着地。

（6）双横担安装符合工艺要求。

（7）自查验收。施工作业结束后，工作负责人依据施工验收规范对施工工艺、质量进行自查验收，按要求清理施工现场，整理工具、材料，办理工作终结手续。

（8）安全文明生产。按规定时间完成，按所完成的内容计分，要求操作过程熟练连贯，施工有序，工器具、材料存放整齐，现场清理干净。

（9）发生安全事故本项考核不及格。

三、评分参考标准

行业：电力工程　　　　　工种：送电线路工　　　　　等级：四

编号	SX406	行为领域		e	鉴定范围		
考核时间	40min	题型		A	含权题分		25
试题名称	攀登钢筋混凝土电杆安装双横担						
考核要点及其要求	（1）正确熟练使用登高工具和安全防护用具，上下杆动作规范自然，不失稳。 （2）双横担安装符合工艺要求。 （3）操作时间为40min，时间到终止操作。 （4）本项目为单人操作，现场配辅助作业人员一名、工作负责人一名。辅助工作人员只协助考生完成塔上工具、材料的上吊和下卸工作；工作负责人只监护工作安全						
现场工器具、材料	（1）工具：个人工具、防护用具、登高工具（脚扣或踩板）、围栏、安全标示牌（"在此工作"一块、"从此进出"一块）、φ12传递绳30m、1t滑车、3m钢卷尺、记号笔。 （2）材料：2根双横担∠50×5×850、M型抱铁135×35、双头螺栓M16×240。 （3）考生自备工作服、绝缘鞋、自带个人工具						
备注							
评分标准							

<table>
<thead>
<tr><th>序号</th><th>作业名称</th><th>质量要求</th><th>分值</th><th>扣分标准</th><th>扣分原因</th><th>得分</th></tr>
</thead>
<tbody>
<tr><td>1</td><td>正确着装</td><td>穿长袖工作服、戴安全帽、穿绝缘鞋、戴手套</td><td>2</td><td>不正确着装一件扣2分</td><td></td><td></td></tr>
<tr><td rowspan="3">2</td><td rowspan="3">工具选用</td><td>（1）个人工具：钢丝钳、扳手、记号笔、钢卷尺、工具包等选用正确</td><td rowspan="3">3</td><td>操作中再次拿工具每件扣1分</td><td></td><td></td></tr>
<tr><td>（2）专用工具：吊绳、踩板或（脚扣）操作者自选一件</td><td>操作中再次拿工具每件扣1分</td><td></td><td></td></tr>
<tr><td>（3）材料准备：选择双横担组件及检查</td><td>1）选配错一件扣1分；
2）少检查一件扣1分</td><td></td><td></td></tr>
<tr><td>3</td><td>登杆前检查</td><td>（1）杆身、杆根及拉线检查：
1）杆身无纵、横向裂；
2）杆根牢固、培土无下沉；
3）拉线牢固，受力均匀</td><td>10</td><td>1）杆身纵、横向裂纹未纹检查扣2分；
2）杆根、培土未检查扣2分；
3）拉线牢固，受力未检查扣2分</td><td></td><td></td></tr>
</tbody>
</table>

		评分标准				
序号	作业名称	质量要求	分值	扣分标准	扣分原因	得分
3	登杆前检查	（2）吊绳检查： 1）吊绳完好，无霉变、断股、散股； 2）吊绳选择正确	10	1）吊绳不检查扣2分； 2）有缺陷未检查到扣2分 3）吊绳选择错误扣2分		
		（3）安全带检查： 1）安全带具有合格证，并在有效试验周期内； 2）安全带使用前做冲击试验		1）割伤、磨损不检查扣2分； 2）没有合格证、过期未检查到扣2分 3）不做冲击试验扣2分		
		（4）踩板或脚扣检查： 1）踩板或脚扣具有合格证，并在有效试验周期内； 2）踩板或脚扣使用前做冲击试验（脚扣必须单腿做冲击试验）		1）不检查扣2分； 2）没有合格证未检查到扣2分； 3）踩板或脚扣有缺陷未检查到扣2分； 4）不做冲击试验扣2分		
4	登杆	（1）上、下杆过程沿同一方向； （2）登高工具与杆身无强烈碰撞； （3）动作安全、无摇晃； （4）踩板登杆小腿绞紧左边绳； （5）使用踩板时钩口朝上； （6）着地规范； （7）注意调整脚扣尺寸，与混凝土杆直径配合，使脚扣胶皮面与混凝土杆接触可靠（脚扣满挂）； （8）双手扶安全带，重心稍向后，动作正确（双手不能抓住安全带）； （9）登杆过程不出现失控	30	（1）滚动、或左或右登杆均扣5分； （2）强烈碰撞一次扣5分； （3）发生不安全动作一次扣10分； （4）小腿不绞紧左边绳扣5分； （5）使用踩板时钩口朝下一次扣10分； （6）着地不规范、跳跃各扣5分； （7）脚扣未满挂一次扣10分； （8）脚扣登杆不系安全带扣10分； （9）双手抓住安全带扣5分		
5	进入工作位置	（1）上杆后一次进入工作位置； （2）安全带使用正确； （3）脚扣不得交叉； （4）站位后，用力自然，双手能同时作业	5	（1）进入工作位置不正确扣5分； （2）安全带使用不正确扣5分； （3）脚扣交叉每次扣5分； （4）单手作业扣5分		

		评分标准				
序号	作业名称	质量要求	分值	扣分标准	扣分原因	得分
6	横担安装	（1）双横担安装位置正确，上下偏差不超过 20mm； （2）双横担安装好后水平一致，并与线路方向垂直，上下、左右倾斜不超过 20mm，两根横担角钢平行； （3）双头螺栓平垫、弹簧垫齐全，位置不颠倒，螺帽拧紧后，螺纹至少露出两扣； （4）横担部件安装紧密	30	（1）横担位置偏差超过 20mm 扣 5 分； （2）不平行，左右、上下偏斜大于 20mm 扣 5 分； （3）垫片位置颠倒扣 5 分； （4）螺母未拧紧扣 5 分		
7	工器具及材料传递	（1）正确使用绳结； （2）使用吊绳不得出现缠绕； （3）吊绳不能在同侧上下	10	（1）使用绳结错一次扣 2 分； （2）吊绳缠绕一次扣 2 分； （3）吊绳在同侧上下一次扣 2 分； （4）吊横担强烈碰撞一次扣 2 分		
8	其他要求	（1）杆上工作： 1）杆上工作时不得掉东西； 2）禁止口中含物； 3）禁止浮置物品	5	1）掉一件材料扣 5 分； 2）掉一件工具扣 5 分； 3）口中含物每次扣 5 分； 4）浮置物品每次扣 4 分		
		（2）文明生产： 1）符合文明生产要求； 2）工器具在操作中归位； 3）工器具及材料不应乱扔乱放	5	1）操作中工器具不归位扣 2 分； 2）工器具及材料乱扔乱放每次扣 2 分		
	考试开始时间			考试结束时间	合计	
考生栏	编号：	姓名：	所在岗位：	单位：	日期：	
考评员栏	成绩：	考评员：		考评组长：		

35kV架空线路悬式绝缘子串更换

一、施工

(一) 工器具、材料

(1) 工器具：个人工器具、防护用具、登高工具（脚扣或踩板）、围栏、安全标示牌（"在此工作！"一块、"从此进出！"一块）、拔销器、5000V绝缘电阻表、抹布、1t滑车、φ12传递绳1根、1.5t提线工具（紧线器）、导线保护绳、35kV验电器、接地线。

(2) 材料：4片悬式绝缘子 XP-70、弹簧销。

(二) 安全要求

1. 防止触电措施

(1) 登杆塔前必须仔细核对线路名称、杆号，多回线路还应核对线路的识别标记，确认无误后方可登杆。

(2) 严格执行 Q/GDW 1799.2—2013《国家电网公司电力安全工作规程　线路部分》保证安全的技术措施。

(3) 登杆塔作业人员、绳索、工器具及材料与带电体保持规定的安全距离。

2. 防止高空坠落措施

(1) 攀登杆塔作业前，应检查杆塔根部、基础和拉线是否牢固。

(2) 攀登杆塔作业前，应先检查登高工具、设施，如安全带、脚钉、爬梯、防坠装置等是否完整牢靠。上下杆塔必须使用防坠装置。

(3) 在杆塔上作业时，应使用有后备绳或速差自锁器的双控背带式安全带，安全带和后备保护绳（速差自锁器）应分挂在杆塔不同部位的牢固构件上，应防止安全带从杆顶脱出或被锋利物损坏。人员在转位时，手扶的构件应牢固，且不得失去安全保护。

3. 防止落物伤人措施

(1) 现场工作人员必须正确佩戴安全帽。

(2) 高处作业应使用工具袋，较大有工器具应固定在牢固的构件上，不准随便乱放，上下传递物件应用绳索拴牢传递，严禁上下抛掷。

（3）在进行高空作业时，不准他人在工作地点的下面通行或逗留，工作地点下面应有围栏或装设其他保护装置，防止落物伤人。

4. 防止工器具失灵、导线脱落、绝缘子脱落等措施

（1）使用工具前应进行检查，严禁以小带大。

（2）检查金具、绝缘子的连接情况。

（3）提线工具收紧，检查工器具连接情况是否牢固可靠。

（4）当采用单吊线装置时，应采取防止导线脱落的后备保护措施。

5. 防止倒杆伤人措施

（1）登杆前检查杆根、杆身和埋深。钢筋混凝土杆保护层不应腐蚀脱落、钢筋外露，普通钢筋混凝土杆不应有纵向裂纹和横向裂纹，缝隙宽度不应超过 0.2mm，预应力钢筋混凝土杆不应有裂纹。

（2）登杆前检查拉线是否完好。拉线镀锌钢绞线不应断股，镀锌层不应锈蚀、脱落，拉线张力应均匀，不应严重松弛，拉棒锈蚀后直径减少值不应超过 2mm。

（三）施工步骤

1. 准备工作

（1）现场勘察。应明确现场检修作业需要停电的范围，保留的带电部位和现场作业的条件，环境及其他危险点等。

（2）相关资料。查阅图纸资料，明确塔型、呼称高、导线、金具及绝缘子型号等，以确定使用的工器具、材料。

（3）工作票及任务单。工作票签发人根据现场情况等相关资料，签发工作票和任务单，根据 Q/GDW 1799.2—2013《国家电网公司电力安全工作规程（线路部分）》和现场实际填写电力线路第一种工作票，工作负责人确认无误后接受工作票和任务单。

（4）着装。工作服、绝缘鞋、安全帽、手套穿戴正确。

（5）选择工器具，做外观检查。选择工器具、防护用具及辅助器具，并检查工器具外观完好无损，具有合格证并在有效试验周期内。

（6）选择材料，做外观检查。绝缘子外观合格，每片绝缘子应进行绝缘检测合格，并清扫干净。

2. 操作步骤

（1）上塔作业前的准备。

1）工作人员根据工作情况选择工器具及材料，并检查是否完好。

2）工作人员核对线路名称、杆号，检查杆塔根部、基础是否牢固。

3）地面作业人员在适当的位置将传递绳理顺确保无缠绕，逐个对绝缘子进行

外观检查，将表面及裙槽清擦干净，并用 5000V 绝缘电阻表检测绝缘（在干燥情况下绝缘电阻不得小于 300MΩ），无问题后连接成串放置好。

4）按工作票的要求在工作地段前后杆塔的导线上验明确无电压后装设好接地线。

（2）登塔作业。

1）塔上作业人员检查登杆工具及安全防护用具并确保良好、可靠，并对登杆工具、安全防护用具和防坠装置做冲击试验。

2）塔上作业人员戴好安全帽，系好安全带、后备保护绳，携带传递绳开始登塔。禁止携带器材登杆或在杆塔上移位。杆塔有防坠装置的，应使用防坠装置，杆塔没有防坠装置的，应使用双钩防坠装置。

（3）工器具安装。

1）杆塔上作业人员携带传递绳、滑车登至需更换绝缘子串横担上方，将安全带、后备保护绳系在横担主材上，在横担的适当位置挂好传递绳。

2）地面作业人员将导线保护绳和提线工具（紧线器）传递上杆塔。杆塔上作业人员站在导线上将导线保护绳一端拴在横担的主承力部位上，另一端拴在导线上。拴好后杆塔上作业人员将提线工具一端固定在横担的主承力部位上，另一端连接到导线上，收紧提线工具使之稍微受力。

（4）更换绝缘子。

1）杆塔上作业人员检查导线保护绳和提线工具的连接，并对提线工具进行冲击试验。无误后收紧提线工具，将绝缘子串松弛。

2）杆塔上作业人员用传递绳捆绑绝缘子串。拔出绝缘子串两端的弹簧销，取出旧绝缘子串，并传递至地面。

3）地面作业人员将新绝缘子串传递至杆塔上作业人员，杆塔上作业人员安装新绝缘子。

4）杆塔上作业人员检查新绝缘子连接无误后，稍松提线工具使绝缘子串受力，检查绝缘子串受力情况。

5）杆塔上作业人员确认绝缘子串受力正常后，继续松提线工器具到能够拆除为止。

（5）工器具拆除。杆塔上作业人员检查绝缘子安装质量无问题后，拆除提线工器具和导线保护绳，并分别传递至地面。

（6）下塔作业。塔上作业人员检查导线、绝缘子串和横担上无任何遗留物后，解开安全带、后备保护绳，携带传递绳下塔。

3. 工作终结

（1）工作负责人确认所有施工内容已完成，质量符合标准。杆塔上、导线上、绝缘子串上及其他辅助设备上没有遗留的个人保安线、工器具、材料等,查明全部工作人员确由杆塔上撤下后,再命令拆除工作地段所挂的接地线。

(2) 清理地面工作现场,确认工器具均已收齐,工作现场做到"工完、料净、场地清",并向工作许可人汇报作业结束,履行终结手续。

(四)工艺要求

(1) 绝缘子的规格应符合设计要求,爬距应能满足该地区污秽等级要求,单片绝缘子绝缘良好,外观干净。

(2) 绝缘子安装时应检查球头、碗头与弹簧销子之间的间隙。在安装好弹簧销子的情况下球头不得自碗头中脱出。严禁线材(铁丝)代替弹簧销。

(3) 绝缘子串应与地面垂直,个别情况下,顺线路方向的倾斜度不应大于7.5°,或偏移值不应大于 300mm。连续上、下山坡处杆塔上的悬垂线夹的安装位置应符合设计规定。

(4) 绝缘子串上的穿钉和弹簧销子的穿向一致,均按线路方向穿入。使用 W型弹簧销子时,绝缘子大口均朝线路后方。使用 R 型弹簧销子时,大口均朝线路前方。螺栓及穿钉凡能顺线路方向穿入者均按线路方向穿入,特殊情况为两边线由内向外穿,中线由左向右穿入。

(5) 金具上所用的穿钉销的直径必须与孔径相配合,且弹力适度。穿钉开口销子必须开口 60°～90°,销子开口后不得有折断、裂纹等现象,禁止用线材代替开口销子;穿钉呈水平方向时,开口销子的开口应向下。

(五)注意事项

(1) 上下绝缘子串时,手脚要稳,并打好后备保护绳。

(2) 作业区域设置安全围栏,悬挂安全标示牌。

(3) 玻璃绝缘子的操作应戴防护眼镜,防止自爆伤到眼睛。

(4) 在脱离绝缘子串和导线连接前,应仔细检查承力工具各部连接,确保安全无误后方可进行。

(5) 承力工器具严禁以小代大,并应在有效的检验期内。

二、考核

(一)考核场地

(1) 考场可以设在培训专用 35kV 输电线路的直线杆上进行,杆上无障碍物,不少于两个工位。

(2) 给定线路检修时需办理工作票,线路上安全措施已完成,配有一定区域的安全围栏。

(3) 设置两套评判桌椅和计时秒表、计算器。

（二）考核时间

（1）考核时间为 30min。

（2）考评员宣布开始后记录考核开始时间。

（3）现场清理完毕后，汇报工作终结，记录考核结束时间。

（三）考核要点

（1）要求一人操作，一人配合，一名工作负责人。考生就位，经许可后开始工作，规范穿戴工作服、绝缘鞋、安全帽、手套等。

（2）工器具选用满足工作需要，进行外观检查。

（3）选用材料的规格、型号、数量符合要求，进行外观检查。

（4）登杆。

1）技术要求。技术熟练，有脚扣登杆过程中应收小脚扣，合理站位，固定好传递绳。

2）安全要求。登杆前要核对线路名称、杆号，检查登高工具是否在试验期限内，对脚扣（踩板）和安全带做冲击试验。高空作业中安全带应系在牢固的构件上，并系好后备绳，确保双重保护。转向移位穿越时不得失去保护。作业时不得失去监护。

（5）下杆。

1）技术要求。杆上作业完成，清理杆上遗留物，得到工作负责人许可后下杆，用脚扣下杆过程中放大脚扣。

2）安全要求。下杆全过程不失去保险带，离地面小于 500mm 才能脱离登高工具着地。

（6）绝缘子串顺线路方向的倾斜度大于 7.5°或偏移值大于 300mm 时，需调整悬垂线夹位置，使绝缘子串与地面垂直。

（7）自查验收。施工作业结束后，工作负责人依据施工验收规范对施工工艺、质量进行自查验收，按要求清理施工现场，整理工具、材料，办理工作终结手续。

（8）安全文明生产。按规定时间完成，按所完成的内容计分，要求操作过程熟练连贯，施工有序，工器具、材料存放整齐，现场清理干净。

（9）发生安全事故本项考核不及格。

三、评分参考标准

行业：电力工程　　　　　　工种：送电线路工　　　　　　等级：四

编号	SX407	行为领域	e	鉴定范围	
考核时间	30min	题型	B	含权题分	25
试题名称	35kV 架空线路悬式绝缘子串更换				
考核要点及其要求	(1) 按要求选择工具及材料。 (2) 严格按照工作流程及工艺要求进行操作。 (3) 操作时间为 40min，时间到终止操作。 (4) 本项目为单人操作，现场配辅助作业人员一名、工作负责人一名。辅助工作人员只协助考生完成塔上工具、材料的上吊和下卸工作；工作负责人只监护工作安全				
现场设备、工具、材料	(1) 工具：个人工具、防护用具、登高工具（脚扣或踩板）、围栏、安全标示牌（"在此工作！"一块、"从此进出！"一块）、拔销器、5000V 绝缘电阻表、抹布、1t 滑车、ϕ12 传递绳 1 根、1.5t 提线工具（紧线器）、导线保护绳、35kV 验电器、接地线。 (2) 材料：4 片悬式绝缘子 XP-45、弹簧销。 (3) 考生自备工作服、绝缘鞋、个人工具				
备注	操作者可任意选择踩板（序号 5）或脚扣（序号 6）登杆				

评分标准

序号	作业名称	质量要求	分值	扣分标准	扣分原因	得分
1	正确着装	穿长袖工作服、戴安全帽、穿绝缘鞋	2	不正确着装扣 2 分		
2	工器具选用	(1) 个人工具：钢丝钳、拔销钳、扳手、毛巾 (2) 专用工器具：吊绳、踩板或（脚扣）由操作者自选一件、安全带	3	操作中再次拿工具每件扣 1 分		
3	材料准备	(1) 检查悬式绝缘子； (2) 悬式绝缘子安装前进行清洁； (3) 准备适当的 M 销及闭口销	3	(1) 不检查每件扣 2 分； (2) 绝缘子安装前未清洁一件扣 2 分		
4	登杆前检查	(1) 杆身、杆根检查： 1）核对线路名称、杆号； 2）检查电杆是否倾斜； 3）杆身是否有纵、横向裂纹； 4）杆根是否牢固、培土是否下沉	8	1）不核对线路名称、杆号扣 2 分； 2）未检查电杆是否倾斜扣 2 分； 3）未检查杆身是否有纵、横向裂纹扣 2 分； 4）杆根是否牢固、培土是否下沉未检查扣 2 分		

序号	作业名称	质量要求	分值	扣分标准	扣分原因	得分
4	登杆前检查	（2）吊绳检查　完好，无霉变、断股、散股	8	1）不检查吊绳扣2分； 2）有缺陷未检查到扣2分		
		（3）安全带检查： 1）安全带具有合格证并在有效试验周期内，无割伤、磨损； 2）安全带做冲击试验		1）不检查安全带扣3分； 2）没有合格证、过期未检查到扣2分； 3）不做冲击试验扣5分		
		（4）踩板或脚扣检查： 1）踩板或脚扣具有合格证，并在有效试验周期内； 2）踩板或脚扣各焊接点完好，脚扣胶皮完好； 3）踩板绳索无割伤、磨损、断股、散股； 4）踩板或脚扣做冲击试验（脚扣必须单腿做冲击试验）； 5）冲击试验高度为300～500mm		1）不检查扣3分； 2）没有合格证未检查到扣2分； 3）踩板或脚扣有缺陷未检查到扣2分； 4）不做冲击试验扣5分； 5）冲击试验高度不正确扣2分		
5	上、下杆	（1）上、下杆路线沿同一方向上、下；不能螺旋形上、下杆	38	螺旋形上、下杆扣3分		
		（2）挂板、上板、挂上板： 1）左手握绳、右手持钩、钩口朝上挂板； 2）右手收紧（围杆）绳子，两脚上板，左小腿绞紧左边绳； 3）挂上板，（方法同1）； 4）禁止跳跃式登杆		每一项不正确扣2分		
		（3）登杆上板： 1）右用抓紧上板两根绳子，左手压紧踩板左端部，抽出左脚踩在板上； 2）右脚上上板，左脚蹬在杆上，左大腿靠近升降板，右腿膝肘部挂紧绳子； 3）侧身、右手握住下板钩下100mm左右处绳子，脱钩取板，左脚上板同时左小腿靠踩板左边绳子				
		（4）挂下板： 1）左手握绳、右手持钩、钩口朝上，在大腿部对应杆身上挂板； 2）右手握上板绳，抽出右腿，侧身、左手压紧踩板左端部，左脚蹬在混凝土杆上，右腿膝肘部挂紧绳子并向外顶出，上板靠近左大腿。左手松出，在二板挂钩100mm左右处握住绳子，左右摇动使其围杆下落，同时左脚下滑至适当位置蹬杆，定住下板绳（钩口朝上）		每一项不正确扣2分		

评分标准						
序号	作业名称	质量要求	分值	扣分标准	扣分原因	得分
5	上、下杆	(5) 蹬下板：左手握住上板左边绳（右手握绳处下），右手松出左边绳，只握右边绳，双手下滑，同时右脚下上板、踩下板，小腿绞紧左边绳、踩下板	38	不正确扣1分		
		(6) 取上板：左手握住上板，向上晃动松下上板；挂下板		右手握上板扣1分		
		(7) 调整脚扣皮带松紧适度		松紧不正确扣2分		
		(8) 上、下杆路线沿同一方向上、下：不能螺旋型上、下杆		螺旋型上、下杆扣3分		
		(9) 脚扣上杆： 1) 抬脚使脚扣平面（金属杆圆弧面）与杆身长90°，脚扣叩杆、脚背外翻挂实，下蹬：脚扣登杆必须全过程使用安全带； 2) 另一只脚上抬松脱脚扣，向上登杆，方法同1）； 3) 注意调整脚扣尺寸，与混凝土杆直径配合，使脚扣胶皮面与混凝土杆接触可靠（脚扣满挂）； 4) 双手扶安全带，重心稍向后，动作正确（双手不能抓住安全带）		1) 脚扣登杆不系安全带扣20分； 2) 脚扣未满挂一次扣2分； 3) 双手抓住安全带扣3分		
		(10) 脚扣下杆： 1) 抬脚使脚扣平面（金属杆圆弧面）与杆身成90°，脚扣叩杆、脚背外翻挂实，下蹬； 2) 另一只脚上抬松脱脚扣，下杆，方法同1） 3) 注意调整脚扣尺寸，与混凝土杆直径配合，使脚扣胶皮面与混凝土杆接触可靠；双手扶杆悬式绝缘子安装前后进行清扫，重心稍向后，动作正确		1) 脚扣上、下杆不系安全带扣20分； 2) 一项不正确扣2分； 3) 双手抓住安全带扣2分		

序号	作业名称	质量要求	分值	扣分标准	扣分原因	得分
		评分标准				
5	上、下杆	(11) 进入工作位置： 1) 上杆后一次进入工作位置； 2) 安全带使用正确； 3) 脚扣不得交叉； 4) 使用踩板时钩口朝上	38	1) 进入工作位置不正确扣2分； 2) 脚扣交叉扣2分； 3) 踩板时钩口朝下一次扣2分		
		(12) 着地规范正确，无危险现象无跳跃		不正确扣2分		
6	更换绝缘子	(1) 工作位置确定站位合适，安全带使用正确	36	过高、过低均扣2分		
		(2) 工器具及材料传递时必须用绳索传递： 1) 正确使用绳结； 2) 使用吊绳不得出现缠绕； 3) 吊绳不能在同侧上下		1) 使用绳结错一次扣2分； 2) 吊绳缠绕一次扣2分； 3) 吊绳在同侧上下一次扣2分		
		(3) 安装紧线器，调整紧线器钢绳长度将前挂钩挂在导线上，挂钩在导线适当位置上，牢固可靠		1) 位置不正确扣2分； 2) 挂钩不牢固可靠扣2分		
		(4) 脱空绝缘子串（否决条款）： 1) 加装导线保护绳； 2) 收紧卡线器做冲击试验； 3) 脱空绝缘子串		1) 单吊线未加装导线保护绳扣5分； 2) 夹头滑脱扣20分； 3) 未做冲击试验扣10分		
		(5) 更换绝缘子： 1) 拔销； 2) 取下被更换绝缘子，并传递至地面，绳结使用正确； 3) 吊上新绝缘子并恢复绝缘子串； 4) 悬式绝缘子安装后进行清洁		1) 不正确拔销扣2分； 2) 一项不正确扣4分； 3) 碗口方向不对或不一致扣4分； 4) 悬式绝缘子安装后未清洁扣3分		

序号	作业名称	质量要求	分值	扣分标准	扣分原因	得分
			评分标准			
6	更换绝缘子	（6）拆除紧线器： 1）松出紧线器，使绝缘子串受力并做冲击试验； 2）拆除夹头、紧线器并传递至地面	36	1）紧线器未松出做冲击试验扣1分； 2）未做冲击试验扣2分		
		（7）检查并清理工作点，不得有遗留物		有遗留物一件扣3分		
7	其他要求	（1）杆上工作时不得掉东西；禁止口中含物；禁止浮置物品	5	1）掉一件材料扣5分； 2）掉一件工具扣5分； 3）口中含物每次扣5分； 4）浮置物品每次扣4分		
		（2）符合文明生产要求；工器具在操作中归位；工器具及材料不应乱扔乱放	5	1）操作中工器具不归位扣2分； 2）工器具及材料乱扔乱放每次扣2分		
考试开始时间				考试结束时间	合计	
考生栏	编号：	姓名：	所在岗位：	单位：	日期：	
考评员栏	成绩：	考评员：		考评组长：		

一、施工

(一) 工器具、材料

(1) 工器具：个人保安线、φ12 传递绳 50m、0.5t 提绳滑车扳手（300mm）、个人工具、防护用具、防坠装置。

(2) 材料：防鸟刺（弹簧型防鸟刺 WMC－Y/B 型）。

(二) 安全要求

1. 防止触电伤人措施

登杆前作业人员应核准线路的名称、杆号后，方可工作。在杆塔上工作过程中，注意人身、防鸟刺及工器具与带电体的安全距离。

2. 防止倒杆伤人措施

登杆前检查杆根、杆身、埋深是否达到要求，临时拉线是否紧固，防止紧线器夹头和千斤绳滑脱。行人道口设置安全围栏、警示牌。

3. 防止高空坠落措施

登杆前要检查登高工具是否在试验期限内，对脚扣和安全带做冲击试验。高空作业中安全带应系在牢固的构件上，并系好后背绳，确保双重保护。转向移位穿越时不得失去一重保护。作业时不得失去监护。

4. 防止坠物伤人措施

作业现场人员必须戴好安全帽，严禁在作业点正下方逗留。杆上作业要用传递绳索传递工具材料，严禁抛掷。

(三) 施工步骤

1. 准备工作

(1) 正确规范着装。

(2) 正确佩戴个人安全用具。

(3) 选择工器具、材料，并做外观检查。

2. 工作过程

(1) 登杆，作业人员携带传递绳，登至杆塔横担。

（2）安装防鸟刺。地面辅助人员将防鸟刺传递至塔上电工。安装防鸟刺时，必须先将底座安装牢固后，杆上作业人员再将防鸟刺打开，并统一安装在导线悬垂串正上方，保护范围不小于导线挂点正上方直径 1.2m 的区域，防鸟刺应垂直向上，安装好后松开防鸟刺股上的铁箍。

（3）下塔。安装完成后检查杆上是否有遗留物，确认无问题后，作业人员返回地面。

3．工作终结

（1）自查验收。

（2）清理现场、退场。

（四）工艺要求

（1）防鸟刺应统一安装在导线悬垂串正上方，V 型串应安装在导线正上方，耐张塔安装在跳线串正上方和挂点处横担上。

（2）水平排列的杆塔三相绝缘子串上方均需安装防鸟刺，特别是水平排列的中相和上字形排列的及 V 型串上（中）相应作为安装重点部位，保护范围不小于导线挂点正上方直径 1.2m 的区域，安装防鸟刺数量最少不少于 6 只。

（3）防鸟刺安装好后应垂直向上，锥形横担应安装在下平面角钢上；矩形横担应安装在上平面角钢上；三角形截面横担应使用专用防鸟刺，安装在上边主材上。横担截面结构高度大于防鸟刺高度时上、下层面均应安装防鸟刺。

（4）防鸟刺刺针钢丝应在各方向均匀打开，外侧钢丝对中心铅垂线夹角应在 $40°\sim50°$ 之间，达到最佳保护效果。

（5）防鸟刺与塔型的安装标准。

1）上字形直线杆。左边相和中相绝缘子上方横担处安装 1 只普通防鸟刺；右边相考虑与中相导线的安全距离，横担处可安装 2 只短式防鸟刺。

2）上字形直线塔。左边相和中相绝缘子上方横担处安装 2 只普通防鸟刺；右边相考虑与中相导线的安全距离，横担处可安装 4 只短式防鸟刺。

3）直线门型杆。每相绝缘子上方横担处安装 2 只普通防鸟刺。

4）耐张门型杆。每相引流线上方横担处安装 2~3 只普通防鸟刺。

5）猫头塔。边相导线横担安装每处安装 2 只普通防鸟刺，中相在地线横担处安装 4 只普通防鸟刺。

6）耐张塔。每相引流线上方横担处安装 2~3 只普通防鸟刺，中相跳线横担处安装 2 只普通防鸟刺。

7）双回路直线塔（耐张塔）中、下相参照上字形直线塔中相安装规定，安装 4 只短式防鸟刺；上相参照边相安装规定，安装 2 只普通防鸟刺。

8）其他特殊形式杆塔应根据现场情况确定安装数量。

二、考核

(一) 考核场地

(1) 考场可以设在培训专用杆塔上进行，杆塔上无障碍物，且不少于两个工位。

(2) 给定线路检修时需办理工作票，线路上安全措施已完成，配有一定区域的安全围栏。

(3) 设置评判桌椅和计时秒表。

(二) 考核时间

(1) 考核时间为 60min。

(2) 考评员宣布开始后记录考核开始时间。

(3) 现场清理完毕后，汇报工作终结，记录考核结束时间。

(三) 考核要点

(1) 要求一人操作，一人配合，工作负责人。考生就位，经许可后开始工作，规范穿戴工作服、安全帽、手套等。

(2) 工器具选用满足工作需要，进行外观检查。

(3) 选用材料的规格、型号、数量符合要求，进行外观检查。

(4) 在登杆塔的过程中，保证人身、防鸟刺及工器具对带电体的安全距离。

(5) 在杆塔上作业过程中，必须使用安全带和戴安全帽；在杆塔上作业转位时，不得失去安全保护。

(6) 安装防鸟刺。

1) 防鸟刺应统一安装在导线悬垂串正上方，V 型串应安装在导线正上方，耐张塔安装在跳线串正上方和挂点处横担上。

2) 水平排列的杆塔三相绝缘子串上方均需安装防鸟刺，特别是水平排列的中相和上字形排列的及 V 型串上（中）相应作为安装重点部位，保护范围不小于导线挂点正上方直径 1.2m 的区域，安装防鸟刺数量最少不少于 6 只。

3) 防鸟刺安装好后应垂直向上，锥形横担应安装在下平面角钢上；矩形横担应安装在上平面角钢上；三角形截面横担应使用专用防鸟刺，安装在上边主材上。横担截面结构高度大于防鸟刺高度时上、下层面均应安装防鸟刺。

4) 防鸟刺刺针钢丝应在各方向均匀打开，外侧钢丝对中心铅垂线夹角应在 $40°\sim50°$ 之间，达到最佳保护效果。

三、评分参考标准

行业：电力工程　　　　　　工种：送电线路工　　　　　　等级：四

编号	SX408	行业领域	e	鉴定范围	
考核时间	40min	题型	A	含权题分	25
试题名称	110kV架空线路防鸟刺安装				
考核要点及其要求	(1) 给定条件：考场可以设在培训专用杆塔上进行，杆塔上无障碍物，且不少于两个工位。 (2) 工作环境：现场操作场地及设备材料已完备。给定线路上安全措施，施工时需办理工作票和许可手续已完成，配有一定区域的安全围栏。 (3) 检查防鸟刺安装工艺				
现场工器具、材料	(1) 工器具：个人保安线、φ12传递绳50m、0.5t提绳滑车扳手（300mm）、个人工具、防护用具、防坠装置。 (2) 材料：防鸟刺（弹簧型防鸟刺WMC-Y/B型）				
备注					

评分标准

序号	作业名称	质量要求	分值	扣分标准	扣分原因	得分
1	着装	工作服、绝缘鞋、安全帽、手套穿戴正确	5	(1) 未着装扣5分； (2) 着装不规范扣3分		
2	工器具选用	工器具选用满足施工需要，工器具做外观检查	5	(1) 选用不当扣3分； (2) 工器具未做外观检查扣2分		
3	材料选用	防鸟刺	10	漏选错选扣5~10分		
4	登塔	工作人员携带工器具及防鸟刺，登上杆塔横担。在杆塔上作业转位时，不得失去安全保护	15	(1) 后备保护使用不正确扣2分； (2) 作业过程中失去安全保护3分； (3) 登塔不熟练扣3分		
5	安装防鸟刺	(1) 杆上作业人员将防鸟刺打开，统一安装在导线悬垂串正上方，保护范围不小于导线挂点正上方直径1.2m的区域，每相不少于2个。 (2) 防鸟刺安装好后应垂直向上。矩形横担应安装在上平面角钢上，横担截面结构高度大于防鸟刺高度时上、下层面均应安装防鸟刺。 (3) 防鸟刺刺针钢丝应在各方向均匀打开，外侧钢丝对中心铅垂线夹角应在40°~50°之间，达到最佳保护效果	40	(1) 后备保护使用不正确扣2分； (2) 作业过程中失去安全保护3分； (3) 防鸟刺安装位置不正确扣10分； (4) 安装方向及打开角度不正确扣15分； (5) 在杆塔上移位、操作过程中人身及工器具对带电体最小安全距离不满足要求扣40分		

			评分标准				
序号	作业名称	质量要求	分值	扣分标准	扣分原因	得分	
6	下塔	安装完成后，检查杆上是否有遗留物，确无问题后，工作人员返回地面	10	（1）未检查作业面遗留物扣2分； （2）下塔不熟练扣3分			
7	自查验收	组织依据施工验收规范对施工工艺、质量进行自查验收	5	未组织验收扣5分			
8	文明生产	（1）文明生产，禁止违章操作，不发生安全生产事故； （2）操作过程熟练； （3）工具、材料摆放整齐，现场清理干净	10	（1）发生不安全现象扣5分； （2）工具材料乱放扣3分； （3）现场未清理干净扣2分			
考试开始时间			考试结束时间			合计	
考生栏	编号：	姓名：	所在岗位：	单位：		日期：	
考评员栏	成绩：	考评员：			考评组长：		

一、施工

（一）工器具、材料

（1）工器具：J2光学经纬仪（如图SX409-1所示）、丝制手套、榔头（2磅）。

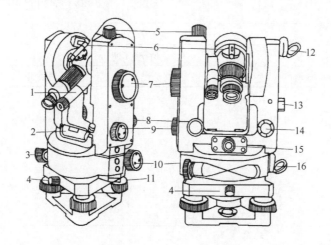

图 SX409-1　J2光学经纬仪

1—读数显微镜；2—照准部水准管；3—水平制动螺旋；4—轴座连接螺旋；
5—望远镜制动螺旋；6—瞄准器；7—测微轮；8—望远镜微动螺旋；
9—换像手轮；10—水平制动螺旋；11—水平度盘位置变换手轮；
12—竖盘照明反光镜；13—竖盘指标水准管；14—竖盘指标
水准管微动螺旋；15—光学对点器；
16—水平度盘照明反光镜

（2）材料：φ20圆木桩、铁钉（25mm）或记号笔。

（二）安全要求

防坠物伤人。在线下或杆塔下测量时作业人员必须戴好安全帽。

(三) 施工步骤

1. 准备工作

(1) 正确规范着装。

(2) 选择工器具作外观检查。

2. 工作过程

(1) 对中。

1) 打开三脚架,调节脚架高度适中,目测三脚架头大致水平,且三脚架中心大致对准地面标志中心。

2) 将仪器放在脚架上,并拧紧连接仪器和三脚架的中心连接螺旋,双手分别握住另两条架腿稍离地面前后左右摆动,眼睛看对中器的望远镜,直至分划圈中心对准地面标志中心为止,放下两架腿并踏紧。

3) 升落脚架腿使气泡基本居中,用脚螺旋精确整平。

4) 检查地面标志是否位于对中器分划圈中心,若不居中,可稍旋松连接螺旋,在架头上移动仪器,使其精确对中。

(2) 整平。整平时,先转动照准部,使照准部水准管与任一对脚螺旋的连线平行,两手同时向内或外转动这两个脚螺旋,使水准管气泡居中〔如图 SX409 - 2 (a) 所示〕。将照准部旋转 90°,转动第三个脚螺旋,使水准管气泡居中,按以上步骤反复进行,直到照准部转至任意位置气泡皆居中为止〔如图 SX409 - 2 (b) 所示〕。

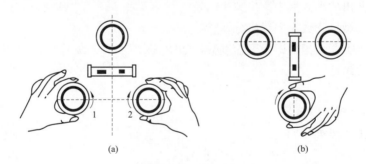

图 SX409 - 2 经纬仪整平

(3) 瞄准。

1) 调节目镜调焦螺旋,使十字丝清晰。

2) 松开望远镜制动螺旋和照准部制动螺旋,先利用望远镜上的准星瞄准目标,使在望远镜内能看到目标物象,然后旋紧上述两制动螺旋。

3) 转动物镜调焦使物象清晰,注意消除视差。

4) 旋转望远镜和照准部制动螺旋,使十字丝的纵丝精确地瞄准目标,如图 SX409 - 3 所示。

（4）读数。

1）照准目标后，先打开反光镜，并调整其位置，使读数窗内进光明亮均匀；然后进行读数显微镜调焦，使读数窗内分划清晰，并消除视差，如图 SX409-4（a）所示。

2）转动测微轮，使分划重合窗中上、下分划线重合，如图 SX409-4（b）所示，并在读数窗中读出度数。

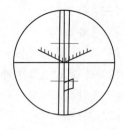

图 SX409-3　瞄准目标

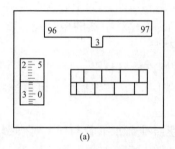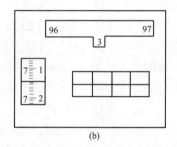

图 SX409-4　J2 光学经纬仪读数窗

（a）调整清晰的读数窗；（b）读数窗中上、下分划线重合

3）在凸出的小方框中读出整 10′数。

4）在测微尺读数窗中读出分及秒数。

5）将以上读数相加即为度盘度数，如图 SX409-4（a）中度数为 96°37′15″。

3. 工作终结

（1）自查验收。

（2）清理现场、退场。

（四）工艺要求

（1）仪器架设高度合适，便于观察测量。

（2）气泡无偏移，对中清晰。

（3）对光后刻度盘清晰，便于读数。

二、考核

（一）考核场地

（1）场地要求。在培训基地选取一平坦地面，面积不小于 3m×3m 的场地。

（2）给定测量作业任务时需办理工作票，配有一定区域的安全围栏。

（3）设置评判桌椅和计时秒表。

（1）考核时间为 40min。

（2）考评员宣布开始后记录考核开始时间。

（3）现场清理完毕后，汇报工作终结，记录考核结束时间。

（三）考核要点

（1）要求单独操作，配有工作负责人。考生就位，经许可后开始工作，规范穿戴工作服、绝缘鞋、安全帽、手套等。

（2）工器具选用满足工作需要，进行外观检查。

（3）仪器架设。

1）仪器安装，高度便于操作。

2）光学对点器对中，对中标志清晰。

3）调整圆水泡，圆水泡中的气泡居中。

4）仪器调平，仪器旋转至任何位置，水准器泡最大偏离值都不超过 1/4 格值。

5）瞄准，使分划板十字丝清晰明确对准目标物。

6）读数，读数窗内进光明亮均匀，分划重合窗中上、下分划线重合。

三、评分参考标准

行业：电力工程　　　　　　　　工种：送电线路工　　　　　　等级：四

编号	SX409	行业领域	e	鉴定范围	
考核时间	40min	题型	A	含权题分	25
试题名称	光学经纬仪的基本操作				
考核要点及其要求	（1）给定条件：考场可以设在培训专用场地进行，场地无障碍。 （2）工作环境：在培训基地选取一平坦地面，面积不小于 3m×3m 的场地。 （3）选择工具，做外观检查				
现场工器具、材料	（1）工具：J2 光学经纬仪（如图 SX409-1 所示）、丝制手套、榔头（2磅） （2）材料：φ20 圆木桩、铁钉（25mm）或记号笔				
备注					
评分标准					

序号	作业名称	质量要求	分值	扣分标准	扣分原因	得分
1	着装	工作服、绝缘鞋、安全帽、手套穿戴正确	5	（1）未着装扣5分； （2）着装不规范扣3分		

		评分标准				
序号	作业名称	质量要求	分值	扣分标准	扣分原因	得分
2	工具选用	工器具选用满足作业需要，工器具做外观检查	5	(1) 选用不当扣 3 分； (2) 工器具未做外观检查扣 2 分		
3	仪器安装	将三脚架高度调节好后架于测站点上，仪器从箱中取出，将仪器放于三脚架上，转动中心固定螺旋	10	(1) 高度便于操作，不正确扣 1～3 分； (2) 一手握扶照准部，一手握住三角机座，不正确扣 1～3 分； (3) 将仪器固定于脚架上，不能拧太紧，留有余地，不正确扣 1～3 分		
4	光学对点器对中	旋转对点器对中，拉伸对点器镜管，两手各持三脚架中两脚，另一脚用右（左）手胳膊与右（左）腿配合好，将仪器平稳托离地，来回移动，将仪器平稳放落地，将分化板的小圆圈套住桩上小铁桩，仪器调平后再滑动仪器调整	15	(1) 操作不正确扣 1～4 分； (2) 操作重复每超过 2 次倒扣 2 分； (3) 气泡圈外扣 4 分，不在中心视情况扣 1～4 分		
5	调整圆水泡	将三脚架踩紧或调整各脚的高度，使圆水泡中的气泡居中	5	不正确扣 1～5 分		
6	精确对中	将仪器照准部转动 180° 后再检查仪器对中情况，拧紧中心固定螺栓，仪器调平后还要再精细对中一次，使小铁钉准确处于分划板的小圆圈中心	5	不正确扣 1～5 分		
7	仪器调平	转动仪器照准部，使长型水准器与任意两个脚螺旋的连接线平行，以相反方向等量转此两脚螺旋，使气泡正确居中，将仪器转动 90°，旋转第三个脚螺旋，反复调整两次，仪器精对中后还要再检查调平一次	15	(1) 使长型水准器与任意两个脚螺旋的连接线平行，不正确扣 1～3 分； (2) 反复超过 2 次倒扣 2 分； (3) 仪器旋转至任何位置，水准器泡最大偏离值都不超过 1/4 格值，每 1/4 格扣 2 分		
8	瞄准	十字丝的纵丝精确地瞄准目标	5	使分划板十字丝清晰明确，不正确扣 1～5 分		

		评分标准				
序号	作业名称	质量要求	分值	扣分标准	扣分原因	得分
9	读数	照准目标后，打开反光镜，并调整其位置，使读数窗内进光明亮均匀；然后进行读数显微镜调焦，使读数窗内分划清晰，并消除视差，再进行读数	15	(1) 对准目标不熟练扣1~3分； (2) 使标杆的影像清晰，不正确扣1~2分； (3) 使标杆在十字丝双丝正中，不正确扣1~4分； (4) 如有视差，再进行调焦清除，仔细检查使标杆在十字丝双丝正中，不正确扣1~5分； (5) 要求两次屈光度一致，不正确扣1~2分； (6) 读数不正确扣1~10分		
10	收仪器	松动所有制动手轮，松开仪器中心固定螺旋，双手将仪器轻轻拿下放进箱内，清除三脚架上的泥土	5	(1) 一手握住仪器，一手旋下固定螺旋，不正确扣1~3分； (2) 要求位置正确，一次成功，每失误一次扣3分； (3) 将三脚架收回，扣上皮带，不正确扣1~3分； (4) 动作熟练流畅，不熟练扣1~4分		
11	自查验收	组织依据施工验收规范对施工工艺、质量进行自查验收	5	未组织验收扣5分		
12	文明生产	文明生产，禁止违章操作，不发生安全生产事故；操作过程熟练，工具、材料摆放整齐，现场清理干净	10	(1) 发生不安全现象扣5分； (2) 工具材料乱放扣3分； (3) 现场未清理干净扣2分		
考试开始时间				考试结束时间	合计	
考生栏	编号：	姓名：	所在岗位：	单位：	日期：	
考评员栏	成绩：	考评员：		考评组长：		

一、施工

(一) 工器具、材料

(1) 工器具：个人工具、安全工器具、围栏、安全标示牌（"在此工作！"一块、"从此进出！"一块）、拔销器、5000V绝缘电阻表、抹布。

(2) 材料：U型挂环U-7型、延长环PH-7型、球头挂环Q-7型、8片绝缘子XP-70型、单联碗头W-7型、调整板DB-7型、螺栓式耐张线夹NLD-4型、铝包带、弹簧销、LGJ-185型导线1m。

(二) 安全要求

(1) 现场设置安全围栏和标示牌。

(2) 全程使用劳动防护用品。

(3) 操作过程中，确保人身与设备安全。

(三) 步骤与要求

1. 查阅资料

查阅图纸资料，明确金具、绝缘子型号及数量，了解组装工艺要求。

2. 准备工作

(1) 着装。工作服、绝缘鞋、安全帽、手套穿戴正确。

(2) 选择工具，做外观检查。选择安全用具及辅助器具，并检查工器具外观完好无损，具有合格证并在有效试验周期内。

(3) 选择材料，做外观检查。选择组装材料，并检查材料外观完好无损，每片绝缘子应进行绝缘检测合格，并清扫干净。

3. 操作步骤

(1) 材料摆放。根据图纸，依次摆放绝缘子串组装材料。

(2) 金具及绝缘子连接。按从横担侧到导线侧或从导线侧到横担侧，依次连接金具和绝缘子，并调整金具绝缘子的穿钉插销方向。

(3) 铝包带绑扎。以导线画线位置为中心缠绕铝包带。铝包带缠绕紧密，其缠绕方向应与外层铝股的绞制方向一致；所缠铝包带应露出线夹，但不超过 10mm，其端头应回缠绕于线夹内压住。

(4) 螺栓式耐张线夹安装。拆开螺栓式耐张线夹，把缠绕好铝包带的导线放入船体内，拧紧 U 型螺栓后与碗头挂板相连接。

4. 工作终结

(1) 自查验收。操作人员自查绝缘子串的组装质量是否符合图纸要求和工艺要求。

(2) 清理现场，退场。清理地面工作现场，确认工器具均已收齐，工作现场做到"工完、料净、场地清"。

(四) 工艺要求

(1) 组装完成后，各金具及绝缘子间连接顺序无误，连接可靠转动灵活。

(2) 绝缘子检测应使用 5000V 绝缘子绝缘电阻表进行绝缘检测，绝缘电阻值不低于 300MΩ。

(3) 绝缘子片数符合图纸要求，开口方向相同。

(4) 绝缘子安装时应检查球头、碗头与弹簧销子之间的间隙。在安装好弹簧销子的情况下球头不得自碗头中脱出。严禁线材（铁丝）代替弹簧销。

(5) 铝包带缠绕紧密，其缠绕方向应与外层铝股的绞制方向一致；所缠铝包带应露出线夹，但不超过 10mm，其端头应回缠绕于线夹内压住。

(6) 金具螺栓开口销均应开口。

(五) 注意事项

(1) 作业现场人员必须正确戴好安全帽。

(2) 作业区域设置安全围栏，悬挂安全标示牌。

(3) 玻璃绝缘子的操作应戴防护眼镜。

二、考核

(一) 考核场地

(1) 场地面积能同时满足多个工位，并保证工位间的距离合适，不应影响操作或对各方的人身安全。

(2) 为避免环境因素影响，本项目可在室内进行，每个工位不小于 2m×3m，用围栏隔开；应有照明、通风、电源、降温设施。

(3) 设置评判桌椅和计时秒表、计算器。

(二) 考核时间

(1) 考核时间为 30min。

(2) 考评员宣布开始后记录考核开始时间。

（3）现场清理完毕后，汇报工作终结，记录考核结束时间。

（三）考核要点

（1）要求一人操作，考生就位，经许可后开始工作，规范穿戴工作服、绝缘鞋、安全帽、手套等，正确使用围栏、标示牌。

（2）工器具选用满足工作需要，进行外观检查。

（3）选用材料的规格、型号、数量符合要求，进行外观检查检测。

（4）各金具及绝缘子间连接顺序数量无误，连接可靠转动灵活。

（5）安全文明生产，按规定时间完成，按所完成的内容计分，要求操作过程熟练连贯，施工有序，工具、材料存放整齐，现场清理干净。

（6）发生安全事故本项考核不及格。

三、评分参考标准

行业：电力工程　　　　　　工种：送电线路工　　　　　　等级：四

编号	SX410	行为领域	e	鉴定范围	
考核时间	30min	题型	A	含权题分	25
试题名称	110kV架空线路耐张绝缘子串地面组装				
考核要点及其要求	（1）根据110kV耐张绝缘子串组装图，选择材料并完成组装。 （2）组装好的绝缘子符合工艺要求。 （3）操作时间为30min，时间到终止操作。 （4）本项目为单人操作				
现场设备、工具、材料	（1）主要工具：个人工具、安全工器具、围栏、安全标示牌（"在此工作！"一块、"从此进出！"一块）、拔销器、5000V绝缘电阻表、抹布。 （2）主要材料：U型挂环U-7型、延长环PH-7型、球头挂环Q-7型、8片绝缘子XP-70型、单联碗头W-7型、调整板T-7型、螺栓式耐张线夹NLD-4型、铝包带、弹簧销、LGJ-185型导线1m。 （3）考生自备工作服、绝缘鞋。可以自带个人工具				
备注					
评分标准					

序号	作业名称	质量要求	分值	扣分标准	扣分原因	得分
1	着装	工作服、绝缘鞋、安全帽、手套穿戴正确	2	穿戴不正确一项扣1分		
2	个人工具选用	电工常用工具	3	操作再次拿工具每件扣1分		

评分标准

序号	作业名称	质量要求	分值	扣分标准	扣分原因	得分
3	根据图纸，选择材料	(1) 导线型号选择； (2) 绝缘子选择； (3) 线路金具选择	30	(1) 导线型号选择不正确扣5分； (2) 绝缘子选择不正确扣5分； (3) 金具型号和数量选择不正确每件扣5分		
4	材料检查	(1) 绝缘子检查； (2) 钢芯铝绞线检查； (3) 线路金具检查	20	(1) 未检查导线扣2分； (2) 未检查清扫绝缘子扣2分； (3) 未检查金具外观每件扣2分		
5	组装	(1) 各种材料的摆放顺序正确； (2) 弹簧销安装到位； (3) 开口销开口； (4) 现场清理	40	(1) 材料摆放顺序不正确扣10分； (2) 弹簧销不到位每处扣3分； (3) 开口销未开口每处扣2分； (4) 绝缘子、螺栓方向不一至扣5分； (5) 现场清理不干净扣5分； (6) 绝缘子大口方向不规范扣5分； (7) 螺栓穿向不规范扣5分		
6	安全文明生产	符合安全文明生产要求；工器具在操作中归位；工器具及材料不应乱扔乱放	5	(1) 操作中工器具不归位扣2分； (2) 工器具及材料乱扔乱放每次扣2分		

考试开始时间			考试结束时间		合计	
考生栏	编号：	姓名：	所在岗位：	单位：	日期：	
考评员栏	成绩：	考评员：		考评组长：		

一、施工

(一) 工器具、材料

(1) 工器具：0.5t 滑车 1 个、φ12 传递绳 50m 1 根、安全帽、安全带、工具袋、钢丝刷、防坠装备、5m 长软梯、力矩扳手、个人保安线。

(2) 材料：导电脂。

(二) 安全要求

1. 防止触电措施

(1) 登杆塔前必须仔细核对线路名称、杆号，多回线路还应核对线路的识别标记，确认无误后方可登杆。

(2) 严格执行 Q/GDW 1799.2—2013《国家电网公司电力安全工作规程　线路部分》保证安全的技术措施。

(3) 登杆塔作业人员、绳索、工器具及材料与带电体保持规定的安全距离。

2. 防止高空坠落措施

(1) 攀登杆塔作业前，应检查杆塔根部、基础和拉线是否牢固。

(2) 攀登杆塔作业前，应先检查登高工具、设施，如安全带、脚钉、爬梯、防坠装置等是否完整牢靠。上下杆塔必须使用防坠装置。

(3) 在杆塔上作业时，应使用有后备绳或速差自锁器的双控背带式安全带，安全带和后备保护绳（速差自锁器）应分挂在杆塔不同部位的牢固构件上，应防止安全带从杆顶脱出或被锋利物损坏。人员在转位时，手扶的构件应牢固，且不得失去安全保护。

3. 防止落物伤人措施

(1) 现场工作人员必须正确佩戴安全帽。

(2) 高处作业应使用工具袋，较大的工器具应固定在牢固的构件上，不准随便乱放。上下传递物件应用绳索拴牢传递，严禁上下抛掷。

(3) 在进行高空作业时，不准他人在工作地点的下面通行或逗留，工作地点下面应有围栏或装设其他保护装置，防止落物伤人。

（三）施工步骤

1．准备工作

（1）正确规范着装。

（2）准备工器具及做外观检查。

2．工作过程

（1）得到工作负责人开工许可后，塔上电工核对线路线路名称及编号后，携带传递绳登塔至横担适当位置，系好安全带，将滑轮及传递绳在作业横担的适当位置安装好。

（2）地面电工用传递绳将软梯、个人保安线等工器具传递给塔上电工。

（3）塔上电工挂设个人保安线，并在横担适当位置安装软梯。

（4）下软梯对并沟线夹及引流线进行外观检查。

（5）打开一个并沟线夹进行抽样检查。

（6）用钢丝刷清除导线表面氧化层后，在导线表面涂抹导电脂，安装打开的并沟线夹，逐个均匀地拧紧连接螺栓。

（7）用力矩扳手检查并沟线夹螺栓扭矩值是否达到相应规格螺栓拧紧力矩。

（8）清理杆上遗留物，下杆。

（9）清理现场，相工作负责人报完工。

3．工作终结

（1）整理记录资料。

（2）清理现场，向工作负责人报完工。

（四）工艺要求

1．接续金具不应出现下列任一情况

（1）外观鼓包、裂纹、烧伤、滑移或出口处断股。

（2）过热变色或连接螺栓松动。

（3）并沟线夹内部严重烧伤、断股或有间隙。

（4）并沟线夹螺栓扭矩值未达到相应规格螺栓拧紧力矩，见表 SX411-1。

表 SX411-1　　　　　螺栓型金具钢质热镀锌螺栓拧紧力矩值

螺栓直径（mm）	8	10	12	14	16	18	20
拧紧力矩（N·m）	9～11	18～23	32～40	50	80～100	105	115～140

2．铝制并沟线夹连接面应平整、光洁

安装应符合下列规定：

（1）安装前应检查连接面是否平整；

（2）应用汽油洗擦连接面及导线表面污物，并应涂上一层电力复合脂；

（3）逐个均匀拧紧连接螺栓，螺栓扭矩应符合该产品说明书的要求。

二、考核

（一）考核场地

（1）在不带电的培训线路上模拟运行中线路操作。

（2）给定线路检修时已办理工作票，线路上验电接地的安全措施已完成，配有一定区域的安全围栏。

（3）设置 2～3 套评判桌椅和计时秒表。

（二）考核时间

（1）考核时间为 45min。

（2）考评员宣布开始后记录考核开始时间。

（3）现场清理完毕后，汇报工作终结，记录考核结束时间。

（三）考核要点

（1）要求一人操作，一人塔下配合。考生就位，经考评员许可后开始工作。

（2）考生规范穿戴工作服、绝缘鞋、安全帽等；工器具选用满足工作需要，并进行外观检查。

（3）登杆。

1）技术要求。动作熟练，平稳登杆。

2）安全要求。登杆前要核对名称、杆号，对检查登高工具进行外观检查。高空作业中安全带的挂钩或绳子应挂在结实牢固的构件上，并采用高挂低用的方式，作业过程中应随时检查安全带是否拴牢，在转移作业位置时不准失去安全保护。

（4）塔上作业人员应使用工具袋，上下传递物件应用绳索传递，严禁抛掷，作业人员应防止高空落物。

（5）耐张杆引流线及接续金具的检查。

（6）铝制并沟线夹的安装。

（7）下杆。杆上作业完成后，清理杆上遗留物，得到工作负责人许可后下杆，下杆动作平稳。

（8）自查验收。清理现场施工作业结束后，按要求清理施工现场，整理工具，向考评员报完工。

（9）安全文明生产，按规定时间完成，按所完成的内容计分，要求操作过程熟练连贯，施工有序，工具、材料存放整齐，现场清理干净。

（10）发生安全事故本项考核不及格。

三、评分参考标准

行业：电力工程　　　　　　　工种：送电线路工　　　　　　　等级：四

编号	SX411	行为领域	e	鉴定范围	
考核时间	45min	题型	A	含权题分	30
试题名称	110kV架空线路引流线并沟线夹检查与紧固				
考核要求及要点	(1) 规范穿戴工作服、绝缘鞋、安全帽等。 (2) 工器具选用满足工作需要，进行外观检查。 (3) 登塔及下塔合理使用安全工器具，过程平稳有序。 (4) 掌握铝制并沟线夹的安装及要求。 (5) 知道并沟线夹在运行过程中可能出现的问题				
现场设备、工具	(1) 工具：0.5t滑车1个、ϕ12传递绳50m 1根、安全帽、安全带、工具袋、钢丝刷、防坠装备、5m长软梯、力矩扳手、个人保安线。 (2) 材料：导电脂				
备注	给定线路检修时已办理工作票，线路上验电接地的安全措施已完成，设定考评员为工作负责人，考生作业前向考评员报开工，考生仅需完成一相引流线并沟线夹的检查与紧固				

评分标准

序号	作业名称	质量要求	分值	扣分标准	扣分原因	得分
1	着装	正确佩戴安全帽，穿工作服，穿绝缘鞋，戴手套	5	(1) 未着装扣5分； (2) 着装不规范扣3~5分		
2	工器具选用与检查	工器具选用满足施工要求，工器具做外观检查	5	(1) 工器具选用不当扣3分； (2) 未做外观检查扣2分		
3	登杆	(1) 登杆前要核对线路名称、杆号； (2) 登杆平稳，高空作业中安全带应系在牢固的构件上，并系好后备绳，确保双重保护。转向移位穿越时不得失去一重保护	10	(1) 登杆不平稳扣5分； (2) 未打双重保护扣5分； (3) 换位时失去安全带保护扣5分		
4	挂接个人保安线	先接接地端，后接导线端	5	操作顺序不对扣5分		

		评分标准				
序号	作业名称	质量要求	分值	扣分标准	扣分原因	得分
5	引流线江沟线夹检查	（1）安装软梯	5	不规范扣1～5分		
		（2）下软梯	5	不规范扣1～5分		
		（3）对并沟线夹及引流线进行外观检查（检查内容现场提问）	5	漏项扣2～5分		
		（4）打开一个并沟线夹进行抽样检查	5	有配件掉落扣2～5分		
		（5）用钢丝刷清理导线表面氧化层后，在导线表面涂抹导电脂，恢复打开的并沟线夹，并逐个均匀地拧紧连接螺栓	10	1）未清理导线表面氧化层扣3分； 2）未在导线表面涂抹导电脂扣3分； 3）未均匀地拧紧连接螺栓每个扣2分		
		（6）用力矩扳手检查并沟线夹螺栓扭矩值是否达到相应规格螺栓拧紧力矩	5	现场问答测量扭矩值是多少，是否满足要求，回答错误不得分		
		（7）将工器具通过传递绳传递至地面	5	不规范扣3～5分		
6	人员下塔	清理杆上遗留物，得到工作负责人许可后下杆	10	未清理杆塔遗物扣5分		
7	现场问答	并沟线夹在运行过程中容易出现哪些问题	10	（1）回答错误扣10分； （2）回答不全面扣1～5分		
8	现场问答	并沟线夹的安装有哪些要求	10	（1）回答错误扣10分； （2）回答不全面扣1～5分		
9	清理现场	将工器具整理打包，并检查工作场地无遗留物	5	未清理现场扣5分		
考试开始时间				考试结束时间		合计
考生栏	编号：	姓名：		所在岗位：	单位：	日期：
考评员栏	成绩：	考评员：			考评组长：	

一、施工

(一) 工器具、材料

(1) 工器具：穿缝用的纤子、割绳芯用的小刀（或锯条）、5m 钢卷尺、木锤、割断钢丝绳用的断线钳、200mm 钢丝钳等。

(2) 材料：6×37 - 11 钢丝绳、14 号铁丝、胶布。

(二) 安全要求

(1) 施工区域设置安全围栏。安全遮栏设置，在施工人员出入口向外悬挂"从此进出"标示牌，在遮栏四周向外悬挂"在此施工，严禁入内"警示牌。

(2) 全程使用劳动防护用品。

(3) 操作过程中，确保人身安全。

(三) 施工步骤

1. 工作准备

(1) 正确规范着装。

(2) 选择工具并做外观检查。

(3) 选择材料并做外观检查。

2. 纲丝绳插编绳套的操作方法

纲丝绳插编绳套的操作方法分为折回法、对插式两种。插编操作对每一股至少应穿插 5 次，并且至少 5 次中的 3 次用整股穿插。为了得到平滑过渡的插接头，可以用切去部分钢丝绳的绳股做最后一次或二次穿插。

3. 折回法施工步骤与要求

(1) 经 5 次穿插成插接头，5 次穿插可由 3 次整根股穿插和 2 次减少的股穿插组成。所有插接头都应与钢丝绳的捻向相反；除第一组穿插外，其他组穿插所有股绳的尾端都应与钢丝绳的捻向相反。

(2) 穿插应采取一股上、一股下的方式进行。

（3）如果钢丝绳有纤维主芯，绳芯应随第一组穿插的第一个尾端安全穿过去，将外露的绳芯剪掉；如果绳股有纤维芯，则股芯应留在原来的股绳内。

（4）如果钢丝绳有独立的金属绳芯，应将该芯分成三部分，即：两个股；两个股；两个股加其芯。应用三根交错的尾端编插这三部分，并仅从三个完整的插接处穿过去。

（5）如果钢丝绳具有独立的金属丝股芯，此芯应在第一组穿插时向里折，再向上完全插进5次完整穿插的插编头中心。

（6）所有的穿插应牢牢拉紧到与被插钢丝绳的中心线相一致为止，为了使插编的部位平滑和圆整，应使用适当的工具进行整形，使其进入合适的位置。

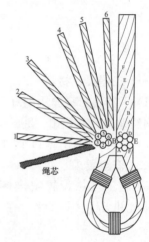

（7）准备。

1）应在虎钳上夹紧套环，并让钢丝绳穿过套环，以使得钢丝绳的主体部分在右边和自由端在左边。

2）应在环顶和套环两侧部位将钢丝绳捆扎在套环上，或者用套环夹固定。

3）解开钢丝绳的各股，未预变形的钢丝绳的股端应牢固地绑扎。

图 SX301-1　钢丝绳和套环的布置

4）钢丝绳和套环的布置应如图 SX301-1所示。

（8）编插初期。手工插编初期的方法如图 SX301-2 所示的图解说明和表 SX301-1 中的详细解释。

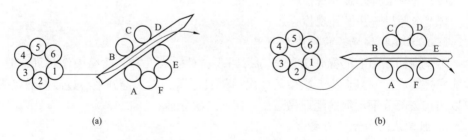

(a)　　　　　　　　　　　　(b)

图 SX301-2　手工插编初期的方法（一）

（a）第一股的穿插；（b）第二股的穿插

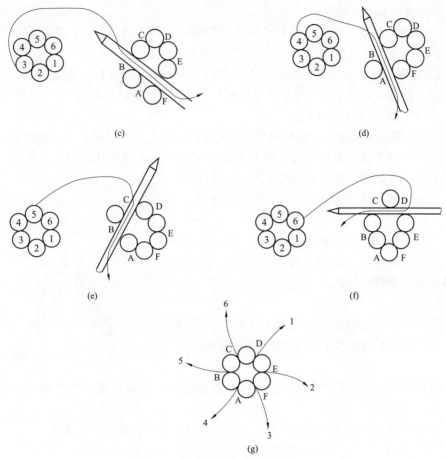

图 SX301-2 手工插编初期的方法 （二）
（c）第三股的穿插；（d）第四股的穿插；
（e）第五股的穿插；（f）第六股的穿插；（g）第一组穿插后露出来的尾端

表 SX301-1   第一、第二和第三组穿插程序 （交互捻钢丝绳）

第一组穿插			第二组穿插			第三组穿插		
尾端编号	插入	穿出	尾端编号	插入	穿出	尾端编号	插入	穿出
1	B	D	1	E	F	1	A	B
2	B	E	2	F	A	2	B	C
3	B	F	3	A	B	3	C	D
4	B	A	4	B	C	4	D	E
5	C	B	5	C	D	5	E	F
6	D	C	6	D	E	6	F	A

（9）第四和第五组穿插。

1）在第三组穿插后，可从每根绳股切除部分钢丝来减少尾端，应把剩余的钢丝绳沿股的中心反向捻入减少了钢丝的股绳的结构里。

2）应使用减少的尾端按规定的方法进行第四、第五组穿插。为了使编插的部位平滑和圆整，应使用适当的工具进行整形，使其进入合适的位置。

4.对插式施工步骤与要求

（1）每股经 6 次穿插制成插接头，6 次穿插由 4 次整股穿插和 2 次去除内层钢丝和股芯的减少的股穿插组成，所有插接头都应与钢丝绳的捻向相反，所有股绳穿插方向都应与钢丝绳的捻向相反。

（2）每股股绳穿插 6 次后，依次进入下一股穿插。

（3）所有的穿插应牢牢拉紧到与被插钢丝绳的中心线相一致为止，使用适当的工具进行整形，使插编的部位平滑和圆整。

（4）准备。

1）将钢丝绳末端按照均分成两束，绳芯任意归入一边，分开的长度依据索扣大小决定，如图 SX301－3 所示。

图 SX301－3　将钢丝绳分成两束

2）将分开后的两束绳股，根据绳原捻距捻向，按所需索扣大小捻合，如图 SX301－4 所示。

3）将两束绳股捻合形成索扣后，将每股分开，如图 SX301－5 所示。

SX301－4　相互捻合

图 SX301－5　插编前的准备

4）编插方法。编插方法如图 SX301-6 所示的图解说明，每根股应顺势编至规定长度。

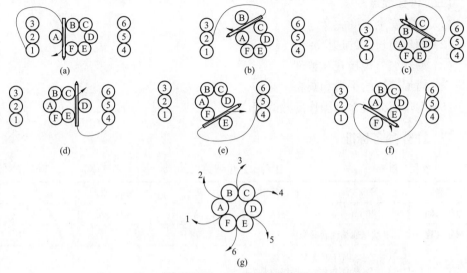

图 SX301-6　手工插编方法

(a) 第一股的穿插；(b) 第二股的穿插；(c) 第三股的穿插；

(d) 第四股的穿插；(e) 第五股的穿插；(f) 第六股的穿插；(g) 穿插后露出来的尾端

（5）插编后整理。

1）编插后应合理切去多余的绳股末端。

2）用专用的工具对插编部位进行整形，使编插的部位平滑和圆整。

（四）成品检查

（1）对完成的钢丝绳插编绳套应进行外观检查，编插长度和编插顺序都应该符合规定要求。

（2）对插编绳套应进行 125% 超负荷实验，试验结果满足规定要求，则该插编绳套合格。

二、考核

（一）考核场地

（1）场地面积应能满足多个工位的操作，每个工位 2m×3m，用围栏隔开。

（2）本项目可在室内进行，应有足够的采光。

（3）设置两套评判桌椅和计时秒表。

（二）考核时间

（1）考核时间为 40min。

(2) 许可开工后记录考核开始时间。

(3) 现场清理完毕后，汇报工作终结，记录考核结束时间。

(三) 考核要点

(1) 现场安全文明生产。

(2) 钢丝绳长度的选择。

(3) 钢丝绳外观检查和整理。

(4) 插编部位的平滑和圆整。

(5) 钢丝绳插编绳套操作的熟练程度。

三、评分参考标准

行业：电力工程　　　　　　　工种：送电线路工　　　　　　　等级：三

编号	SX301	行业领域	d	鉴定范围	
考核时间	40min	题型	A	含权题分	35
试题名称	钢丝绳插编绳套的操作				
考核要点及要求	(1) 钢丝绳外观检查和整理。 (2) 钢丝绳插编绳套操作的熟练程度。 (3) 插编部位的平滑和圆整				
现场设备、工具、材料	(1) 工具：穿缝用的纤子、割绳芯用的小刀（或锯条）、5m 钢卷尺、木锤、割断钢丝绳用的断线钳、200mm 钢丝钳等。 (2) 材料：6×37—11 钢丝绳、14 号铁丝、胶布				
备注	序号 4 中两种方法由考评员指定完成一项操作				

评分标准

序号	作业名称	质量要求	分值	扣分标准	扣分原因	得分
1	着装	正确佩戴安全帽，穿工作服，穿绝缘鞋	5	(1) 未着装扣 5 分； (2) 着装不规范扣 3 分		
2	工器具、材料准备	工器具、材料选用准确、齐全，工器具做外观检查	10	(1) 钢丝绳长度选择不足扣 5 分； (2) 未进行工器具检查扣 5 分； (3) 工具、材料漏选或有缺陷扣 5 分		
3	施工现场布置	施工区域设置安全围栏，工器具和材料有序摆放	5	(1) 未设置安全围栏扣 3 分； (2) 工器具、材料摆放不整齐扣 2 分		

评分标准

序号	作业名称	质量要求	分值	扣分标准	扣分原因	得分
4	钢丝绳插编套	（1）折回法插编钢丝绳： 1）经5次穿插成插接头； 2）所有插接头都应与钢丝绳的捻向相反； 3）穿插应采取一股上、一股下的方式进行； 4）应使编插的部位平滑和圆整	60	1）未按规定多穿插或少穿插扣5分； 2）一根接头与钢丝绳的捻向相同扣5分； 3）穿股顺序错误扣5分； 4）编插的部位没有使用工具整平，未达到平滑和圆整要求每处扣5分		
		（2）对插式插编钢丝绳： 1）每股经6次穿插制成插接头； 2）所有股绳穿插方向都应与钢丝绳的捻向相反； 3）编插后应合理切去多余的绳股末端； 4）用工具进行整形，使插编的部位平滑和圆整	60	1）未按规定多穿插或少穿插每处扣5分； 2）穿插方向不对每处扣5分； 3）没有切去多余的绳股末端扣5分； 4）没有用工具进行整形，插编的部位不平滑、不圆整每处扣5分		
5	外观检查	编插完成后绳套应整齐美观	10	编插绳套整体不美观扣5～10分		
6	安全文明生产	文明生产，禁止违章操作，不发生安全生产事故。操作过程熟练，工具、材料存放整齐，现场清理干净	10	（1）发生不安全现象扣5分； （2）工具材料乱放扣3分； （3）现场未清理干净扣2分		
考试开始时间			考试结束时间		合计	
考生栏	编号：	姓名：	所在岗位：	单位：	日期：	
考评员栏	成绩：	考评员：		考评组长：		

一、检修

（一）工器具、材料

（1）工器具：望远镜、数码相机、测高仪、照明工具、钢丝钳、300～350mm扳手、手锯等。

（2）材料：螺栓、防盗帽、巡视记录本等。

（二）安全要求

1. 防止环境意外伤害措施

巡线时应穿绝缘鞋或绝缘靴，雨、雪天路滑应慢慢行走，过沟、崖和墙时防止摔伤，不走险路。防止动物伤害，做好安全措施；偏僻山区巡线由两人进行。暑天、大雪天等恶劣天气，必要时由两人进行。

2. 防止触电伤害措施

巡线时应沿线路外侧行走，大风时应沿上风侧行走，发现导线断落地面或悬吊空中，应设法防止行人靠近断线地点8m以内，以免跨步电压伤人，并迅速报告领导，等候处理。事故巡线时，应始终认为线路带电。

3. 防止高空坠落措施

单人巡视时禁止攀登树木和杆塔。

4. 防止交通意外措施

穿过公路、铁路时，要注意瞭望，遵守交通法规以免发生交通意外事故。

（三）作业步骤

1. 巡视前的准备工作

（1）查阅图纸资料及线路缺陷情况，明确工作任务及范围，掌握线路有关参数、特点及接线方式；根据保护动作和故障测距情况、气象条件，分析故障类型、故障相位，确定巡视范围、巡视重点。

（2）准备工器具及材料。所需工具准确齐全，对安全工具、个人防护用品进行检查，确保所用安全工具、个人防护用品经试验并合格有效。

2. 现场巡视

(1) 巡视人员由有线路工作经验的人员担任，经考核合格后方能上岗。巡视人员应严格实行专责制，负责对每条线路实行定期巡视、检查和维护。

(2) 故障巡视应根据故障原因的初步分析结果采取不同的巡视方式。遇到雷击、污闪、鸟害、风偏等应进行登杆检查；外力破坏、冰害、自然灾害、树（竹）线放电，以及永久性障碍宜先进行地面巡视，对外力破坏障碍的查找应强调快速性，接到调度信息后应立即派出人员赶往现场，并重点对施工、建房等隐患点进行排查，防止肇事方毁灭现场痕迹。

故障巡视人员必须认真负责，不能漏过任何一个可疑点，不能采取跳跃查线的方式，但可以重点对障碍相（极）进行检查，以提高故障巡视效率。

3. 巡视过程中资料收集

(1) 雷击、污闪、冰闪等绝缘子闪络故障资料收集。

1) 杆塔运行编号照片、地线及连接金具照片、故障相绝缘子串完整照片（能清楚显示绝缘子串型、绝缘子片数等）、绝缘子串表面放电痕迹照片、导线的放电痕迹照片、线夹和均压环等金具放电痕迹照片、接地引下线放电痕迹照片、大号侧通道照片、小号侧通道照片、杆塔所处地形图照片、相邻杆塔的痕迹照片等。照片分辨率应大于 1024×768 像素，且对焦清晰。

2) 障碍点坐标信息。

3) 障碍发生时天气信息，必要时须提供气象部门证明。

4) 污闪障碍须收集附近污源信息、污秽物性质、现场污秽度检测结果。

5) 冰闪障碍须收集覆冰厚度、覆冰种类等信息。

6) 雷击障碍的接地电阻检测及接地网开挖检查结果、障碍点前后各 2 基塔（共 5 基塔）的断面图、雷电监测结果、杆塔单线图等。

7) 其他必要的补充信息，如访谈记录等。

(2) 外力破坏、山火、树（竹）线故障、交叉跨越故障、风偏、冰害等资料收集。

1) 收集以下照片：导线的放电痕迹照片（地线的放电痕迹照片、塔身的放电痕迹照片、接地引下线放电痕迹照片）、通道照片、地形图照片、施工现场照片等。

2) 障碍点坐标信息。

3) 障碍发生时天气信息，必要时须提供气象部门证明。

4) 其他必要的补充信息，包括访谈记录、附近环境，交跨、树木、建筑物和临时的障碍物、沿线的施工情况，杆塔下有无线头木棍、烧伤的鸟兽，以及损坏了的绝缘子等物，发现与障碍有关的物件和可疑物时，应收集起来并进行拍照，作为障碍分析的依据。

(3) 填写架空输电线路巡视检查记录表（见表 SX302-1）。

表 SX302-1　　　　　　　　　　架空输电线路巡视检查记录表

序号	检查项目	检查情况
1	沿线环境巡查	
1.1	线路附近违章施工触碰导线	
1.2	违章采石（矿）、爆破、上坟烧纸、燃放炮烛、放风筝等	
1.3	当地气象情况	
1.4	树木、建筑等	
1.5	山火情况	
2	杆塔、拉线和基础巡查	
2.1	杆塔倾斜或倾倒歪扭及杆塔部件锈蚀变形、缺损	
2.2	拉线杆塔因拉线及金具断、脱而变形或倾倒	
2.3	杆塔基础土体滑坡、塌陷	
3	导、地线（包括耦合地线、屏蔽线）巡查	
3.1	导、地线断落地面、悬吊在空中	
3.2	导、地线锈蚀、断股、损伤或闪络烧伤	
3.3	导、地线接续管抽脱	
3.4	导、地线上扬、振动、舞动、脱冰跳跃，相分裂导线鞭击，扭绞、黏连	
3.5	引流线断股、歪扭变形，与杆塔空气间隙发生变化	
3.6	导线对地、对交叉跨越设施及其他物体距离变化	
3.7	导、地线上悬挂有异物	
4	绝缘子、绝缘横担及金具巡查	
4.1	瓷绝缘子、瓷横担瓷质裂纹、破碎，钢化玻璃绝缘子爆裂	
4.2	合成绝缘子闪裙破裂、烧伤；金具、均压环变形、锈蚀、闪络等异常情况	
4.3	绝缘子、绝缘横担有闪络痕迹和局部火花放电留下的痕迹	
4.4	绝缘子、绝缘横担有积雪、结冰	
4.5	绝缘子串、绝缘横担偏斜	
5	防雷设施和接线装置巡查	
5.1	放电间隙变动、烧损	
5.2	避雷器、避雷针等防雷装置和其他设备的连接、固定情况	
5.3	避雷器、避雷针计数器动作情况	
5.4	接地线与杆塔连接处有无放电痕迹	
6	附件及其他设施巡查	
6.1	预绞丝断股或烧伤	

序号	检查项目	检查情况
6.2	阻尼线变形、烧伤，绑线松动	
6.3	相分裂导线线夹脱落，连接处磨损和放电烧伤	
塔号	线路缺陷记录	处理意见

二、考核

(一) 考核场地

在培训基地杆塔上实施考试，塔上预先设置几个隐患点；或在实际运行线路上考核。

(二) 考核时间

(1) 考核时间为 40min。

(2) 考评员宣布开始后记录考核开始时间。

(3) 现场清理完毕后，汇报工作终结，记录考核结束时间。

(三) 考核要点

(1) 线路巡视前，首先要做好危险点分析与预控工作，确保巡视人员人身安全；其次要做好相关资料分析整理工作，明确巡视工作的重点。

(2) 故障巡视应根据故障原因的初步分析结果采取不同巡视方式。遇到雷击、污闪、鸟害、风偏等应进行登杆检查；外力破坏、冰害、自然灾害、树（竹）线放电，以及永久性障碍宜先进行地面巡视，对外力破坏障碍的查找应强调快速性，接到调度信息后应立即派出人员赶往现场，并重点对施工、建房等隐患点进行排查，防止肇事方毁灭现场痕迹。

(3) 故障巡视人员必须认真负责，不能漏过任何一个可疑点，不能采取跳跃查线的方式，但可以重点对障碍相（极）进行检查，以提高故障巡视效率。

(4) 严格遵守现场巡视作业流程，巡视到位，认真检查线路各部件运行情况，发现问题及时汇报。及时填写巡视记录及缺陷记录。发现重大、紧急缺陷时立即上报有关人员。

(5) 登杆巡视前要核对线路名称、杆号，检查登高工具是否在试验期限内，对安全带和防坠装置做冲击试验。高空作业中动作熟练，站位合理。安全带应系在牢固的构件上，并系好后备保护绳，确保双重保护。转向移位穿越时不得失去保护。作业时不得失去监护。

（6）杆塔上巡视完成后，清理杆上遗留物，得到工作负责人许可后方可下杆。

三、评分参考标准

行业：电力工程　　　　　工种：送电线路工　　　　　等级：三

编号	SX302	行为领域	e	鉴定范围	
考核时间	40min	题型	A	含权题分	30
试题正文	110（220）kV架空输电线路故障巡视				
考核要点及其要求	（1）在培训基地杆塔上实施考试，塔上预先设置几个隐患点。 （2）按地面巡视要求准备工器具及材料。 （3）根据作业指导书（卡）完成巡视工作，并填写巡视记录。 （4）操作时间为40min，时间到停止作业。 （5）本项目为单人操作，现场配辅助作业人员一名				
现场设备、工具、材料	（1）工具：望远镜、数码相机、测高仪、照明工具、钢丝钳、300～350mm扳手、手锯等。 （2）材料：螺栓、防盗帽、巡视记录本等				
备注					

评分标准

序号	项目名称	质量要求	分值	扣分标准	扣分原因	得分
1	着装	穿长袖工作服、戴安全帽、穿绝缘鞋	2	不正确着装扣2分		
2	个人工具选用	望远镜、手锯、数码相机、测高仪、钳子、扳手300～350mm	5	（1）工具选择不准确每件扣1分； （2）工具使用不准确每次扣2分		
3	材料准备	螺栓、防盗帽等	3	错、漏一件扣1分		
4	故障点判定	（1）为了能快速的寻找故障地点，必须借助于线路保护的动作情况及保护故障测距所提供的数据。如果线路采用三段过电流保护，则当速断保护动作，故障多发生在线路的末端之前；带时限保护动作，则故障多发生在本段线路末端和相邻线路的首端；若过电流保护动作，则故障多发生在下一段线路中。 （2）巡线时，应该事先查明保护动作情况、故障测距数据，以确定重点巡视的范围	20	（1）结合线路事故跳闸后，继电保护及自动装置的动作情况、故障测距、线路基本情况及沿线气象条件等资料，综合分析判断故障性质、故障范围。故障性质判断不准确扣10分。 （2）故障范围判断不准确扣10分		

		评分标准					
序号	项目名称	质量要求	分值	扣分标准	扣分原因	得分	
5	故障巡视	（1）故障巡线中尽管确定了巡视重点，还必须对全线进行巡视，不得中断遗漏；（2）故障巡线中，巡视人员应对沿线群众进行调查，了解事故经过和现象；（3）对发现可能造成故障的所有物件均应收集带回，并对故障情况做详细记录，供分析故障参考之用	45	（1）根据故障点判断结果，对可能发生故障的杆塔进行巡视检查，找到故障点。故障巡视遗漏每类扣5分。（2）未发现故障点扣20分。（3）未收集故障资料扣10分。（4）收集不全扣5～10分			
6	安全注意事项	（1）巡视人员发现导线断落地面或悬吊空中，应设法防止行人靠近断线地点8m以内，以免跨步电压伤人，并迅速报告调度和上级等候处理。（2）故障巡线应始终认为线路带电	10	违反巡视作业安全注意事项扣10分			
7	巡视记录	认真填写巡视记录	10	巡视记录不全扣2～10分			
8	其他要求	（1）符合文明生产要求；工器具在操作中归位；工器具及材料不应乱扔乱放	3	1）操作中工器具不归位扣2分；2）工器具及材料乱扔乱放每次扣1分			
		（2）安全施工做到"三不伤害"	3	施工中造成自己或别人受伤扣2分			
考试开始时间				考试结束时间		合计	
考生栏		编号：　　姓名：		所在岗位：　　单位：　　日期：			
考评员栏		成绩：　　考评员：		考评组长：			

一、检修

(一) 工器具、材料

(1) 个人工具：钢丝钳，250、300mm 活动扳手各 1 把，记号笔，钢卷尺 3m 等。

(2) 专用工具：木锤、断线钳等。

(3) 材料：12 号或 14 号铁丝、18 号或 20 号铁丝、GJ－35 型钢铰线、NUT－1 型线夹（平垫、螺帽齐全）、NX-1 型线夹（螺栓、销钉齐全）、J－P 拉线绝缘子等。

(二) 安全要求

1. **防止高空坠落措施**

(1) 上杆塔作业前，应先检查安全带、脚钉、爬梯、防坠装置等是否完整牢靠，上、下杆塔必须使用防坠措施。

(2) 在杆塔上作业时，应使用有后备绳或速差自锁器的双控背带式安全带，安全带和保护绳应分挂在杆塔不同部位的牢固构件上，应防止安全带从杆顶脱出或被锋利物损坏。人员在转位时，手扶的构件应牢固，且不得失去安全保护。

(3) 杆塔上有人时，不准调整或拆除拉线。

2. **防止落物伤人措施**

(1) 现场工作人员必须正确佩戴好安全帽。

(2) 高处作业应使用工具袋，较大的工器具应固定在牢固的构件上，不准随便乱放。上下传递物件应用绳索拴牢传递，严禁上下抛掷。

(3) 在高处作业现场，工作人员不得站在工作处的垂直下方，高空落物区不得有无关人员通行或逗留。工作点下方应设围栏或其他保护措施。

3. **防止钢绞线反弹伤人措施**

(1) 展放拉线时应两人配合脚踩、手握，顺盘绕方向展放，防止弹伤。

（2）操作人员均应戴手套，敲击线夹时应精力集中，手抓稳，落点正确，防止伤手。

（三）施工步骤

1. 施工前准备工作

（1）作业人员核对线路名称、杆号，检查杆塔根部、基础是否牢固。

（2）工器具选择及检查。

1）检查工具包完好，背带结实。

2）检查钢丝钳绝缘手柄完好，转动灵活，钳口无缺损；木锤手柄与锤之间接合是否紧密，锤面是否平整，断线钳转轴是否灵活，钳口无缺损。

3）检查画印笔完好，墨迹清晰；钢卷尺无缺损，刻度清晰。

4）检查登杆工具（脚扣、踩板）及安全带试验周期是否符合要求，外观检查应无缺陷。

5）检查吊绳长度合适，无发霉断股。

（3）材料选用及检查。

1）镀锌铁丝（12、14号）表面镀锌层应良好，无锈蚀，取铁丝长度1.2m左右，顺铁丝的自然弯曲方向绕成直径为80～100mm小圈，圈之间要紧密。

2）封头铁丝（18、20号）无锈蚀。

3）GJ-35型钢绞线表面镀锌层应良好，绞线的股数、直径、镀锌层等，不得有断股、松股、硬弯及锈蚀等缺陷。

4）楔型线夹、UT型线夹及螺栓表面不应有裂纹、砂眼、锌皮剥落及锈蚀等现象；螺杆与螺母的配合应良好。

5）准备适量的防锈漆、润滑剂。

2. 拉线上把的制作

（1）钢绞线从楔型线夹小口套入，将钢绞线要弯曲部分效直，在钢绞线上量出420mm左右，并画印标记。

（2）右手拉住钢绞线头，左脚踩住主线，左手控制钢绞线弯曲部位进行弯曲，弯曲后半径应略大于线夹舌板大头弯曲半径，画印点应位于弯曲部分中点。

（3）将钢绞线尾线及主线弯成开口销的形式。

（4）钢绞线尾线应在线夹凸肚侧，主、尾线应平行。

（5）放入楔子后，用手拉紧，木锤敲打，使钢绞线与舌板接触紧密、牢固，并做到无缝隙，钢绞线弯曲处无散股现象，牢固、无缝隙。线夹尾线宜露出300～500mm，尾线回头后与主线应采取有效方法扎牢或压牢。

（6）在钢绞线尾线处绑扎铁丝55～60mm。绑扎的方法有手扎法、钳法两种。绑扎时右脚在前左脚在后，成弓字步，钢绞线置于右腋下，绑扎铁丝的外圆与钢绞线接触，绑扎铁丝垂直于钢绞线缠绕，按顺时针用力均匀缠绕，每圈铁丝都应均匀、平整、紧密无缝隙。铁丝端头应在两股钢绞线缝隙中间。将钢绞线踏弯曲部分效直。在绑扎铁丝上涂上防锈漆。

3. 安装上把

（1）登杆前的检查及安全工器具冲击试验。登杆前认真检查杆塔名称、杆号是否正确；沿杆基巡视，检查杆基是否牢固，基础是否下沉，杆身表面是否有裂纹、露筋等现象。踩板（脚扣）、安全带做冲击试验。

（2）选取工作位置。上杆位置应在拉线的挂点下方，沿同一方向上杆一次进入工作点，肩部应略高于挂点，登杆动作应熟练规范，安全可靠。踩板挂钩不能朝下；脚扣应与电杆紧密接触，两脚扣不能交叉。安全带使用时围杆带长度适宜有利于作业，不能高挂低用；吊绳不能缠绕，作业时不能将吊绳栓在身上。

（3）安装上把。正确安装螺栓，螺栓的面向受电侧从左至右，销钉开口朝下，线夹凸肚朝上。

4. 制作下把

（1）电杆及拉线棒的检查及画印。

1）作业人员站在与拉线垂直的地面上，距离电杆 10m 左右位置，观查电杆倾斜情况。根据电杆倾斜情况，确定制作拉线长度。

2）沿拉线受力方向，向上提拉拉线棒。新安装的拉线棒未受力，因拉线棒环缝隙存在等原因尚有部分长度的拉线棒未伸出地面。

3）将 U 型螺栓穿进拉线棒环，一人配合拉紧钢绞线，使 U 型螺栓与拉线受力方向一致，比出钢绞线弯曲位置并画印。

4）根据画印点量出钢绞线剪断位置，并用记号笔做记号，将距记号点两侧 10～15mm 处用封头铁丝扎紧，封头铁丝按钢绞线的绕制方向缠绕 6～7 圈，收好线头再剪断钢绞线。

（2）弯曲钢绞线、扎线。

1）将钢绞线从 NUT 型线夹小口套入，再将钢绞尾线效直长度 500mm 左右，钢绞线 430mm 位置并画印。

2）右手拉住钢绞线头，左脚踩住主线，左手控制钢绞线弯曲部位进行弯曲，弯曲后半径应略大于线夹舌板大头弯曲半径，画印点应位于弯曲部分中点，主尾线应平行；将钢绞线线尾及主线弯成张开的开口销的形式。

3）线夹的凸肚位置应与尾线同侧，放入楔子后，先用手拉紧，再用木锤敲打，使钢绞线与舌板接触紧密、牢固，并要求做到无缝隙，钢绞线弯曲处无散股现象。尾线出线夹口长度为 300～500mm，方法同上把。

4）拉线尾线露出绑扎位置 20～30mm，在钢绞线尾线处扎铁丝 55mm±5mm，要求每圈铁丝都扎紧、平直、无缝隙。

5）扎钢绞线铁丝的两端头应绞紧，成 3 个麻花，将铁丝绞头压置于两钢绞线中间，要求平整，其端头应与尾线头平齐。

6）凸肚位置应朝上，并按规范要求在 UT 型线夹螺栓丝扣部分涂刷润滑剂。

5. 调整拉线、观察电杆

（1）调整好的线夹舌板应与 U 型螺栓两螺杆距离相等。UT 型线夹带螺母后螺杆必须露出螺纹，并应留有不小于 1/2 螺杆的螺纹长度，以供运行时调整。调紧拉线。再将双螺母锁紧，并注意其防水面朝上。

（2）安装拉线应由一人配合拉紧安装。调整拉线时应观查电杆是否倾斜。

上述工作完成后应清理现场，保证文明施工。

（四）工艺要求

1. 镀锌钢绞线上把制作

（1）根据拉线长度，在钢绞线剪断处用细铁丝绑扎。

（2）剪断钢绞线，将楔形线夹套筒套入钢绞线。

（3）量取弯曲部位尺寸，将钢绞线弯曲，钢绞线弯成的圆弧应和楔形线夹的舌头相吻合。

（4）对弯曲部位进行处理，使尾线（短头）和主线成开口状。

（5）放入楔形线夹舌头，受力拉线紧靠线夹直面，尾线紧靠线夹侧面，用木锤向下敲打，使钢绞线、舌头和楔形线夹夹紧，并成为一个整体。

（6）钢绞线短头的留取长度为 300～500mm，将钢绞线短头和主线并紧，用钢线卡子夹紧，或用 10～12 号铁丝绑扎固定。

2. 镀锌钢绞线下把制作

拉线盘和拉线棒安装好后，可进行拉线下把制作，制作工序如下：

（1）在拉线棒上系好紧线器的钢丝绳钩，用紧线器适当收紧固在电杆上的拉线。

（2）将 UT 型线夹拆开，U 型螺栓穿入拉线棒上端的拉环；将拉线拉直，在 U 型螺栓 2/3 处拉线上做记号。

（3）在做记号处弯曲拉线，弯曲的形状和线夹舌头相吻合。将拉线穿入 UT 型线夹，受力侧拉线紧靠平直部，尾线紧靠斜面部。

（4）在拉线弯曲部分放入 UT 型平舌头，并用木锤敲打，使其牢固、紧密。

（5）将 U 型螺栓和 UT 型线夹本体用垫圈、防盗帽固定、U 型螺栓上螺母拧紧，U 型螺栓和线夹本体之间有一定调节程度，螺栓的丝扣应露出全长的 1/3。

（6）拆除紧张器及钢丝绳套，拉线短头采用钢线卡子或铁丝绑扎固定。

3. 采用 UT 型线夹及楔形线夹固定的拉线安装要求

（1）安装前丝扣上应涂润滑剂。

（2）线夹舌板与拉线接触应紧密，受力后无滑动现象，线夹凸肚应在尾线侧，安装时不应损伤线股。

（3）拉线弯曲部分不应明显松脱，拉线断头处与拉线应有可靠固定。拉线处露出的尾线长度为 300～500mm。

（4）同一组拉线使用双线夹时，其尾线端的方向应统一。

（5）UT 型线夹的螺杆应露扣，并应有不小于 1/2 螺杆丝扣长度可供调紧。调整后，UT 型线夹的双螺母应并紧。

二、考核

（一）考核场地

在培训基地的专用线路上考核，拉线盘、拉棒已安装到位。

（二）考核时间

（1）考核时间为 40min。

（2）考评员宣布开始后记录考核开始时间。

（3）现场清理完毕后，汇报工作终结，记录考核结束时间。

（三）考核要点

（1）登杆塔前要核对线路名称、杆号，检查登高工具是否在试验期限内，对安全带和防坠装置做冲击试验。高空作业中动作熟练，站位合理。安全带应系在牢固的构件上，并系好后备保护绳，确保双重保护。转向移位穿越时不得失去保护。作业时不得失去监护。

（2）拉线做好后，绑扎铁丝直径不小于 3.2mm，上下把绑扎长度一般为 50mm，端头线无散股。

（3）楔型线夹、UT 型线夹的舌板与钢铰线应接触紧密无间隙，无滑动现象，且不应有散股现象，端头等在非受力侧（肚皮侧）。

（4）拉线调整好后 UT 型螺杆露头丝扣长度为 10～30mm。

（5）拉线对地夹角为 30°～45°。

（6）拉线绝缘子对地 2.5m 以上。绝缘子无破损，螺旋线夹尾部无散股，拉线端头露头长度符合要求。

三、评分参考标准

行业：电力工程　　　　　　工种：送电线路工　　　　　　等级：三

编号	SX303	行为领域	e	鉴定范围	
考核时间	40min	题型	A	含权题分	30
试题正文	GJ－35 型带绝缘子拉线的制作与安装				
考核要点及其要求	(1) 要求单独操作（辅助工配合）。 (2) 要求着装正确（工作服、绝缘鞋、安全帽、手套）。 (3) 自选钢绞线型号、拉线绝缘子及相应线夹型号。 (4) 使用登杆工具登杆安装锲型线夹（操作人员可任意选择登杆工具）。 (5) 工具及材料由操作者自选，在不带电的训练场地上操作				
现场设备、工具、材料	(1) 个人工具：钢丝钳，250、300mm 活动扳手各 1 把，记号笔，钢卷尺 3m 等。 (2) 专用工具：木锤、断线钳、吊绳登杆工具、安全带等。 (3) 材料：12 号或 14 号铁丝、18 号或 20 号铁丝、GJ－35 型钢铰线、NUT－1 型线夹（平垫、螺帽齐全）、NX－1 型线夹（螺栓、销钉齐全）、J－P 拉线绝缘子等				
备注					

评分标准

序号	项目名称	考核要求	满分	扣分标准	扣分原因	得分
1	着装	工作服、绝缘鞋、安全帽、手套穿戴正确	2	穿戴不正确一项扣 1 分		
2	工具选用	(1) 个人工具：钢丝钳、活动扳手两把、记号笔、钢卷尺、工具包	3	1）工具选择不准确每件扣 1 分； 2）工具使用不准确每次扣 2 分		
		(2) 专用工具：木锤、断线钳、吊绳、登杆工具、安全带、油漆刷两把		1）工具选择不准确每件扣 1 分； 2）工具使用不准确每次扣 1 分		
3	材料准备	(1) 绑扎钢绞线的铁丝； (2) 选择钢绞线； (3) UT 型线夹（双螺母带平垫圈）； (4) NX 契型型线夹（注意带螺栓、销钉）； (5) 选择拉线绝缘子； (6) 其他材料润滑油、防锈漆	5	(1) 错、漏一件扣 2 分； (2) 选择钢绞线型号错误扣 3 分； (3) 螺帽垫圈每漏一件扣 1 分，型号错扣 2 分； (4) 漏螺栓、销钉各扣 2 分，型号错扣 2 分； (5) 选择拉线绝缘子选择错误扣 2 分； (6) 其他材料漏一件扣 1 分		

		评分标准				
序号	项目名称	考核要求	满分	扣分标准	扣分原因	得分
4	制作拉线楔型线夹	(1) 线夹套入方向正确	30	套反一次扣2分,先弯后套扣2分		
		(2) 弯曲钢绞线: 1) 脚踩住主线,一手拉住钢绞线头,另一手控制钢绞线弯曲部位,进行弯曲; 2) 将钢绞线线尾及主线弯成张开的开口销模样; 3) 并将钢绞线线尾穿入线夹,方向正确		1) 借助工具(扳手等)弯曲伤钢绞线扣2分; 2) 钢绞线线尾未弯成开口销模样扣1分; 3) 正负线穿反扣2分		
		(3) 放入楔子拉紧凑		未拉紧扣1分		
		(4) 用木锤敲打: 1) 楔型线夹舌板与钢绞线接触紧密无缝隙; 2) 弯曲处无散股现象; 3) 钢绞线端头绑扎线牢固		1) 楔型线夹舌板与钢绞线接触每1mm缝隙扣1分; 2) 弯曲处散股扣4分; 3) 钢绞线端头绑扎线散股、滑脱各扣2分		
		(5) 楔型线夹尾线长度300～500mm		1) 尾线出露长度大于500mm每10mm扣1分; 2) 尾线出露长度小于300mm每10mm扣1分		
		(6) 扎铁丝: 1) 钢铰线尾线处扎55mm±5mm; 2) 每圈铁丝都扎紧密、无缝隙; 3) 绑扎尾线不得用金属工器具直接敲击		1) 扎线长度大于55mm＋5mm扣2分;小于55mm－5mm扣5分; 2) 每圈不紧扣0.5分; 3) 缝隙超过1mm每处扣0.5分; 4) 绑扎尾线用金属工器具直接敲击扎线扣2分		
		(7) 在钢铰线尾线头处、绑扎铁丝处涂刷防锈漆		未涂刷防锈漆扣1分		

		评分标准					
序号	项目名称	考核要求	满分	扣分标准		扣分原因	得分
5	登杆前检查	（1）杆身、杆根检查： 1）杆身无纵、横向裂纹； 2）杆根牢固、培土无下沉	5	1）杆身纵、横向裂纹未检查扣1分； 2）杆根、培土未检查扣1分			
		（2）吊绳检查： 1）吊绳完好无霉变、断股、散股； 2）吊绳选择正确（考核时准备不同规格的吊绳）		1）吊绳不检查扣1分； 2）有缺陷未检查到扣1分； 3）吊绳选择错误扣2分			
		（3）安全带检查： 1）安全带具有合格证并在有效试验周期内； 2）安全带使用前做冲击试验		1）割伤、磨损不检查扣2分； 2）没有合格证、过期未检查扣2分； 3）不做冲击试验扣2分			
		（4）踩板或脚扣检查： 1）踩板或脚扣具有合格证并在有效试验周期内； 2）踩板或脚扣使用前做冲击试验（脚扣必须单腿做冲击试验）		1）不检查扣2分； 2）没有合格证未检查到扣2分； 3）踩板或脚扣有缺陷未检查到扣2分； 4）不做冲击试验扣2分			
6	上、下杆	操作者可任意选择踩板或脚扣登杆					
		（1）登杆： 1）上、下杆过程沿同一方向； 2）工器具与杆身无强烈碰撞； 3）动作安全、无摇晃； 4）踩板登杆小腿绞紧左边绳； 5）使用踩板时钩口朝上； 6）着地规范； 7）注意调整脚扣尺寸，与混凝土杆直径配合，使脚扣胶面与混凝土杆接触可靠（脚扣满挂）； 8）双手扶安全带，重心稍向后，动作正确（双手不能抓住安全带）； 9）登杆过程不出现失控	10	1）滚动、或左或右登杆均扣2分； 2）强烈碰撞一次扣1分； 3）发生不安全动作一次扣3分； 4）小腿不绞紧左边绳扣2分； 5）使用踩板时钩口朝下一次扣2分； 6）着地不规范、跳跃各扣2分； 7）脚扣未满挂一次扣2分； 8）脚扣登杆不系安全带扣5分； 9）双手抓住安全带扣3分			
		（2）进入工作位置： 1）上杆后一次进入工作位置； 2）安全带使用正确； 3）脚扣不得交叉		1）进入工作位置不正确扣2分； 2）安全带使用不正确扣2分； 3）脚扣交叉每次扣2分			

			评分标准				
序号	项目名称	考核要求	满分	扣分标准		扣分原因	得分
7	杆上安装契型线夹	(1) 操作位置正确; (2) 吊绳使用不应同侧上下; (3) 楔型线夹螺栓穿向与中相抱箍螺栓穿向一致; (4) 闭口销从上向下穿; (5) 绑扎尾线不得用金属工器具直接敲击; (6) 楔型线夹凸肚朝下	5	(1) 操作位置不正确扣1分; (2) 吊绳使用同侧上下扣1分; (3) 楔型线夹螺栓穿向错误扣1分; (4) 闭口销穿向错误扣1分; (5) 绑扎尾线用金属工器具直接敲击扎线扣1分; (6) 楔型线夹凸肚朝向错误扣1分		
8	安装拉线UT型线夹	(1) 观查电杆:拉线垂直面距离电杆5m处观察电杆是否倾斜	30	1) 未观察扣2分; 2) 观察方法位置不正确扣2分		
		(2) 画印: 1) 沿拉线受力方向拉紧拉线棒; 2) 一人配合进行,画印正确		1) 未沿拉线受力方向拉紧拉线棒扣2分; 2) 画印不正确扣2分		
		(3) 量出钢绞线剪断位置正确		不正确扣1分		
		(4) 剪断钢绞线: 1) 剪断前用细铁丝将剪断处两侧扎紧; 2) 制作线夹前剪断多余钢绞线		1) 细铁丝绑扎不紧造成钢绞线散股扣1分; 2) 做好线夹再剪断扣1分		
		(5) 线夹套入钢绞线方向正确		1) 套反一次扣2分; 2) 先弯后套扣2分		
		(6) 弯曲钢绞线: 1) 脚踩住主线,一手拉住钢绞线头,另一手控制钢绞线弯曲部位,进行弯曲; 2) 将钢绞线线尾及主线弯成张开的开口销的形式; 3) 并将钢绞线线尾穿入线夹,方向正确		1) 借助工具(扳手等)弯曲伤钢绞线扣2分; 2) 钢绞线线尾未弯成开口销模样扣2分; 3) 正、尾线穿反扣2分		
		(7) 放入楔子拉紧凑		未拉紧扣1分		

评分标准						
序号	项目名称	考核要求	满分	扣分标准	扣分原因	得分
8	安装拉线UT型线夹	(8) 用木锤敲打： 1) 楔型线夹舌板与纲绞线接触紧密无缝隙； 2) 弯曲处无散股现象； 3) 纲绞线端头绑扎线牢固	30	1) 楔型线夹舌板与纲绞线接触每1mm缝隙扣1分； 2) 弯曲处散股扣4分； 3) 纲绞线端头绑扎线散股、滑脱各扣2分		
		(9) 钢绞线尾线绑扎方法正确（先顺钢绞线平压一段扎丝，再缠绕压紧该端头）		不正确扣2分		
		(10) 楔型线夹尾线长度300～500mm		1) 尾线出露长度大于500mm每10mm扣1分； 2) 尾线出露长度小于300mm每10mm扣1分		
		(11) 扎铁丝： 1) 钢铰线尾线处扎55mm±5mm； 2) 每圈铁丝都扎紧密、无缝隙		1) 扎线长度大于55mm＋5mm扣2分；小于55mm－5mm扣5分； 2) 每圈不紧扣0.5分； 3) 缝隙超过1mm每处扣0.5分		
		(12) 铁丝两端头处理： 1) 铁丝两端头绞紧； 2) 铁丝两端头缠3个麻花，麻花场不能超过尾线头； 3) 压置于两钢线中间，平整		1) 铁丝两端头不绞紧扣2分； 2) 麻花超标扣2分； 3) 铁丝绞头不在中间、不平整各扣2分		
		(13) 防锈处理： 在钢铰线尾线头处、绑扎铁丝处涂刷防锈漆		未涂刷防锈漆扣1分		
		(14) 尾线位置： 1) 线夹的凸肚位置应与尾线同侧； 2) 凸肚位置朝上		1) UT型线夹的凸肚位置与尾线不同侧扣2分； 2) 凸肚位置朝向不正确扣2分		
		(15) 安装拉线下把： 安装前在UT型线夹丝杆处涂刷润滑油，一人配合拉紧安装		1) 未涂刷润滑油扣1分； 2) 安装不上扣20分		
		(16) 按要求调紧拉线： 调整时距离电杆5m处观察电杆是否倾斜		1) 未观察扣2分； 2) 观察方法位置不正确扣2分		

			评分标准				
序号	项目名称	考核要求	满分	扣分标准		扣分原因	得分
8	安装拉线UT型线夹	(17) 紧螺母： 1) UT型线夹双螺母并紧； 2) UT型线夹防水面朝上	30	1) UT型线夹双螺母未并紧扣2分； 2) UT型线夹双螺母防水面未朝上一处扣2分			
		(18) 出丝检查：UT型线夹双螺母出丝扣不得大于丝纹总长的1/2，但不得少于20mm丝扣		1) 出丝扣大于丝纹总长的1/2扣10分； 2) 出丝扣小于20mm扣3分			
9	其他要求	（1）杆上工作时不得掉东西；禁止口中含物；禁止浮置物品	5	1) 掉一件材料扣5分； 2) 掉一件工具扣5分； 3) 口中含物每次扣5分； 4) 浮置物品每次扣4分			
		（2）符合文明生产要求；工器具在操作中归位；工器具及材料不应乱扔乱放	3	1) 操作中工器具不归位扣2分； 2) 工器具及材料乱扔乱放每次扣1分			
		（3）安全施工做到"三不伤害"	2	施工中造成自己或别人受伤扣2分			
考试开始时间				考试结束时间		合计	
考生栏	编号：	姓名：		所在岗位：	单位：	日期：	
考评员栏	成绩：	考评员：			考评组长：		

110kV直线杆塔更换导线侧第一片悬式绝缘子

一、施工

(一) 工器具、材料

(1) 工器具：个人工具、防护用具、110kV验电器、接地线、围栏、安全标示牌（"在此工作！"一块、"从此进出！"一块）、拔销器、5000V绝缘电阻表、抹布、1t滑车、φ12传递绳50m、1.5t提线工具（双钩紧线器）、横担挂座、导线保护绳、防坠装置。

(2) 材料：悬式绝缘子XP-70、弹簧销。

(二) 安全要求

1. 防止触电措施

(1) 登杆塔前必须仔细核对线路名称、杆号，多回线路还应核对线路的识别标记，确认无误后方可登杆。

(2) 严格执行Q/GDW 1799.2—2013《国家电网公司电力安全工作规程 线路部分》保证安全的技术措施。

(3) 登杆塔作业人员、绳索、工器具及材料与带电体保持规定的安全距离。

2. 防止高空坠落措施

(1) 攀登杆塔作业前，应检查杆塔根部、基础和拉线是否牢固。

(2) 攀登杆塔作业前，应先检查登高工具、设施，如安全带、脚钉、爬梯、防坠装置等是否完整牢靠。上下杆塔必须使用防坠装置。

(3) 在杆塔上作业时，应使用有后备绳或速差自锁器的双控背带式安全带，安全带和后备保护绳（速差自锁器）应分挂在杆塔不同部位的牢固构件上，应防止安全带从杆顶脱出或被锋利物损坏。人员在转位时，手扶的构件应牢固，且不得失去安全保护。

3. 防止落物伤人措施

(1) 现场工作人员必须正确佩戴安全帽。

(2) 高处作业应使用工具袋，较大的工器具应固定在牢固的构件上，不准随便

乱放。上下传递物件应用绳索拴牢传递，严禁上下抛掷。

（3）在进行高空作业时，不准他人在工作地点的下面通行或逗留，工作地点下面应有围栏或装设其他保护装置，防止落物伤人。

4. 防止工器具失灵、导线脱落、绝缘子脱落等措施

（1）使用工具前应进行检查，严禁以小带大。

（2）检查金具、绝缘子的连接情况。

（3）提线工具收紧前，检查工器具连接情况是否牢固可靠。

（4）当采用单吊线装置时，应采取防止导线脱落的后备保护措施。

（三）施工步骤

1. 准备工作

（1）现场勘察。应明确现场检修作业需要停电的范围、保留的带电部位和现场作业的条件、环境及其他危险点等，了解杆塔周围情况、地形、交叉跨越等。

（2）相关资料。查阅图纸资料，明确塔型、呼称高、导线型号及绝缘子型号等，以确定使用的工器具、材料。

（3）工作票及任务单。工作票签发人根据现场情况等相关资料，签发工作票和任务单，根据 Q/GDW 1799.2—2013《国家电网公司电力安全工作规程　线路部分》和现场实际填写电力线路第一种工作票，工作负责人确认无误后接受工作票和任务单。

（4）着装。工作服、绝缘鞋、安全帽、绝缘手套穿戴正确。

（5）选择工具，做外观检查。选择工具、防护用具及辅助器具，并检查工器具外观完好无损，具有合格证并在有效试验周期内。

（6）选择材料，做外观检查。绝缘子外观合格，绝缘子应进行绝缘检测合格，并清扫干净。

2. 操作步骤

（1）上塔作业前的准备。

1）工作人员根据工作情况选择工器具及材料并检查是否完好。

2）工作人员核对线路名称、杆号，检查杆塔根部、基础是否完好。

3）地面作业人员在适当的位置将传递绳理顺确保无缠绕，逐个对绝缘子进行外观检查，将表面及裙槽清擦干净，并用 5000V 绝缘电阻表检测绝缘（在干燥情况下绝缘电阻不得小于 300MΩ），无问题后放置好。

4）按工作票的要求在工作地段前后杆塔的导线上验明确无电压后装设好接地线。

（2）登塔作业。

1）塔上作业人员检查登杆工具及安全防护用具并确保良好、可靠，并对登杆工具、安全防护用具和防坠装置做冲击试验。

2）塔上作业人员戴好安全帽，系好安全带、后备保护绳，携带传递绳开始登塔。禁止携带器材登杆或在杆塔上移位。杆塔有防坠装置的，应使用防坠装置，铁塔没有防坠装置的，应使用双钩防坠装置。

(3) 工器具安装。

1) 杆塔上作业人员携带传递绳、滑车登至需更换绝缘子横担上方，将安全带、后备保护绳系在横担主材上，在横担的适当位置挂好传递绳。

2) 地面作业人员将导线保护绳和提线工具（横担挂座、双钩紧线器）传递上杆塔。杆塔上作业人员站在导线上将导线保护绳一端拴在横担的主承力部位上，另一端拴在导线上。拴好后杆塔上作业人员将提线工具一端固定在横担的主承力部位上，另一端连接到导线上，收紧提线工具使之稍微受力。

(4) 更换绝缘子。

1) 杆塔上作业人员检查导线保护绳和提线工具的连接，并对提线工具进行冲击试验。无误后收紧提线工具，将绝缘子串松弛。

2) 杆塔上作业人员拔出导线侧第一片绝缘子两端的弹簧销，取出旧绝缘子；用传递绳系绳结捆绑绝缘子串，并传递至地面。

3) 地面作业人员将新绝缘子传递至杆塔上作业人员，杆塔上作业人员安装新绝缘子。

4) 杆塔上作业人员检查新绝缘子连接无误后，稍松提线工具使绝缘子串受力，检查绝缘子串受力情况。

5) 杆塔上作业人员确认绝缘子串受力正常后，继续松提线工具到能够拆除为止。

(5) 工器具拆除。杆塔上作业人员检查绝缘子安装质量无问题后，拆除提线工具和导线保护绳并分别传递至地面。

(6) 下塔作业。塔上作业人员检查导线、绝缘子串和横担上无任何遗留物后，解开安全带、后备保护绳，携带传递绳下塔。

3. 工作终结

(1) 工作负责人确认所有施工内容已完成，质量符合标准；杆塔上、导线上、绝缘子串上及其他辅助设备上没有遗留的个人保安线、工具、材料等，查明全部工作人员确由杆塔上撤下后，再命令拆除工作地段所挂的接地线。

(2) 清理地面工作现场，确认工器具均已收齐，工作现场做到"工完、料净、场地清"。并向工作许可人汇报作业结束，履行终结手续。

(四) 工艺要求

(1) 绝缘子的规格应符合设计要求，爬距应能满足该地区污秽等级要求，单片绝缘子绝缘良好，外观干净。

(2) 绝缘子安装时应检查球头、碗头与弹簧销子之间的间隙。在安装好弹簧销子的情况下球头不得自碗头中脱出。严禁线材（铁丝）代替弹簧销。

(3) 绝缘子串上的穿钉和弹簧销子的穿向一致，均按线路方向穿入。使用 W 型弹簧销子时，绝缘子大口均朝线路后方。使用 R 型弹簧销子时，大口均朝线路前方。螺栓及穿钉凡能顺线路方向穿入者均按线路方向穿入，特殊情况为两边线由内向外穿，中线由左向右穿入。

(4) 金具上所用的穿钉销的直径必须与孔径相配合，且弹力适度。穿钉开口销子必须开口 60°～90°，销子开口后不得有折断、裂纹等现象，禁止用线材代替开口销子；穿钉呈水平方向时，开口销子的开口应向下。

（五）注意事项

(1) 上下绝缘子串时，手脚要稳，并打好后备保护绳。

(2) 作业区域设置安全围栏，悬挂安全标示牌。

(3) 玻璃绝缘子的操作应戴防护眼镜，防止自爆伤到眼睛。

(4) 在脱离绝缘子串和导线连接前，应仔细检查承力工具各部连接，确保安全无误后方可进行。

(5) 承力工器具严禁以小代大，并应在有效的检验期内。

二、考核

（一）考核场地

(1) 考场可以设在两基培训专用 110kV 输电线路的直线杆塔上进行，杆塔上无障碍物，杆塔有防坠装置，不少于两个工位。

(2) 给定线路检修时需办理的工作票，线路上安全措施已完成，配有一定区域的安全围栏。

(3) 设置两套评判桌椅和计时秒表、计算器。

（二）考核时间

(1) 考核时间为 40min。

(2) 考评员宣布开始后记录考核开始时间。

(3) 现场清理完毕后，汇报工作终结，记录考核结束时间。

（三）考核要点

(1) 要求一人操作，一人配合，一名工作负责人。考生就位，经许可后开始工作，规范穿戴工作服、绝缘鞋、安全帽、手套等。

(2) 工器具选用满足工作需要，进行外观检查。

(3) 选用材料的规格、型号、数量符合要求，进行外观检查。

(4) 登杆塔前要核对线路名称、杆号，检查登高工具是否在试验期限内，对安全带和防坠装置做冲击试验。高空作业中动作熟练，站位合理。安全带应系在牢固的构件上，并系好后备绳，确保双重保护。转向移位穿越时不得失去保护。作业时不得失去监护。

(5) 杆塔上作业完成，清理杆上遗留物，得到工作负责人许可后方可下杆。

(6) 绝缘子的更换符合工艺要求。

(7) 自查验收。清理现场施工作业结束后，工作负责人依据施工验收规范对施工工艺、质量进行自查验收，按要求清理施工现场，整理工具、材料，办理工作终结手续。

(8) 安全文明生产，按规定时间完成，按所完成的内容计分，要求操作过程熟练连贯，施工有序，工具、材料存放整齐，现场清理干净。

(9) 发生安全事故本项考核不及格。

三、评分参考标准

行业：电力工程　　　　　　工种：送电线路工　　　　　　等级：三

编号	SX304	行为领域	e	鉴定范围	
考核时间	40min	题型	B	含权题分	25
试题名称	110kV直线杆塔更换导线侧第一片悬式绝缘子				
考核要点及其要求	(1) 按要求选择工具及材料。 (2) 严格按照工作流程及工艺要求进行操作。 (3) 操作时间为40min，时间到停止操作。 (4) 本项目为单人操作，现场配辅助作业人员一名、工作负责人一名。辅助工作人员只协助考生完成塔上工具、材料的上吊和下卸工作；工作负责人只监护工作安全				
现场设备、工具、材料	(1) 工具：个人工具、防护用具、110kV验电器、接地线、围栏、安全标示牌（"在此工作！"一块、"从此进出！"一块）、拔销器、5000V绝缘电阻表、抹布、1t滑车、φ12传递绳50m、1.5t提线工具（双钩紧线器）、横担挂座、导线保护绳、防坠装置。 (2) 材料：悬式绝缘子XP-70、弹簧销。 (3) 考生自备工作服、绝缘鞋、个人工具				
备注					

			评分标准				
序号	作业名称	质量要求		分值	扣分标准	扣分原因	得分
1	着装	工作服、绝缘鞋、安全帽、手套穿戴正确		2	穿戴不正确一项扣2分		
2	工具材料准备	(1) 个人工具检查：钢丝钳、活动扳手、拔销钳、工具包齐全、符合质量要求		2	操作再次拿工具每件扣1分		

		评分标准				
序号	作业名称	质量要求	分值	扣分标准	扣分原因	得分
2	工具材料准备	（2）专用工具检查：3t双钩紧线器、横担挂座一套、无极绳一套、安全带、防坠装置和吊绳外观检查符合要求，调整好双钩紧线器	4	1）安全带、保护绳、防坠落装置不检查和未做冲击试验每项扣2分； 2）工具漏检一件扣2分		
		（3）材料检查：悬式绝缘子X-45外观检查符合要求	2	未检查、检测、清扫绝缘子扣2分		
3	登塔及横担上的操作	（1）登塔：必须沿爬梯正确登塔	2	不正确扣2分		
		（2）挂无极绳：拴好安全带；无极绳挂在适当位置处	4	1）未拴好安全带扣2分； 2）无极绳悬挂位置不正确扣2分		
4	导线上操作	（1）沿绝缘子串下至导线并拴好安全带的围杆带，不得失去保险绳的保护	5	失去保险绳保护扣5分		
		（2）拉上横担挂座和双钩紧线器：地面人员使用传递绳拉上横担挂座和双钩紧线器；动作安全可靠	5	1）传递工具发生撞击每次扣2分； 2）吊起、放下绝缘子过程中发生滑动、撞击每次扣2分		
		（3）安装双钩紧线器：在适当位置安装好挂横担挂座；将双钩紧线器上端挂在横担挂座上，下端钩在导线上，牢固可靠	10	1）双钩紧线器安装位置不正确从总分中扣20分； 2）双钩紧线器未挂牢扣8分		
		（4）脱空绝缘子串： 1）加装导线保护绳； 2）操作双钩将导线提起； 3）做冲击试验	10	1）单吊线未加装导线保护绳扣5分； 2）其余每一项不正确扣4分		
		（5）更换绝缘子： 1）拔销； 2）取下导线侧第一片绝缘子，并传递至地面； 3）吊上新绝缘子并恢复绝缘子串	15	每一项不正确扣5分		

172

评分标准						
序号	作业名称	质量要求	分值	扣分标准	扣分原因	得分
4	导线上操作	（6）拆除双钩紧线器： 1）操作双钩紧线器，使绝缘子串受力，做冲击试验； 2）拆除双钩紧线器及挂座并传递至地面	10	每一项不正确扣5分		
		（7）检查并清理工作点： 1）弹簧销位置正确； 2）不得有遗留物； 3）悬垂串垂直于地面	10	1）弹簧销未穿到位扣6分； 2）有遗留物扣6分； 3）悬垂串不符合要求扣3分		
5	下塔	（1）上横担： 1）沿绝缘子串上至横担； 2）不得失去保险绳的保护	4	失去保护扣4分		
		（2）取下传递绳： 1）取下传递绳并下塔； 2）无危险动作	4	一项不正确扣3分		
6	其他要求	（1）塔上操作：不得有高空坠物，不得有不安全现象，吊绳使用正确，不得有缠绕死结	5	1）有高空坠物不得分并倒扣10分； 2）吊绳使用不正确扣2分		
		（2）清理现场：符合文明生产要求	5	不正确扣5分		
考试开始时间			考试结束时间		合计	
考生栏	编号：	姓名：	所在岗位：	单位：	日期：	
考评员栏	成绩：	考评员：		考评组长：		

110kV架空线路耐张杆塔上安装导线防振锤

一、施工

（一）工器具、材料

（1）工器具：个人工具、防护用具、110kV验电器、接地线、防坠装置、围栏、安全标示牌（"在此工作！"一块、"从此进出！"一块）、1t滑车、φ12传递绳40m。

（2）材料：导线防振锤FD-4、铝包带。

（二）安全要求

1. 防止触电措施

（1）登杆塔前必须仔细核对线路名称、杆号，多回线路还应核对线路的识别标记，确认无误后方可登杆。

（2）严格执行Q/GDW 1799.2—2013《国家电网公司电力安全工作规程　线路部分》保证安全的技术措施。

（3）登杆塔作业人员、绳索、工器具及材料与带电体保持规定的安全距离。

2. 防止高空坠落措施

（1）攀登杆塔作业前，应检查杆塔根部、基础和拉线是否牢固。

（2）攀登杆塔作业前，应先检查登高工具、设施，如安全带、脚钉、爬梯、防坠装置等是否完整牢靠。上下杆塔必须使用防坠装置。

（3）在杆塔上作业时，应使用有后备绳或速差自锁器的双控背带式安全带，安全带和后备保护绳（速差自锁器）应分挂在杆塔不同部位的牢固构件上，应防止安全带从杆顶脱出或被锋利物损坏。人员在转位时，手扶的构件应牢固，且不得失去安全保护。

3. 防止落物伤人措施

（1）现场工作人员必须正确佩戴安全帽。

（2）高处作业应使用工具袋，较大的工器具应固定在牢固的构件上，不准随便乱放。上下传递物件应用绳索拴牢传递，严禁上下抛掷。

（3）在进行高空作业时，不准他人在工作地点的下面通行或逗留，工作地点下面应有围栏或装设其他保护装置，防止落物伤人。

（三）施工步骤

1. 准备工作

（1）现场勘察。应明确现场检修作业需要停电的范围、保留的带电部位和现场作业的条件、环境及其他危险点等，了解杆塔周围情况、地形、交叉跨越等。

（2）相关资料。查阅图纸资料，明确塔型、呼称高、导线防振锤型号等，以确定使用的工器具、材料。

（3）工作票及任务单。工作票签发人根据现场情况等相关资料，签发工作票和任务单，根据 Q/GDW 1799.2—2013《国家电网公司电力安全工作规程　电力线路部分》和现场实际填写电力线路第一种工作票，工作负责人确认无误后接受工作票和任务单。

（4）着装。工作服、绝缘鞋、安全帽、手套穿戴正确。

（5）选择工具，做外观检查。选择工具、防护用具及辅助器具，并检查工器具外观完好无损，具有合格证并在有效试验周期内。

（6）选择材料，做外观检查。导线防振锤外观完好无损，不缺件；铝包带长度适宜。

2. 操作步骤

（1）上塔作业前的准备。

1）工作人员根据工作情况选择工器具及材料并检查是否完好。

2）工作人员核对线路名称、杆号，检查杆塔根部、基础是否完好。

3）地面作业人员在适当的位置将传递绳理顺确保无缠绕。

4）按工作票的要求在工作地段前后杆塔的导线上验明确无电压后装设好接地线。

（2）登塔作业。

1）塔上作业人员检查登杆工具及安全防护用具并确保良好、可靠，并对登杆工具、安全防护用具和防坠装置做冲击试验。

2）塔上作业人员戴好安全帽，系好安全带、后备保护绳，携带传递绳开始登塔。禁止携带器材登杆或在杆塔上移位。杆塔有防坠装置的，应使用防坠装置，铁塔没有防坠装置的，应使用双钩防坠装置。

3）塔上作业人员登杆到达安装相耐张挂点，把后备保护绳、安全带分别系到横担和耐张绝缘子串后，沿耐张绝缘子串进入工作点。

（3）安装导线防振锤。

1）到达作业点后，把传递绳安装在导线上。

2) 以耐张线夹出口为起始点量取导线防振锤的安装位置，做标记后缠绕铝包带安装导线防振锤。

3) 检查导线防振锤安装质量、铝包带缠绕无问题后，携带传递绳沿耐张绝缘子串返回到横担上。

（4）下塔作业。塔上作业人员检查导线、绝缘子串和横担上无任何遗留物后，解开安全带、后备保护绳，携带传递绳下塔。

3．工作终结

（1）工作负责人确认所有施工内容已完成，质量符合标准；杆塔上、导线上、绝缘子串上及其他辅助设备上没有遗留的个人保安线、工具、材料等，查明全部工作人员确由杆塔上撤下后，再命令拆除工作地段所挂的接地线。

（2）清理地面工作现场，确认工器具均已收齐，工作现场做到"工完、料净、场地清"。并向工作许可人汇报作业结束，履行终结手续。

（四）工艺要求

（1）导线防振锤型号与导线型号相配合，外观完好无损。

（2）导线防振锤安装好后，导线防振锤应与地面垂直，安装距离偏差不应大于±30mm，线夹螺栓两边线由内向外，中线由左向右穿入。

（3）铝包带应缠绕紧密，其缠绕方向应与外层铝股的绞制方向一致；所缠铝包带应露出防振锤线夹，但不超过10mm，其端头应回缠绕于线夹内压住。

（4）导线防振锤的线夹螺栓紧固力矩符合规定。

（五）注意事项

（1）过耐张绝缘子串时，手脚要稳，并打好后备保护绳。

（2）作业区域设置安全围栏，悬挂安全标示牌。

（3）玻璃绝缘子的操作应戴防护眼镜。

（4）地面辅助人员不得在高处作业点的正下方工作或逗留。

（5）作业所用工具安全合格，并与作业工况相符合。

二、考核

（一）考核场地

（1）考场可以设在两基培训专用110kV输电线路的耐张杆塔上进行，杆塔上无障碍，杆塔有防坠装置，不少于两个工位。

（2）给定线路检修时需办理的工作票，线路上安全措施已完成，配有一定区域的安全围栏。

（3）设置两套评判桌椅和计时秒表、计算器。

（二）考核时间

（1）考核时间为 50min。

（2）考评员宣布开始后记录考核开始时间。

（3）现场清理完毕后，汇报工作终结，记录考核结束时间。

（三）考核要点

（1）要求一人操作，一人配合，一名工作负责人。考生就位，经许可后开始工作，规范穿戴工作服、绝缘鞋、安全帽、手套等。

（2）工器具选用满足工作需要，进行外观检查。

（3）选用材料的规格、型号、数量符合要求，进行外观检查。

（4）登杆塔前要核对线路名称、杆号，检查登高工具是否在试验期限内，对安全带和防坠装置做冲击试验。高空作业中动作熟练，站位合理。安全带应系在牢固的构件上，并系好后备绳，确保双重保护。转向移位穿越时不得失去保护。作业时不得失去监护。

（5）杆塔上作业完成，清理杆上遗留物，得到工作负责人许可后方可下杆。

（6）防振锤安装工艺。防振锤安装好后，防振锤应与地面垂直，安装距离偏差不应大于±30mm，螺栓的紧固力矩符合规定。铝包带应缠绕紧密，其缠绕方向应与外层铝股的绞制方向一致；所缠铝包带应露出防振锤线夹，但不超过 10mm，其端头应回缠绕于线夹内压住。

（7）自查验收。清理现场施工作业结束后，工作负责人依据施工验收规范对施工工艺、质量进行自查验收，按要求清理施工现场，整理工具、材料，办理工作终结手续。

（8）安全文明生产，按规定时间完成，按所完成的内容计分，要求操作过程熟练连贯，施工有序，工具、材料存放整齐，现场清理干净。

（9）发生安全事故本项考核不及格。

三、评分参考标准

行业：电力工程　　　　　　　　工种：送电线路工　　　　　　　　等级：三

编号	SX305	行为领域	e	鉴定范围	
考核时间	50min	题型	B	含权题分	30
试题名称	110kV 架空线路耐张杆塔上安装导线防振锤				
考核要点及其要求	（1）按要求选择工具及材料。 （2）严格按照工作流程及工艺要求进行操作。 （3）操作时间为 50min，时间到停止操作。 （4）本项目为单人操作，现场配辅助作业人员一名、工作负责人一名。辅助工作人员只协助考生完成塔上工具、材料的吊上和下卸工作；工作负责人只监护工作安全				

现场设备、工具、材料	(1) 工具：个人工具、防护用具、110kV 验电器、接地线、防坠装置、围栏、安全标示牌（"在此工作！"一块、"从此进出！"一块）、1t 滑车、φ12 传递绳 40m。 (2) 材料：导线防振锤 FD-4、铝包带。 (3) 考生自备工作服、绝缘鞋、个人工具
备注	

评分标准

序号	作业名称	质量要求	分值	扣分标准	扣分原因	得分
1	着装	工作服、绝缘鞋、安全帽、手套穿戴正确	2	穿戴不正确一项扣 2 分		
2	工作准备	(1) 登杆前检查：核对线路名称、杆号、检查铁塔基础情况、是否缺件，脚钉是否丢失，螺栓紧固情况	4	未作检查一项扣 2 分		
		(2) 材料选择：导线防振锤（含螺栓、平垫圈、弹簧垫圈）、铝包带	4	每错、漏一项扣 1 分		
3	登塔及横担上的操作	(1) 登塔：必须沿脚钉（爬梯）正确登塔，使用防坠装置	5	1) 未沿脚钉（爬梯）正确登塔扣 2 分； 2) 未正确使用防坠装置扣 3 分		
		(2) 挂无极绳：无极绳挂在适当位置处	2	1) 未拴好安全带扣 2 分； 2) 无极绳悬挂位置不正确扣 2 分		
4	操作方法和步骤	(1) 正确使用双保险安全带；符合《国家电网公司电力安全工作规程》要求	6	未正确使用双保险安全带扣 6 分		
		(2) 进入工作点： 1) 沿绝缘子串进入工作点； 2) 系好安全带、后备保护绳	5	不正确扣 5 分		
		(3) 量出安装尺寸（从耐张线夹出口按考评员指定数据量出），并画印	10	不正确扣 6 分		
		(4) 缠绕铝包带：顺导线绕制方向，所缠绕铝包带露出夹口小于或等于 10mm	10	不正确扣 10 分		
		(5) 传递材料： 1) 传递材料正确； 2) 正确使用绳结，不得出现缠绕、死结	5	一项不正确扣 2 分		

序号	作业名称	质量要求	分值	扣分标准	扣分原因	得分
4	操作方法和步骤	(6) 安装防振锤： 1）边相螺栓由内向外穿，中相螺栓由左向右穿； 2）安装距离偏差在±30mm内； 3）防振锤应与导线平行、与地面垂直	20	一项不正确扣10分		
		(7) 拧紧螺栓： 1）按规定拧紧螺栓； 2）平垫圈、弹簧垫圈齐全，弹垫应压平	4	缺件、未压平各扣2分		
5	下塔	(1) 上横担： 1）沿绝缘子串上至横担； 2）不得失去保险绳的保护	5	失去保护扣4分		
		(2) 取下传递绳： 1）取下传递绳并下塔； 2）无危险动作	4	一项不正确扣3分		
6	其他要求	(1) 塔上操作： 不得有高空坠物，不得有不安全现象，吊绳使用正确，不得有缠绕死结	10	1）有高空坠物不得分并倒扣10分； 2）吊绳使用不正确扣2分		
		(2) 清理现场：符合文明生产要求	5	不正确扣5分		
考试开始时间				考试结束时间	合计	
考生栏		编号：　姓名：		所在岗位：　单位：	日期：	
考评员栏		成绩：　考评员：		考评组长：		

一、施工

(一) 工器具、材料

(1) 工器具：个人工具、防护用具、110kV验电器、接地线、围栏、安全标示牌（"在此工作！"一块、"从此进出！"一块）、1t滑车、φ12传递绳40m、1.5t提线工具（双钩紧线器）、后备保护绳、防坠装置。

(2) 材料：悬垂线夹 XGU‑4、铝包带。

(二) 安全要求

1. 防止触电措施

(1) 登杆塔前必须仔细核对线路名称、杆号，多回线路还应核对线路的识别标记，确认无误后方可登杆。

(2) 严格执行 Q/GDW 1799.2—2013《国家电网公司电力安全工作规程 线路部分》保证安全的技术措施。

(3) 登杆塔作业人员、绳索、工器具及材料与带电体保持规定的安全距离。

2. 防止高空坠落措施

(1) 攀登杆塔作业前，应检查杆塔根部、基础和拉线是否牢固。

(2) 攀登杆塔作业前，应先检查登高工具、设施，如安全带、脚钉、爬梯、防坠装置等是否完整牢靠。上下杆塔必须使用防坠装置。

(3) 在杆塔上作业时，应使用有后备绳或速差自锁器的双控背带式安全带，安全带和后备保护绳（速差自锁器）应分挂在杆塔不同部位的牢固构件上，应防止安全带从杆顶脱出或被锋利物损坏。人员在转位时，手扶的构件应牢固，且不得失去安全保护。

3. 防止落物伤人措施

(1) 现场工作人员必须正确佩戴安全帽。

(2) 高处作业应使用工具袋，较大的工器具应固定在牢固的构件上，不准随便乱放。上下传递物件应用绳索拴牢传递，严禁上下抛掷。

（3）在进行高空作业时，不准他人在工作地点的下面通行或逗留，工作地点下面应有围栏或装设其他保护装置，防止落物伤人。

4. 防止工器具失灵、导线脱落、绝缘子脱落等措施

（1）使用工具前应进行检查，严禁以小带大。

（2）检查金具、绝缘子的连接情况。

（3）提线工具收紧前，检查工器具连接情况是否牢固可靠。

（4）当采用单吊线装置时，应采取防止导线脱落的后备保护措施。

（三）施工步骤

1. 准备工作

（1）现场勘察。应明确现场检修作业需要停电的范围、保留的带电部位和现场作业的条件、环境及其他危险点等，了解杆塔周围情况、地形、交叉跨越等。

（2）相关资料。查阅图纸资料，明确塔型、呼称高、导线和悬垂线夹型号等，以确定使用的工器具、材料。

（3）工作票及任务单。工作票签发人根据现场情况等相关资料，签发工作票和任务单，根据 Q/GDW 1799.2—2013《国家电网公司电力安全工作规程 线路部分》和现场实际填写电力线路第一种工作票，工作负责人确认无误后接受工作票和任务单。

（4）着装。工作服、绝缘鞋、安全帽、手套穿戴正确。

（5）选择工具，做外观检查。选择工具、防护用具及辅助器具，并检查工器具外观完好无损，具有合格证并在有效试验周期内。

（6）选择材料，做外观检查。悬垂线夹外观完好无损，不缺件；铝包带长度适宜。

2. 操作步骤

（1）上塔作业前的准备。

1）工作人员根据工作情况选择工器具及材料并检查是否完好。

2）工作人员核对线路名称、杆号，检查杆塔根部、基础是否完好。

3）地面作业人员在适当的位置将传递绳理顺确保无缠绕。

4）按工作票的要求在工作地段前后杆塔的导线上验明确无电压后装设好接地线。

（2）登塔作业。

1）塔上作业人员检查登杆工具及安全防护用具并确保良好、可靠，并对登杆工具、安全防护用具和防坠装置做冲击试验。

2）塔上作业人员戴好安全帽，系好安全带、后备保护绳，携带传递绳开始登塔。禁止携带器材登杆或在杆塔上移位。杆塔有防坠装置的，应使用防坠装置，杆塔没有防坠装置的，应使用双钩防坠装置。

（3）工器具安装。

1）杆塔上作业人员携带传递绳、滑车登至需更换悬垂线夹横担上方，将安全

带、后备保护绳系在横担主材上，在横担的适当位置挂好传递绳。

2）地面作业人员将导线保护绳和提线工具（横担挂座、双钩紧线器）传递上杆塔。杆塔上作业人员站在导线上将导线后备保护绳一端拴在横担的主承力部位上，另一端拴在导线上。拴好后杆塔上作业人员将提线工具一端固定在横担的主承力部位上，另一端连接到导线上，收紧提线工具使之稍微受力。

（4）更换悬垂线夹。

1）杆塔上作业人员检查导线后备保护绳和提线工具的连接，并对提线工具进行冲击试验。无误后收紧提线工具，将绝缘子串松弛。

2）杆塔上作业人员拆除原有悬垂线夹和铝包带，用传递绳系绳结捆绑后传递至地面。

3）地面作业人员将新悬垂线夹和铝包带传递至杆塔上作业人员，杆塔上作业人员在横担正下方缠绕铝包带和安装新悬垂线夹。

4）杆塔上作业人员检查新悬垂线夹连接无误后，稍松提线工具使绝缘子串受力，检查绝缘子串受力情况。

5）杆塔上作业人员确认绝缘子串受力正常，悬垂线夹连接可靠后，继续松提线工具到能够拆除为止。

6）工器具拆除。杆塔上作业人员检查悬垂线夹连接、U型螺栓紧固无问题后，拆除提线工具和导线保护绳并分别传递至地面。

7）下塔作业。塔上作业人员检查导线、绝缘子串和横担上无任何遗留物后，解开安全带、后备保护绳，携带传递绳下塔。

3. 工作终结

（1）工作负责人确认所有施工内容已完成，质量符合标准，杆塔上、导线上、绝缘子串上及其他辅助设备上没有遗留的个人保安线、工具、材料等，查明全部工作人员确由杆塔上撤下后，再命令拆除工作地段所挂的接地线。

（2）清理地面工作现场，确认工器具均已收齐，工作现场做到"工完、料净、场地清"。并向工作许可人汇报作业结束，履行终结手续。

（四）工艺要求

（1）悬垂线夹型号与导线型号相配合，外观完好无损。

（2）铝包带缠绕紧密，其缠绕方向应与外层铝股的绞制方向一致；所缠铝包带应露出悬垂线夹，但不超过10mm，其端头应回缠绕于悬垂线夹内压住。

（3）悬垂线夹安装好后，绝缘子串应与地面垂直，个别情况下，顺线路方向的倾斜度不应大于7.5°，或偏移值不应大于300mm。连续上、下山坡处杆塔上的悬垂线夹的安装位置应符合设计规定。

（4）金具上所用的穿钉销的直径必须与孔径相配合，且弹力适度。穿钉开口销子必须开口 60°～90°，销子开口后不得有折断、裂纹等现象，禁止用线材代替开口销子；穿钉呈水平方向时，开口销子的开口应向下。

（5）悬垂线夹的 U 型螺栓紧固力矩符合规定。

（五）注意事项

（1）上下绝缘子串时，手脚要稳，并打好后备保护绳。

（2）作业区域设置安全围栏，悬挂安全标示牌。

（3）玻璃绝缘子的操作应戴防护眼镜。

（4）地面辅助人员不得在高处作业点的正下方工作或逗留。

（5）作业所用工具安全合格，并与作业现场相符合。

二、考核

（一）考核场地

（1）考场可以设在两基培训专用 110kV 输电线路的直线杆塔上进行，杆塔上无障碍物，杆塔有防坠装置，不少于两个工位。

（2）给定线路检修时需办理的工作票，线路上安全措施已完成，配有一定区域的安全围栏。

（3）设置两套评判桌椅和计时秒表、计算器。

（二）考核时间

（1）考核时间为 40min。

（2）考评员宣布开始后记录考核开始时间。

（3）现场清理完毕后，汇报工作终结，记录考核结束时间。

（三）考核要点

（1）要求一人操作，一人配合，一名工作负责人。考生就位，经许可后开始工作，规范穿戴工作服、绝缘鞋、安全帽、手套等。

（2）工器具选用满足工作需要，并进行外观检查。

（3）选用材料的规格、型号、数量符合要求，并进行外观检查。

（4）登杆塔前要核对线路名称、杆号，检查登高工具是否在试验期限内，对安全带和防坠装置做冲击试验。高空作业中动作熟练，站位合理。安全带应系在牢固的构件上，并系好后备绳，确保双重保护。转向移位穿越时不得失去保护。作业时不得失去监护。

（5）杆塔上作业完成，清理杆上遗留物，得到工作负责人许可后方可下杆。

（6）铝包带、悬垂线夹安装工艺满足工艺要求。

（7）自查验收。清理现场施工作业结束后，工作负责人依据施工验收规范对施工工艺、质量进行自查验收，按要求清理施工现场，整理工具、材料，办理工作终结手续。

（8）安全文明生产，按规定时间完成，按所完成的内容计分，要求操作过程熟练连贯，施工有序，工具、材料存放整齐，现场清理干净。

（9）发生安全事故本项考核不及格。

三、评分参考标准

行业：电力工程　　　　　　工种：送电线路工　　　　　　等级：三

编号	SX306	行为领域	e	鉴定范围	
考核时间	40 min	题型	B	含权题分	25
试题名称	110kV 直线杆塔更换悬垂线夹				
考核要点及其要求	（1）按要求选择工具及材料。 （2）严格按照工作流程及工艺要求进行操作。 （3）操作时间为40min，时间到停止操作。 （4）本项目为单人操作，现场配辅助作业人员一名、工作负责人一名。辅助工作人员只协助考生完成塔上工具、材料的上吊和下卸工作；工作负责人只监护工作安全				
现场设备、工具、材料	（1）工具：个人工具、防护用具、110kV 验电器、接地线、围栏、安全标示牌（"在此工作！"一块、"从此进出！"一块）、1t 滑车、φ12 传递绳 40m、1.5t 提线工具（双钩紧线器）、后备保护绳、防坠装置。 （2）材料：悬垂线夹 XGU-4、铝包带。 （3）考生自备工作服、绝缘鞋、个人工具				
备注					

<table>
<tr><td colspan="7" style="text-align:center">评分标准</td></tr>
<tr><td>序号</td><td>作业名称</td><td>质量要求</td><td>分值</td><td>扣分标准</td><td>扣分原因</td><td>得分</td></tr>
<tr><td>1</td><td>着装</td><td>工作服、绝缘鞋、安全帽、手套穿戴正确</td><td>2</td><td>漏一项扣2分</td><td></td><td></td></tr>
<tr><td rowspan="4">2</td><td rowspan="4">工具材料准备</td><td>（1）个人工具检查：平口钳、活动扳手、工具包齐全、符合质量要求</td><td>2</td><td>少一项扣1分</td><td></td><td></td></tr>
<tr><td>（2）专用工具检查：3T 双钩紧线器、横担挂座一套、无极绳一套、安全带、防坠装置和吊绳外观检查符合要求，调整好双钩紧线器</td><td>4</td><td>1）安全带、保护绳、防坠落装置的不检查和未做冲击试验每项扣2分；
2）工具漏检一件扣2分</td><td></td><td></td></tr>
<tr><td>（3）材料检查：悬垂线夹、铝包带外观检查符合要求</td><td>2</td><td>未检查扣2分</td><td></td><td></td></tr>
</table>

		评分标准				
序号	作业名称	质量要求	分值	扣分标准	扣分原因	得分
3	登塔及横担上的操作	(1) 登塔:必须沿爬梯正确登塔	3	不正确扣3分		
		(2) 挂无极绳: 1) 拴好安全带; 2) 无极绳挂在适当位置处	4	1) 未拴好安全带扣2分; 2) 无极绳悬挂位置不正确扣2分		
4	导线上操作	(1) 下至导线: 1) 沿绝缘子串下至导线并拴好安全带的围杆带; 2) 不得失去保险绳的保护	5	失去保险绳保护扣5分		
		(2) 拉上横担挂座和双钩紧线器: 1) 地面人员使用传递绳拉上横担挂座和双钩紧线器; 2) 动作安全可靠	5	1) 传递工具发生撞击每次扣2分; 2) 吊起、放下绝缘子过程中发生滑动、撞击每次扣2分		
		(3) 安装双钩紧线器: 1) 在适当位置安装好挂横担挂座; 2) 将双钩紧线器上端挂在横担挂座上,下端钩在导线上,牢固可靠	8	1) 双钩紧线器安装位置不正确从总分中扣20分; 2) 双钩紧线器未挂牢扣8分		
		(4) 脱空绝缘子串: 1) 加装导线保护绳; 2) 操作双钩将导线提起; 3) 做冲击试验	12	1) 单吊线未加装导线保护绳扣5分; 2) 其余每一项不正确扣4分		
		(5) 更换悬垂线夹: 1) 拆除旧悬垂线夹、铝包带并传递至地面; 2) 缠绕新铝包带; 3) 安装新悬垂线夹	15	每一项不正确扣5分		
		(6) 拆除双钩紧线器: 1) 操作双钩紧线器,使绝缘子串受力,做冲击试验; 2) 拆除双钩紧线器、挂座和导线保护绳并传递至地面	10	每一项不正确扣5分		
		(7) 检查并清理工作点: 1) 弹簧销位置正确; 2) 铝包带缠绕正确,长度合适; 3) 悬垂串垂直于地面,不得有遗留物	10	1) 弹簧销未穿到位扣6分; 2) 有遗留物扣6分; 3) 悬垂串不符合要求扣3分; 4) 铝包带不符合要求扣3分		

续表

序号	作业名称	质量要求	分值	扣分标准	扣分原因	得分	

序号	作业名称	质量要求	分值	扣分标准	扣分原因	得分
5	下塔	(1)上横担: 1)沿绝缘子串上至横担; 2)不得失去保险绳的保护	4	失去保护扣4分		
		(2)取下传递绳: 1)取下传递绳并下塔; 2)无危险动作	4	一项不正确扣2分		
6	其他要求	(1)塔上操作:不得有高空坠物,不得有不安全现象,吊绳使用正确,不得有缠绕死结	5	有高空坠物不得分并倒扣10分,吊绳使用不正确扣2分		
		(2)清理现场:符合文明生产要求	5	不正确扣5分		
考试开始时间			考试结束时间		合计	
考生栏	编号: 姓名:	所在岗位:	单位:	日期:		
考评员栏	成绩: 考评员:		考评组长:			

一、施工

(一) 工器具、材料

(1) 工器具：J2 光学经纬仪、丝制手套、榔头（2 磅）、标杆、皮卷尺（30m）。

(2) 材料：ϕ20 圆木桩、铁钉（1 寸）或记号笔。

(二) 安全要求

防止坠物伤人措施。

在线下或杆塔下测量时作业人员必须戴好安全帽。

(三) 施工步骤

1. 准备工作

(1) 正确规范着装。

(2) 选择工具，做外观检查。

(3) 选择材料，做外观和数量检查。

2. 工作过程

(1) 检查中心桩。在施工现场找出铁塔中心桩，并检查是否松动，或有移动的明显痕迹。

(2) 经纬仪的架设。

对中：1) 打开三脚架，调节脚架高度适中，目测三脚架头基本水平，且三脚架中心大致对准地面标志中心。

2) 将仪器放在脚架上，并拧紧连接仪器和三脚架的中心连接螺旋，双手分别握住另两条架腿稍离地面前后左右摆动，眼睛看对中器的望远镜，直至分划圈中心对准地面标志中心为止，放下两架腿并踏紧。

3) 升落脚架腿使气泡基本居中，然后用脚螺旋精确整平。

4) 检查地面标志是否位于对中器分划圈中心，若不居中，可稍旋松连接螺旋，在架头上移动仪器，使其精确对中。

整平：整平时，先转动照准部，使照准部水准管与任一对脚螺旋的连线平行，两手同时向内或外转动这两个脚螺旋，使水准管气泡居中。将照准部旋转90°，转动第三个脚螺旋，使水准管气泡居中，按以上步骤反复进行，直到照准部转至任意位置气泡皆居中为止。

瞄准：1）调节目镜调焦螺旋，使十字丝清晰。

2）松开望远镜制动螺旋和照准部制动螺旋，先利用望远镜上的准星瞄准方向桩，使在望远镜内能看到目标物象，然后旋紧上述两制动螺旋。

3）转动物镜调焦使物象清晰，注意消除视差。

4）旋转望远镜和照准部制动螺旋，使十字丝的纵丝精确地瞄准目标。

5）将经纬仪水平刻度盘归零。

（3）分坑作业。

1）计算出坑口中心与中心桩的距离 S（$S=\sqrt{2}X$），将经纬仪架于铁塔中心桩 O 上，将标杆插于线路方向桩 P 上，如图 SX307-1 所示，并钉出顺线路和横线路方向的辅助桩 N 和 M。若此为直线塔，则顺线路辅助桩 N 和方向桩 P 在一条直线上；若此为转角塔，则顺线路辅助桩 N 和方向桩 P 不在一条直线上。

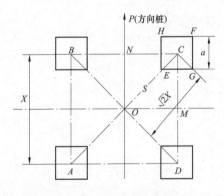

图 SX307-1　正方型铁塔基础分坑

2）以中心线路方向 OP，右转动 45°。（设基础相邻两塔腿距离为 X，每个塔腿宽度为 a）在此方向上用皮卷尺量出距中心桩 O 点 S 远处的 C 点，即为 C 塔腿中心，同时找出距中心桩 O 点 $\left(S-\frac{1}{2}\sqrt{a}\right)$ 远处的 E 点和距中心桩量 O 点 $\left(S+\frac{1}{2}\sqrt{a}\right)$ 远处的 F 点；将皮尺的零刻度处放于 E 点，$2a$ 处放于 F 点，铁钉放于皮尺的 a 处，把皮尺的两端拉直后钉子所在处即为 G 点，反方向可得出 H 点。打倒镜后，同理得出 A 塔腿的位置。同样在 OP 方向上左转动 45°后，可分别得出 B 塔腿的位置和 D 塔腿的位置。

3）绘制平面分坑图。

3. 工作终结

（1）自查验收。

（2）清理现场、退场。

(四) 工艺要求

(1) 仪器出箱时要用手托轴坐或度盘，不可用手提望远镜。

(2) 仪器架设高度合适，便于观察测量。

(3) 气泡无偏移，对中清晰。

(4) 对光后刻度盘清晰，便于读数。

二、考核

(一) 考核场地

(1) 场地要求。在培训基地选取一平坦地面。

(2) 给定测量作业任务时需办理工作票，配有一定区域的安全围栏。

(3) 设置评判桌椅和计时秒表。

(二) 考核时间

(1) 考核时间为 40min。

(2) 考评员宣布开始后记录考核开始时间。

(3) 现场清理完毕后，汇报工作终结，记录考核结束时间。

(三) 考核要点

(1) 要求一人操作，一人配合，一名工作负责人。考生就位，经许可后开始工作，规范穿戴工作服、绝缘鞋、安全帽、手套等。

(2) 工器具选用满足工作需要，进行外观检查。

(3) 仪器架设。

1) 仪器安装，高度便于操作。

2) 光学对点器对中，对中标志清晰。

3) 调整圆水泡，圆水泡中的气泡居中。

4) 仪器调平，仪器旋转至任何位置，水准器泡最大偏离值都不超过 1/4 格值。

5) 对光，使分划板十字丝清晰明确。

6) 调焦，使标杆在十字丝双丝正中。

(4) 基础分坑。

1) 坑口方正，均匀分布于中心桩附近。

2) 数据准确无误。

(5) 画平面图。

1) 平面图干净、整洁。

2) 数据计算准确无误。

三、评分参考标准

行业：电力工程　　　　　　　工种：送电线路工　　　　　　　等级：三

编号	SX307	行业领域		e	鉴定范围		
考核时间	40 min	题型		A	含权题分		25
试题名称	正方形铁塔基础施工分坑测量操作						
考核要点及其要求	(1) 给定条件：考场可以设在培训专用场地进行，场地无障碍。 (2) 工作环境：在培训基地选取一平坦地面。 (3) 选择工具、作外观检查						
现场工器具、材料	(1) 工器具：J2 光学经纬仪、丝制手套、榔头（2 磅）、标杆、皮卷尺（30m）。 (2) 材料：ϕ20 圆木桩、铁钉（1 寸）或记号笔						
备注							

评分标准

序号	作业名称	质量要求	分值	扣分标准	扣分原因	得分
1	着装	工作服、绝缘鞋、安全帽、手套穿戴正确	5	(1) 未着装扣 5 分； (2) 着装不规范扣 3 分		
2	工器具选用	工器具选用满足施工需要，工器具作外观检查	5	(1) 选用不当扣 3 分； (2) 工器具未作外观检查扣 2 分		
3	架设仪器	检查中心桩，将经纬仪放于铁塔中心桩 O 上，将标杆插于线路方向桩上	7	(1) 对中、调平、对光不正确扣 3 分； (2) 前方、后方均要测，检查中心桩是否正确，不正确扣 4 分		
4	钉顺线路和横线路方向的辅助桩	将望远镜瞄准标杆，调焦，瞄准前后方向桩，仪器控制方向，在视线较好处，钉下顺线路方向的辅助桩 N；转动水平度盘手轮，将镜筒旋转 90°，钉下横线路方向的辅助桩 M	8	(1) 用十字丝比丝段精密夹住标杆，不正确扣 1~4 分； (2) 钉出的顺线路和横线路方向的辅助桩 N 和 M 不正确扣 1~4 分		

		评分标准				
序号	作业名称	质量要求	分值	扣分标准	扣分原因	得分
5	测量出塔脚的中心桩和开挖面辅助桩	将经纬仪对准顺线路方向 OP 后，以中心线路方向 OP，右转动 45°，在此方向上用皮卷尺量出距中心桩 O 点 S 远处的 C 点，即为 C 塔腿中心，同时找出距中心桩 O 点 $\left(S-\frac{1}{2}\sqrt{a}\right)$ 远处的 E 点和距中心桩量 O 点 $\left(S+\frac{1}{2}\sqrt{a}\right)$ 远处的 F 点；将皮尺的零刻度处放于 E 点，$2a$ 处放于 F 点，铁钉放于皮尺的 a 处，把皮尺的两端拉直后钉子所在处即为 G 点，反方向可得出 H 点。打倒镜后，同理得出 A 塔腿的位置。同样在 OP 方向上左转动 45°后，可分别得出 B 塔腿的位置和 D 塔腿的位置	25	(1) 经纬仪在顺线路方向的角度应调整为一个好计算的整数角度（或直接记住原先读数），不正确扣 1~5 分； (2) 计算数据 S 不正确，扣 5 分； (3) 目镜读数不清晰，扣 1~3 分； (4) 中心桩不在目镜的十字丝上扣 1~5 分； (5) 中心桩的位置不准确扣 1~10 分； (6) 中心桩的位置不准确扣 1~10 分； (7) 基坑开挖面的辅助桩位置不准确扣 1~5 分		
6	画开挖面	(1) 取 a 线长的细铁丝，将两端分别置于 E、F 两点，拉紧线的中点即得 G 点、翻转至反方向即得 H 点； (2) 沿 $EFGH$，在地面上画线，即得第一只基坑开挖面； (3) 用同样的方法用铁丝连接，同样得出其他三个基坑的开挖面	20	(1) 方法选用不合理扣 1~5 分； (2) 基坑开挖面的数据不准确扣 1~5 分； (3) 画出的开挖面不规整扣 1~5 分		
7	绘图	算出在分坑过程中所用的计算公式及数据，并在纸上按比例绘制平面分坑图	10	(1) 纸面不清洁、干净，扣 1~2 分； (2) 计算公式不正确扣 1~2 分； (3) 计算数据不正确扣 1~2 分； (4) 绘制的平面图不工整、规范，扣 1~2 分； (5) 绘制的平面图与现场不符扣 1~2 分		

		评分标准				
序号	作业名称	质量要求	分值	扣分标准	扣分原因	得分
8	自查验收	组织依据施工验收规范对施工工艺、质量进行自查验收	10	（1）未组织验收扣5分； （2）分坑尺寸不正确，超过标准值的2%，扣5分		
9	文明生产	（1）文明生产，禁止违章操作，不发生安全生产事故； （2）操作过程熟练，工具、材料存放整齐，现场清理干净	10	（1）发生不安全现象扣5分； （2）工具材料乱放扣3分； （3）现场未清理干净扣2分		
考试开始时间			考试结束时间			合计
考生栏	编号：	姓名：	所在岗位：	单位：		日期：
考评员栏	成绩：	考评员：		考评组长：		

110kV架空线路避雷器更换

一、施工

(一) 工器具、材料、设备

(1) 工器具：个人保安线、ϕ12 传递绳 50m、0.5t 提绳滑车、安全用具等。

(2) 设备：氧化锌避雷器（YH10WX‐120/300TL、YH10WX‐120/320TL）。

(二) 安全要求

1. 防止触电措施

(1) 登杆塔前必须仔细核对线路名称、杆号，多回线路还应核对线路的识别标记，确认无误后方可登杆。

(2) 严格执行 Q/GDW 1799.2—2013《国家电网公司电力安全工作规程 线路部分》保证安全的技术措施。

(3) 登杆塔作业人员、绳索、工器具及材料与带电体保持规定的安全距离。

2. 防止高空坠落措施

(1) 攀登杆塔作业前，应检查杆塔根部、基础和拉线是否牢固。

(2) 攀登杆塔作业前，应先检查登高工具、设施，如安全带、脚钉、爬梯、防坠装置等是否完整牢靠。上下杆塔必须使用防坠装置。

(3) 在杆塔上作业时，应使用有后备绳索或速差自锁器的双控背带式安全带，安全带和后备保护绳（速差自锁器）应分挂在杆塔不同部位的牢固构件上，应防止安全带从杆顶脱出或被锋利物损坏。人员在转位时，手扶的构件应牢固，且不得失去安全保护。

3. 防止落物伤人措施

(1) 现场工作人员必须正确佩戴安全帽。

(2) 高处作业应使用工具袋，较大有工器具应固定在牢固的构件上，不准随便乱放，上下传递物件应用绳索拴牢传递，严禁上下抛掷。

(3) 在进行高空作业时，不准他人在工作地点的下面通行或逗留，工作地点下面应有围栏或装设其他保护装置，防止落物伤人。

（三）施工步骤

1．准备工作

（1）正确规范着装。

（2）选择工具，做外观检查。

（3）选择材料，做外观检查。

2．工作过程

（1）登杆，作业人员携带传递绳，登上杆塔横担，并选择合适位置后挂好提绳滑车。

（2）挂个人保安线。

（3）拆除旧避雷器，在拆除之前应先将避雷器用提绳系好后拆除，并通过传递绳缓缓放至地面帆布上。

（4）安装新避雷器，在杆塔横担适当位置上把槽钢支架用螺栓紧固，其端部吊装避雷器，若在塔内安装不能满足各项安装距离的情况下，根据实际，可把支架伸出铁塔外安装。

（5）拆个人保安线。

（6）下塔。安装完成后检查杆上是否有遗留物，确无问题后，作业人员返回地面。

3．工作终结

（1）自查验收。

（2）清理现场、退场。

（四）工艺要求

线路型避雷器安装应根据杆塔的具体结构进行安装设计，一般采用悬挂式安装，安装工艺要求如下：

（1）在原线路横担上面固定一根角钢或槽钢横担，其端部吊装避雷器。

（2）避雷器与导线的距离不应小于1.2m。

（3）对于带串联间隙的线路型避雷器，纯空气间隙避雷器安装时上电极固定在避雷器下端且与导线垂直；下电极用包箍固定在上电极正下方的导线上，与导线平行，调整调节螺杆长度，使其间隙距离满足制造厂要求，误差不超过±50mm。

（4）对于无间隙线路型避雷器，脱离器安装于避雷器下端，使用$35mm^2$的铝绞线与主导线连接，如需要安装放电计数器，避雷器上端应经单片悬式绝缘子与地隔离。

（5）计数器安装方法

1）安装避雷器计数器支架。

2）将避雷器底座的接地端与放电计数器一端连接，再从计数器另一端连接到杆塔接地端。

3）避雷器计数器引线要安装正确并且要紧固在塔材上，确保对导线有足够的安全距离。

（五）纯空气间隙线路型避雷器安装

纯空气间隙线路型避雷器安装如图 SX308-1 所示。

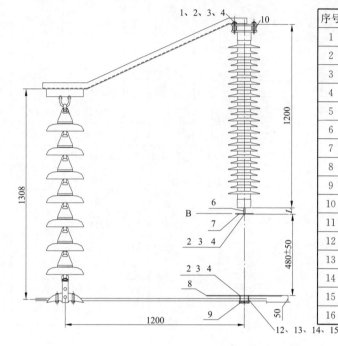

序号	名称	数量	材料
1	螺栓 M16×110	3	钢 0235
2	螺母 M16	6	钢 0235
3	垫圈 16	9	钢 0235
4	垫圈 16	6	钢 65Mn
5	避雷器	1	
6	调整螺杆	1	铝合金棒
7	上电极	1	铝
8	下电极	1	铝
9	下电极包箍	1	钢
10	绝缘垫	3	尼龙棒
11	铭牌	1	铝
12	螺栓 M10×50	6	钢 0235
13	螺母 M10	6	钢 0235
14	垫圈 10	12	钢 0235
15	垫圈 10	6	钢 65Mn
16	支撑横担	1	槽钢

图 SX308-1 纯空气间隙线路型避雷器安装示意图

技术要求为：

（1）避雷器用安装槽钢支架伸出。

（2）避雷器安装在离开绝缘子串 0.8m 距离，导线的正上方。

（3）避雷器的弧形电极中心与导线相重合且成垂直90°。

（4）调整调节块使空气放电间隙环与导线距离为 0.45～0.48m。

（六）绝缘子支撑间隙线路型避雷器安装图

绝缘子支撑间隙线路型避雷器安装如图 SX308-2 所示。

技术要求为：

（1）地面作业人员用绳吊上避雷器固件，选择合适位置安装。

（2）在杆塔横担适当位置上把槽钢支架用螺栓紧固，若在塔内安装不能满足各项安装距离的情况下，根据实际，可把支架伸出铁塔外安装。

（3）避雷器上端直接挂于槽钢支架上，避雷器外串间隙电极下端通过引流线与系统高压导线相连接。根据安装实际情况，可选用垂直或倾斜安装。避雷器与杆塔、拉线距离不小于 1m；避雷器绝缘子低压端均压环与线路绝缘子的最小距离与不小于 0.7m；避雷器串悬垂线夹与线路悬垂线夹的距离不小于 0.75m。

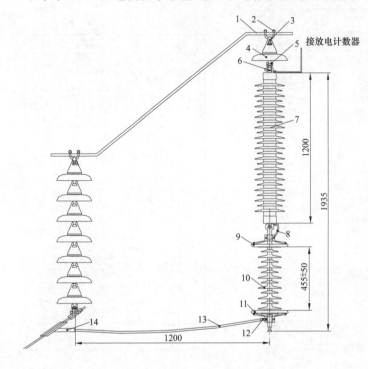

序号	名称	型号
1	支架	
2	U 型螺栓	U－1880
3	球头挂环	Q－7
4	绝缘子	XP－70
5	双联碗头	WS－7
6	挂板	
7	避雷器本体	
8	软连接	
9	均压环	
10	复合绝缘子	
11	均压环	
12	铝接线端子	
13	纯铝导线	35mm²
14	T 型线夹	T31

图 SX308－2　绝缘子支撑间隙线路型避雷器安装示意图

（4）按避雷器本体、W－7B、U－7、Q－7、支撑间隙绝缘子、W－7B 的次序地面组装好避雷器并吊到塔上安装，调整悬垂线夹及槽钢支架满足上述距离要求，不满足时加金具直至满足为止。紧固悬垂线夹的螺栓。

（七）无间隙线路型避雷器安装图

无间隙线路型避雷器安装如图 SX308－3 所示。

技术要求为：

（1）无间隙线路避雷器适合安装在线路的始端或终端。若在塔内安装不能满足各项安装距离的情况下，根据实际，可把支架伸出铁塔外安装。

（2）保证避雷器所带脱离装置动作后的安全距离。

（3）将环形间隙安装在绝缘子上时，应注意保证上下两个间隙的开口方向一致，并根据塔形及导线排列方式确定开口的朝向。

（4）线路型避雷器不能作为悬式绝缘子承受导线张力。

（5）避雷器线夹上的弹簧销子一律向受电侧穿入。螺栓及穿钉凡能顺线路方向穿入者一律宜向受电侧穿入，特殊情况两边线由内向外，中线由左向右穿入。

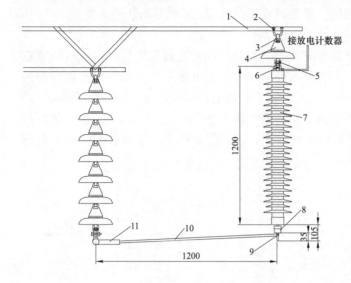

序号	名称	型号
1	支架	
2	U型螺丝	U－1880
3	球头挂环	Q－7
4	绝缘子	XP－70
5	双联碗头	WS－7
6	挂板	
7	避雷器本体	
8	脱雷器	
9	接线端子	
10	纯铝导线	35mm²
11	T型线夹	T31

图 SX308－3　无间隙线路型避雷器安装示意图

二、考核

（一）考核场地

（1）考场可以设在培训专用杆塔上进行，杆塔上无障碍，不少于两个工位。

（2）给定线路检修时需办理工作票，线路上安全措施已完成，配有一定区域的安全围栏。

（3）设置评判桌椅和计时秒表。

（二）考核时间

（1）考核时间为 40min。

（2）考评员宣布开始后记录考核开始时间。

（3）现场清理完毕后，汇报工作终结，记录考核结束时间。

（三）考核要点

（1）要求一人操作，一人配合，一名工作负责人。考生就位，经许可后开始工作，规范穿戴工作服、绝缘鞋、安全帽、手套等。

（2）工器具选用满足工作需要，并进行外观检查。

（3）选用材料的规格、型号、数量符合要求，并进行外观检查。

（4）在杆塔上作业过程中，保证人身、避雷器及工器具对带电体的安全距离。

(5) 拆除旧避雷器，并安装新避雷器。

1) 在原线路横担上面固定一根角钢或槽钢横担，其端部吊装避雷器。

2) 避雷器与导线的距离不应小于1.2m。

3) 对于带串联间隙的线路型避雷器，纯空气间隙避雷器安装时上电极固定在避雷器下端且与导线垂直；下电极用包箍固定在上电极正下方的导线上，与导线平行，调整调节螺杆长度，使其间隙距离满足制造厂要求，误差不超过±50mm。

4) 对于无间隙线路型避雷器，脱离器安装于避雷器下端，使用35mm² 的铝绞线与主导线连接，如需要安装放电计数器，避雷器上端应经单片悬式绝缘子与地隔离。

三、评分参考标准

行业：电力工程　　　　　　工种：送电线路工　　　　　　等级：三

编号	SX308	行业领域	e	鉴定范围	
考核时间	40min	题型	A	含权题分	25
试题名称	110kV架空线路避雷器更换				
考核要点及其要求	(1) 给定条件：考场可以设在培训专用杆塔上进行，杆塔上无障碍，不少于两个工位。 (2) 工作环境：现场操作场地及设备材料已完备。给定线路上安全措施，施工时需要办理工作票和许可手续已完成，配有一定区域的安全围栏。 (3) 检查避雷器安装工艺				
现场设备、工具、材料	(1) 工具：个人保安线、φ12传递绳50m、0.5t提绳滑车、安全用具等。 (2) 设备：氧化锌避雷器（YH10WX-120/300TL，YH10WX-120/320TL）				
备注					

<table>
<tr><td colspan="7" align="center">评分标准</td></tr>
<tr><td>序号</td><td>作业名称</td><td>质量要求</td><td>分值</td><td>扣分标准</td><td>扣分原因</td><td>得分</td></tr>
<tr><td>1</td><td>着装</td><td>工作服、绝缘鞋、安全帽、手套穿戴正确</td><td>5</td><td>(1) 未着装扣5分；
(2) 着装不规范扣3分</td><td></td><td></td></tr>
<tr><td>2</td><td>工具选用</td><td>工器具选用满足施工需要，工器具做外观检查</td><td>5</td><td>(1) 选用不当扣3分；
(2) 工器具未做外观检查扣2分</td><td></td><td></td></tr>
<tr><td>3</td><td>材料选用</td><td>避雷器</td><td>10</td><td>漏选错选扣5～10分</td><td></td><td></td></tr>
<tr><td>4</td><td>登塔</td><td>工作人员携带传递绳，登上杆塔横担。在杆塔上作业转位时，不得失去安全带或保护绳的保护</td><td>15</td><td>(1) 后备保护使用不正确扣2分；
(2) 作业过程中失去安全带保护扣5分；
(3) 登塔不熟练扣3分</td><td></td><td></td></tr>
</table>

序号	作业名称	质量要求	分值	扣分标准	扣分原因	得分
			评分标准			
5	拆除旧避雷器、安装新避雷器	杆塔上作业人员将安全绳系在横担的牢固构件上，检查无误后，将携带的循环绳挂在适当位置。拆除旧的避雷器，并用绳索系牢后下放至地面。地面辅助人员将新避雷器用绳索传递给塔上作业人员，塔上作业人员选定好位置后，安装新的避雷器，避雷器安装应牢固可靠	35	（1）安全绳所系位置不正确，扣5分； （2）循环绳挂点不合理，扣5分； （3）作业过程中有高空落物，扣5分； （4）在塔上作业过程中出现危险动作，扣5分； （5）新避雷器在传递过程中与杆塔发生碰撞扣5分； （6）新安装避雷器位置不对，扣5分；新避雷器安装不牢固，扣5分		
6	下塔	安装完成后，检查杆上是否有遗留物，确无问题后，工作人员返回地面	10	（1）未检查作业面遗留物扣2分； （2）下塔不熟练扣3分		
7	自查验收	组织依据施工验收规范对施工工艺、质量进行自查验收	10	未组织验收扣5～10分		
8	文明生产	文明生产，禁止违章操作，不发生安全生产事故。操作过程熟练，工具、材料摆放整齐，现场清理干净	10	（1）发生不安全现象扣5分； （2）工具材料乱放扣3分； （3）现场未清理干净扣2分		
考试开始时间			考试结束时间		合计	
考生栏	编号：　　姓名：		所在岗位：	单位：	日期：	
考评员栏	成绩：　　考评员：			考评组长：		

一、施工

(一) 工器具、材料

(1) 工器具：个人工具、防护用具、220kV 验电器、接地线、防坠装置、围栏、安全标示牌（"在此工作！"一块、"从此进出"一块）、1t 滑车、φ14 传递绳 40m、导线飞车、套筒扳手。

(2) 材料：导线间隔棒 FGQ-405、铝包带。

(二) 安全要求

1. 防止触电措施

(1) 登杆塔前必须仔细核对线路名称、杆号，多回线路还应核对线路的识别标记，确认无误后方可登杆。

(2) 严格执行 Q/GDW 1799.2—2013《国家电网公司电力安全工作规程 线路部分》保证安全的技术措施。

(3) 登杆塔作业人员、绳索、工器具及材料与带电体保持规定的安全距离。

2. 防止高空坠落措施

(1) 攀登杆塔作业前，应检查杆塔根部、基础和拉线是否牢固。

(2) 攀登杆塔作业前，应先检查登高工具、设施，如安全带、脚钉、爬梯、防坠装置等是否完整牢靠。上下杆塔必须使用防坠装置。

(3) 在杆塔上作业时，应使用有后备绳索或速差自锁器的双控背带式安全带，安全带和后备保护绳（速差自锁器）应分挂在杆塔不同部位的牢固构件上，应防止安全带从杆顶脱出或被锋利物损坏。人员在转位时，手扶的构件应牢固，且不得失去安全保护。

3. 防止落物伤人措施

(1) 现场工作人员必须正确佩戴安全帽。

(2) 高处作业应使用工具袋，较大的工器具应固定在牢固的构件上，不准随便乱放。上下传递物件应用绳索拴牢传递，严禁上下抛掷。

(3) 在进行高空作业时，不准他人在工作地点的下面通行或逗留，工作地点下面应有围栏或装设其他保护装置，防止落物伤人。

(三) 施工步骤

1. 准备工作

(1) 现场勘察。应明确现场检修作业需要停电的范围，保留的带电部位和现场作业的条件、环境及其他危险点等，了解杆塔周围情况、地形、交叉跨越等。

(2) 相关资料。查阅图纸资料，明确塔型、呼称高、导线间隔棒型号等，以确定使用的工器具、材料。

(3) 工作票及任务单。工作票签发人根据现场情况等相关资料，签发工作票和任务单，根据 Q/GDW 1799.2—2013《国家电网公司电力安全工作规程 线路部分》和现场实际填写电力线路第一种工作票，工作负责人确认无误后接受工作票和任务单。

(4) 着装。工作服、绝缘鞋、安全帽、手套穿戴正确。

(5) 选择工具，做外观检查。选择工具、防护用具及辅助器具，并检查工器具外观完好无损，具有合格证并在有效试验周期内。

(6) 选择材料，做外观检查。导线间隔棒外观完好无损，不缺件；铝包带长度适宜。

2. 操作步骤

(1) 上塔作业前的准备。

1) 工作人员根据工作情况选择工器具及材料并检查是否完好。

2) 工作人员核对线路名称、杆号，检查杆塔根部、基础是否完好。

3) 地面作业人员在适当的位置将传递绳理顺确保无缠绕。

4) 按工作票的要求在工作地段前后杆塔的导线上验明确无电压后装设好接地线。

(2) 登塔作业。

1) 塔上作业人员检查登杆工具及安全防护用具并确保良好、可靠，并对登杆工具、安全防护用具和防坠装置做冲击试验。

2) 塔上作业人员戴好安全帽，系好安全带、后备保护绳，携带传递绳开始登塔。禁止携带器材登杆或在杆塔上移位。杆塔有防坠装置的，应使用防坠装置，杆塔没有防坠装置的，应使用双钩防坠装置。

3) 塔上作业人员登杆到达安装相绝缘子挂点处，把后备保护绳、安全带分别系到横担和绝缘子串后，沿绝缘子串到导线上，挂好传递绳。

4) 地面作业人员把导线飞车传递给塔上作业人员，塔上作业人员在防振锤外侧安装好导线飞车后，携带传递绳坐入导线飞车，并打好安全带和后备保护绳。

(3) 更换导线间隔棒。

1) 塔上作业人员滑动导线飞车到达作业点后，把传递绳安装在导线上。

2）塔上作业人员拆除旧导线间隔棒和铝包带，并用传递绳传递至地面。

3）地面作业人员把铝包带和新导线间隔棒传递给塔上作业人员，塔上作业人员在原来位置缠绕铝包带和安装新导线间隔棒。

4）塔上作业人员检查导线间隔棒安装质量、铝包带缠绕无问题后，携带传递绳坐导线飞车滑至防振锤处，沿绝缘子串返回到横担上。

（4）下塔作业。塔上作业人员检查导线、绝缘子串和横担上无任何遗留物后，解开安全带、后备保护绳，携带传递绳下塔。

3．工作终结

（1）工作负责人确认所有施工内容已完成，质量符合标准；杆塔上、导线上、绝缘子串上及其他辅助设备上没有遗留的个人保安线、工具、材料等；查明全部工作人员确由杆塔上撤下后，再命令拆除工作地段所挂的接地线。

（2）清理地面工作现场，确认工器具均已收齐，工作现场做到"工完、料净、场地清"。并向工作许可人汇报作业结束，履行终结手续。

（四）工艺要求

（1）导线间隔棒型号与导线型号相配合，外观完好无损。

（2）导线间隔棒安装好后，安装距离偏差不应大于±30mm，间隔棒线夹螺栓由下向上穿入。

（3）铝包带应缠绕紧密，其缠绕方向应与外层铝股的绞制方向一致；所缠铝包带应露出防振间隔棒夹头，但不超过10mm，其端头应回缠绕于线夹内压住。

（4）导线间隔棒的线夹螺栓紧固力矩符合规定。

（五）注意事项

（1）过绝缘子串时，手脚要稳，并打好后备保护绳。

（2）作业区域设置安全围栏，悬挂安全标示牌。

（3）玻璃绝缘子的操作应戴防护眼镜。

（4）地面辅助人员不得在高处作业点的正下方工作或逗留。

（5）作业所用工具安全合格，并与作业工况相符合，导线飞车刹车、限位板（杆）齐全有效。

（6）采用单导线飞车，如两导线分裂距离过大，有控制分裂距离措施。

二、考核

（一）考核场地

（1）考场可以设在两基培训专用220kV双分裂导线的直线杆塔上进行，杆塔上无障碍物，杆塔有防坠装置，不少于两个工位。

（2）给定线路检修时需办理的工作票，线路上安全措施已完成，配有一定区域的安全围栏。

（3）设置两套评判桌椅和计时秒表、计算器。

（二）考核时间

（1）考核时间为 60min。

（2）考评员宣布开始后记录考核开始时间。

（3）现场清理完毕后，汇报工作终结，记录考核结束时间。

（三）考核要点

（1）要求一人操作，一人配合，一名工作负责人。考生就位，经许可后开始工作，规范穿戴工作服、绝缘鞋、安全帽、手套等。

（2）工器具选用满足工作需要，进行外观检查。

（3）选用材料的规格、型号、数量符合要求，进行外观检查。

（4）登杆塔前要核对线路名称、杆号，检查登高工具是否在试验期限内，对安全带和防坠装置做冲击试验。高空作业中动作熟练，站位合理。安全带应系在牢固的构件上，并系好后备绳，确保双重保护。转向移位穿越时不得失去保护。作业时不得失去监护。

（5）杆塔上作业完成，清理杆上遗留物，得到工作负责人许可后方可下杆。

（6）间隔棒的安装质量符合工艺要求。

（7）自查验收。清理现场施工作业结束后，工作负责人依据施工验收规范对施工工艺、质量进行自查验收，按要求清理施工现场，整理工具、材料，办理工作终结手续。

（8）安全文明生产，按规定时间完成，按所完成的内容计分，要求操作过程熟练连贯，施工有序，工具、材料存放整齐，现场清理干净。

（9）发生安全事故本项考核不及格。

三、评分参考标准

行业：电力工程　　　　　　　工种：送电线路工　　　　　　　等级：三

编号	SX309	行为领域	e	鉴定范围	
考核时间	60min	题型	A	含权题分	35
试题名称	220kV架空线路双分裂导线间隔棒安装				
考核要点及其要求	（1）按要求选择工具及材料。 （2）严格按照工作流程及工艺要求进行操作。 （3）操作时间为60min，时间到停止操作。 （4）本项目为单人操作，现场配辅助作业人员一名、工作负责人一名。辅助工作人员只协助考生完成塔上工具、材料的吊装和下卸工作；工作负责人只监护工作安全				

现场设备、工具、材料		（1）工具：个人工具、防护用具、220kV验电器、接地线、防坠装置、围栏、安全标示牌（"在此工作！"一块、"从此进出"一块）、1t滑车、φ14传递绳40m、导线飞车、套筒扳手。 （2）材料：导线间隔棒FGQ-405、铝包带。 （3）考生自备工作服、绝缘鞋、自带个人工具					
备注							
评分标准							
序号	作业名称	质量要求	分值	扣分标准		扣分原因	得分
1	着装	工作服、绝缘鞋、安全帽、手套穿戴正确	2	漏一项扣2分			
2	工作准备	（1）登杆前检查：核对线路名称、杆号，检查铁塔基础情况、是否缺件，脚钉是否丢失，螺栓紧固情况	10	未做检查一项扣2分			
		（2）工具选择：导线飞车滑轮转动灵活，刹车、安全装置齐全有效		未做检查一项扣2分			
		（3）材料选择：导线间隔棒（含螺栓、平垫圈、弹簧垫圈）、铝包带		每错、漏一项扣2分			
3	登塔作业	（1）登塔：必须沿脚钉（爬梯）正确登塔，使用防坠装置	10	1）未沿脚钉（爬梯）正确登塔扣2分； 2）未正确使用防坠装置扣3分			
		（2）沿绝缘子串下至导线：安全带、后备保护绳使用正确，爬绝缘子串时不失		不正确扣3分			
		（3）挂无极绳： 1）拴好安全带 2）无极绳挂在适当位置处		1）未拴好安全带扣2分； 2）无极绳悬挂位置不正确扣2分			
		（4）安装导线飞车：飞车挂好后检查刹车、安全装置		未做检查一项扣2分			
4	更换间隔棒	（1）使用安全带： 1）分裂导线上正确使用双保险安全带 2）符合安规要求	5	未正确使用双保险安全带扣5分			
		（2）进入工作点：飞车滑动过程中速度平稳，不撞击导线附件	5	不正确扣5分			
		（3）拆除旧间隔棒： 1）使用单导线飞车，应有控制分裂距离措施； 2）绳结使用正确，传递绳不缠绕	10	每一项不正确扣3分			

序号	作业名称	质量要求	分值	扣分标准	扣分原因	得分
			评分标准			
4	更换间隔棒	(4)传递材料： 1)传递材料正确； 2)传递过程中不得出现缠绕、死结、撞击	5	一项不正确扣2分		
		(5)缠绕铝包带：顺导线绕制方向，所缠绕铝包带露出夹口小于或等于10mm	10	不正确扣10分		
		(6)安装间隔棒： 1)安装距离偏差在±30mm； 2)线夹螺栓由下向上穿； 3)按规定拧紧螺栓，平垫圈、弹簧垫圈齐全，弹垫应压平	25	一项不正确扣5～10分		
5	下塔	(1)坐飞车返回： 1)飞车滑动过程中速度平稳，不撞击导线附件； 2)传递飞车绳结使用正确，传递绳不缠绕	10	不正确扣4分		
		(2)上横担：沿绝缘子串上至横担；不得失去保险绳的保护		失去保护扣4分		
		(3)取下传递绳： 1)取下传递绳并下塔； 2)无危险动作		一项不正确扣3分		
6	其他要求	(1)塔上操作：不得有高空坠物，不得有不安全现象，吊绳使用正确，不得有缠绕死结	5	有高空坠物不得分并倒扣10分，吊绳使用不正确扣2分		
		(2)清理现场：符合文明生产要求	3	不正确扣3分		
考试开始时间			考试结束时间		合计	
考生栏		编号：　　姓名：　　所在岗位：　　单位：　　日期：				
考评员栏		成绩：　　考评员：　　　　　　考评组长：				

205

110kV架空线路铁塔塔材补装

一、施工

(一) 工器具、材料、设备

(1) 工器具：φ14 - 30m 吊绳 1 根、5m 卷尺 1 把、250mm 扳手 2 把、尖头小钢钎 1 把、钢锯 1 把、φ12 圆锉 1 把、个人工具（安全帽、安全带等）。

(2) 材料：镀锌角钢（∠56mm×5mm、∠45mm×4mm、∠40mm×3mm）、φ16 - 35 螺栓 10 枚、防锈漆等。

(3) 设备：打孔器 1 台。

(二) 安全要求

1. 防止触电措施

(1) 登杆塔前必须仔细核对线路名称、杆号，多回线路还应核对线路的识别标记，确认无误后方可登杆。

(2) 严格执行 Q/GDW 1799.2—2013《国家电网公司电力安全工作规程 线路部分》保证安全的技术措施。

(3) 登杆塔作业人员、绳索、工器具及材料与带电体保持规定的安全距离。

2. 防止高空坠落措施

(1) 攀登杆塔作业前，应检查杆塔根部、基础和拉线是否牢固。

(2) 攀登杆塔作业前，应先检查登高工具、设施，如安全带、脚钉、爬梯、防坠装置等是否完整牢靠。上下杆塔必须使用防坠装置。

(3) 在杆塔上作业时，应使用有后备绳或速差自锁器的双控背带式安全带，安全带和后备保护绳（速差自锁器）应分挂在杆塔不同部位的牢固构件上，应防止安全带从杆顶脱出或被锋利物损坏。人员在转位时，手扶的构件应牢固，且不得失去安全保护。

3. 防止落物伤人措施

(1) 现场工作人员必须正确佩戴安全帽。

(2) 高处作业应使用工具袋，较大的工器具应固定在牢固的构件上，不准随便

乱放，上下传递物件应用绳索拴牢传递，严禁上下抛掷。

（3）在进行高空作业时，不准他人在工作地点的下面通行或逗留，工作地点下面应有围栏或装设其他保护装置，防止落物伤人。

（三）施工步骤

1. 施工前准备工作

（1）个人劳动防护用品。安全带、后备保护绳做冲击试验，按规定着装。

（2）选择工具。所选择的工器具作外观检查，并确认其良好性。

（3）选择材料。作外观检查，不合格的严禁使用。

2. 履行开工手续

（1）"三交三查"即宣读工作票、作业任务、危险点及安全措施、安全注意事项、任务分工及提问作业人员。

（2）作业前对安全用具、工器具、材料进行清理检查。

3. 核对现场

（1）核对线路名称、杆号。

（2）核对现场情况，检查塔脚及四方拉线，并确认无误。

（3）查看需要补装塔材的具体位置和补装数量。

4. 检测工具

（1）对安全用具、绳索及专用工具进行外观检查及试验。

（2）对绝缘工具进行分段绝缘电阻检测。

5. 登塔

（1）核对线路名称杆号无误后，作业人员携带传递绳登上杆塔，到达工作位置后系好安全带，放置传递绳至地面。

（2）工作监护人严格监护。

6. 补装螺栓、塔材

（1）作业人员在杆塔上站好位后，使用传递绳将工具袋（卷尺、记录本）吊至塔上。

（2）作业人员对现场丢失的塔材、螺栓的数量和规格尺寸进行统计、测量，并记录在记录本上。

（3）作业人员下塔至地面，根据记录的数据及杆塔设计图纸选择角钢的规格尺寸，利用角钢切割机、冲孔机进行加工塔材，然后进行补装；加工好的塔材边角应使用防锈漆涂刷。

（4）塔材加工好后，作业人员登杆，并在地面人员配合下将待装角钢、螺栓用工具袋起吊至合适位置后进行安装，安装工艺质量要求如下：

1）作业人员采用螺栓连接构件时，螺栓应与构件垂直，螺栓头平面与构件间不应有空隙；螺母拧紧后，螺杆露出螺母的长度应满足规程要求（对单螺母不应小于两个螺距，对双螺母可与螺母持平）；必须加垫片，每端不宜超过两片。

2）工艺要求。补装塔材、螺栓作业时，螺栓的穿入方向应符合下列要求，螺栓的穿入方向如图SX310-1所示。

a. 立体结构。水平方向者由内向外；垂直方向者由下向上。

b. 平面结构。顺线路方向者由送电侧向受电侧或按统一方向；横线路方向者由内向外，中间由左向右（面向受电侧或按统一方向）；垂直方向者由下向上。

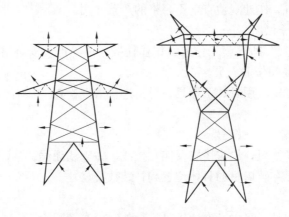

图 SX310-1　螺栓的穿入方向示意图

3）连接螺栓应逐个紧固，其扭紧力矩不应小于规定的要求。

7. 下塔

(1) 安装结束后，清理工具材料，确认设备上无其他工具和材料等遗留物。

(2) 塔上作业人员携带绳索等工器具回到地面。

8. 工作结束

(1) 检查螺栓、塔材连接紧固、完好。

(2) 检查线路设备上有无遗留的工具、材料。

(3) 检查核对安全用具、工器具数量。

(4) 回收废弃角钢，清理现场杂物，做到工完清场。

(5) 工作监护人宣读工作完工报告，离场。

(四) 施工规范及要求

(1) 施工区域设置安全围栏。

(2) 现场安全设施的设置要求正确、完备。安全遮栏设置，在施工人员出入口向外悬挂"从此进出"标示牌，在遮栏四周向外悬挂"在此施工，严禁入内"标示牌。

（3）工器具和材料有序摆放。

（4）操作后必须对施工场地进行清理。

（五）技术及质量关键点控制

（1）所补装塔材型号不得小于原设计型号，并且塔材尺寸必须符合要求。

（2）补装的塔材必须经过防腐处理，切割后的钢材切口必须采取防腐处理。

（3）塔材螺栓必须采取有效的防盗措施，并涂漆防止松动。

二、考核

（一）考核场地

（1）可以在培训基地 110kV 直线杆塔上进行，杆塔上无障碍，铁塔有防坠装置，不少于两个工位。

（2）施工仅适用于在铁塔导线线夹以下塔身段补装塔材。

（3）设置两套评判桌椅和计时秒表。

（二）考核要点

（1）本项目要求塔上单独操作，塔下设一名监护人，一名地面配合人员。

（2）严格按施工作业指导书要求进行现场操作，操作中所使用的材料、工器具，应检查合格。

（3）现场安全文明生产。

（4）作业的熟练程度。

（5）施工方法仅适用于在铁塔导线线夹以下塔身段补装塔材。

（三）考核时间

（1）考核时间为 50min。

（2）考评员宣布开始后记录考核开始时间。

（3）现场清理完毕后，汇报工作终结，记录考核结束时间。

三、评分参考标准

行业：电力工程　　　　　　　工种：送电线路工　　　　　　　等级：三

编号	SX310	行业领域	d	鉴定范围	
考核时间	50min	题型	A	含权题分	30
试题名称	110kV 架空线路铁塔塔材补装				
考核要点及要求	（1）严格按施工作业指导书要求进行现场操作，操作中所使用的材料、工器具，应检查合格； （2）本项目要求杆上单独操作，塔下设一名监护人，一名配合辅助人员； （3）要求着装正确（穿工作服、绝缘鞋、戴安全帽、系安全带）； （4）现场安全文明生产、作业的熟练程度、对杆塔图纸的识别熟悉程度； （5）施工方法仅适用于在铁塔导线线夹以下塔身段补装塔材				

现场设备、工具、材料	（1）工具：$\phi14-30m$ 吊绳 1 根、5m 卷尺 1 把、250mm 扳手 2 把、尖头小钢钎 1 把、钢锯 1 把、$\phi12$ 圆锉 1 把 、个人工具（安全帽、安全带等）。 （2）材料：镀锌角钢（∠56mm×5mm、∠45mm×4mm、∠40mm×3mm）、$\phi16-35$ 螺栓 10 枚、防锈漆等。 （3）设备：打孔器 1 台				
备注					

评分标准

序号	作业名称	质量要求	分值	扣分标准	扣分原因	得分
1	着装	正确佩戴安全帽，穿工作服，穿绝缘鞋	5	（1）未着装扣 5 分； （2）着装不规范扣 2 分		
2	工器具、材料准备	工器具、材料选用准确、齐全，工器具做外观检查	5	（1）角钢选择错误扣 2 分； （2）未进行工器具检查扣 2 分； （3）工具、材料漏选或有缺陷扣 1 分		
3	施工现场布置	施工区域设置安全围栏，工器具和材料有序摆放	5	（1）未设置安全围栏扣 3 分； （2）工器具、材料摆放不整齐扣 2 分		
4	履行开工手续	（1）宣读工作票、作业任务、危险点及安全措施、安全注意事项、任务分工及提问作业人员； （2）作业前对安全用具、工器具、材料进行清理检查	10	（1）没有履行开工手续扣 5 分； （2）作业前未对安全用具、工器具、材料进行清理检查扣 5 分		
5	核对现场	（1）核对线路名称、杆号； （2）核对现场情况，检查塔脚及四方拉线，并确认无误； （3）查看需要补装塔材的具体位置和补装数量	20	（1）没有核对线路名称、杆号扣 10 分； （2）登塔前没有检查塔脚及四方拉线扣 10 分		
6	检测工具	（1）对安全用具、绳索及专用工具进行外观检查及冲击试验； （2）对绝缘工具进行分段绝缘电阻检测	10	（1）没有对安全用具、绳索及专用工具进行外观检查扣 5 分； （2）没有对绝缘工具进行分段绝缘电阻检测扣 5 分		

		评分标准				
序号	作业名称	质量要求	分值	扣分标准	扣分原因	得分
7	登塔	（1）核对线路名称、杆号无误后，作业人员携带传递绳登上杆塔； （2）到达工作位置后系好安全带，放置传递绳至地面	10	（1）安全带系挂不正确扣5分； （2）没有使用后备绳的安全带扣5分		
8	补装螺栓、塔材	（1）作业人员对现场丢失的塔材、螺栓的数量和规格尺寸进行统计、测量，检查缺材处杆塔是否变形，若变形，塔材打孔时应向变形相反的方向留出预偏，用小钢钎撬正后安装； （2）作业人员下塔至地面，根据记录的数据及杆塔设计图纸选择角钢的规格尺寸，利用钢锯、打孔器进行塔材加工； （3）加工好的塔材边角应使用防锈漆涂刷； （4）塔材加工好后，作业人员登杆，并在地面配合人员配合下将待装角钢、螺栓用工具袋起吊至合适位置后严格按照安装工艺质量要求进行安装	20	（1）在杆塔上移位时失去安全的保护一次扣2分； （2）未检查变形扣5分； （3）没有按尺寸加工塔材扣3分； （4）选用塔材规格型号与图纸不符扣10分； （5）使用钢锯不熟练扣2分； （6）打孔器操作错误扣3分； （7）加工好的塔材边角没有涂刷防锈漆扣3分； （8）安装螺栓时，用手指对孔扣2分		
9	返回地面	（1）安装结束后，整理工具材料，确认设备上无其他工具和材料等遗留物； （2）塔上作业人员携带绳索等工器具回到地面	5	（1）塔上有工具和材料等遗留物扣3分； （2）没有使用工具袋传递工器具扣2分		
10	安全文明生产	文明生产，禁止违章操作，不发生安全生产事故。操作过程熟练，工具、材料存放整齐，现场清理干净	10	（1）发生不安全现象扣5分； （2）工具材料乱放扣3分； （3）现场未清理干净扣2分		
考试开始时间			考试结束时间		合计	
考生栏	编号：	姓名：	所在岗位：	单位：	日期：	
考评员栏	成绩：	考评员：		考评组长：		

一、检修

(一) 工器具、材料

数码相机、喷壶、软梯、安全帽、安全带、记号笔、HTC-1温湿表、防坠装备、0.5t滑轮1个、40m传递绳1根、个人保安线。

(二) 安全要求

1. 防止触电伤人措施

登杆前核对线路名称及杆号；如有同杆架设未停电线路，严禁进入未停电侧横担；接触或接近导线前，应使用个人保安线。

2. 防止倒杆伤人措施

登杆前检查杆塔基础及塔脚是否牢固。

3. 防止高空坠落措施

登杆前要检查登高工具、安全带、防坠装备（双钩、安全绳、抓绳器）是否完整牢固，对安全带做冲击试验；作业人员上下塔必须使用防坠装备，高空作业中安全带应系在牢固的构件上，并采用高挂低用的方式，在转移作业位置时不准失去安全保护；作业人员进行复合绝缘子憎水性测试时，必须使用软梯，下软梯前安全带和后备绳双重保护应系牢靠，作业人员上下软梯时要注意防止踩空滑落。

4. 防止坠物伤人措施

杆塔作业应使用工具袋，作业现场人员必须戴好安全帽，工作点下方应按坠落半径设置围栏或其他保护措施。

(三) 施工步骤

1. 准备工作

(1) 正确规范着装。

(2) 准备工器具及做外观检查。

2. 工作过程

(1) 得到工作负责人开工许可后，塔上电工核对线路名称、杆号后，携带传递绳登塔至横担适当位置，系好安全带，将滑轮及传递绳在作业横担的适当位置安装好。

（2）地面电工用传递绳将软梯、个人保安线等工器具传递给塔上电工。

（3）塔上电工挂设个人保安线，并在横担适当位置安装软梯。

（4）塔上电工下软梯开始绝缘子憎水性测试操作并记录拍照。

（5）绝缘子测试完毕后，塔上电工拆除软梯和个人保护线，并同地面电工配合，将软梯和个人保护线下传至地面。

（6）塔上电工检查确认塔上无遗留工具，得到工作负责人同意后携带传递绳平稳下塔。

3．工作终结

（1）整理记录资料。

（2）清理现场，向工作负责人报完工。

（四）技术要求

（1）复合绝缘子憎水性测试每年抽测一次，抽测数量一般为每条线路挂网运行复合绝缘子总数的 10%。

（2）喷水装置的喷嘴应距绝缘子约 25cm，每秒喷水 1 次，每次喷水量为 0.7～1mL，共喷射 25 次，喷射角为 50°～70°，喷射后表面应有水分流下，喷射方向尽量垂直于试品表面。

（3）绝缘子表面受潮情况应为 6 个憎水性等级（HC）中的一种，憎水性分级见表 SX311-1，根据憎水性分级示意图和等级判断标准表进行憎水性等级判断，憎水性分级制（HC 值）应在喷水结束后 30s 内完成。

（4）检测时试品与水平面呈 20°～30°倾角，复合绝缘子表面测试面积应在 50～100cm^2 之间。

（5）检测作业需选择晴好天气进行，若遇雨雾天气，应在雨雾停止四天后进行。

表 SX311-1　　　　　　　复合绝缘子表面水滴状态及憎水性分级标准

等级	HC 值	表面水滴状态描述
1	HC1	只有分离的水珠，水珠的后退角 $\theta_r \geqslant 80°$，且水珠分布均匀
2	HC2	只有分离的水珠，水珠的后退角 $50° < \theta_r < 80°$，水珠一般为圆的
3	HC3	只有分离的水珠，水珠的后退角 $20° < \theta_r < 50°$，水珠一般不是圆的
4	HC4	同时存在分离的水珠与水带，完全湿润的水带面积小于 2cm^2，总面积小于被测区域面积的 90%
5	HC5	完全湿润总面积大于被测区域面积的 90%，仍存在少量干燥区域
6	HC6	整个被测区域形成连续的水膜

二、考核

(一) 考核场地

(1) 在不带电的培训线路上模拟运行中线路操作，设置 2～3 基直线杆塔，杆塔绝缘子为复合绝缘子。

(2) 给定线路检修时已办理工作票，线路上验电接地的安全措施已完成，配有一定区域的安全围栏。

(3) 设置 2～3 套评判桌椅和计时秒表。

(二) 考核时间

(1) 考核时间为 45min。

(2) 考评员宣布开始后记录考核开始时间。

(3) 现场清理完毕后，汇报工作终结，记录考核结束时间。

(三) 考核要点

(1) 要求一人操作，一人塔下配合。考生就位，经考评员许可后开始工作。

(2) 考生规范穿戴工作服、绝缘鞋、安全帽等；工器具选用满足工作需要，并进行外观检查。

(3) 登杆。

1) 技术要求。动作熟练，平稳登杆。

2) 安全要求。登杆前要核对名称、杆号，对检查登高工具进行外观检查。高空作业中安全带的挂钩或绳子应挂在结实牢固的构件上，并采用高挂低用的方式，作业过程中应随时检查安全带是否拴牢，在转移作业位置时不准失去安全保护。

(4) 塔上作业人员应使用工具袋，上下传递物件应用绳索传递，严禁抛掷，作业人员应防止高空落物；测试用水必须是纯净水或干净的自来水，测试用喷壶必须是质量好，能方便、稳定的调节雾状水流。

(5) 测试要点。

1) 安全用具及软梯安装固定好后，作业人员开始对复合绝缘子进行憎水性测试工作。

2) 测试人员要在复合绝缘子串的上中下三处测试位置进行喷洒水雾。

3) 喷水装置采用质量较好的喷壶，可以方便、稳定地调节出雾状水流并应满足：每次喷水量为 0.7～1mL；喷射水流散开角度为 50°～70°。

4) 测试方法要求在喷水设备喷嘴距复合绝缘子伞裙表面 25cm，每秒喷水 1次，共 25 次，喷水后表面应有水分流下。

5）喷射方向应垂直于伞群表面，憎水性分级的 HC 值的读数应在喷水结束后 30s 以内完成，试品与水平面呈 20°～30°左右倾角；复合绝缘子表面测试面积应在 50～100cm² 之间。

6）在每个复合绝缘子喷洒处要标明塔号、相别和位置，用数码像机拍摄喷洒处的憎水性情况测试结果按要求及时、详细的做好记录。

（6）下杆。杆上作业完成后，清理杆上遗留物，得到工作负责人许可后下杆，下杆动作平稳。

（7）自查验收。清理现场施工作业结束后，按要求清理施工现场，整理工具，向考评员报完工。

（8）安全文明生产，按规定时间完成，按所完成的内容计分，要求操作过程熟练连贯，施工有序，工具、材料存放整齐，现场清理干净。

三、评分参考标准

行业：电力工程　　　　　工种：送电线路工　　　　　等级：三

编号	SX311	行为领域	e	鉴定范围	
考核时间	45min	题型	A	含权题分	25分
试题名称	110kV 架空线路复合绝缘子憎水性测试				
考核要求及要点	（1）规范穿戴工作服、绝缘鞋、安全帽等。 （2）工器具选用满足工作需要，进行外观检查。 （3）登塔及下塔合理使用安全工器具，过程平稳有序。 （4）测量过程正确规范，测量数据记录清晰完整。 （5）操作时间为 45min，时间到终止作业				
现场设备、工具、材料	码相机、喷壶、软梯、安全帽、安全带、记号笔、HTC-1温湿表、防坠装备、0.5t 滑轮 1 个、40m 传递绳 1 根、个人保安线				
备注	给定线路检修时已办理工作票，线路上验电接地的安全措施已完成，设定考评员为工作负责人，考生作业前向考评员报开工，考生仅需完成一相绝缘子串的测试				

			评分标准				

序号	作业名称	质量要求	分值	扣分标准	扣分原因	得分
1	工作前的准备	（1）正确佩戴安全帽、穿工作服、穿绝缘鞋、戴手套	5	1）未着装扣5分； 2）着装不规范扣3～5分		
		（2）选用工器具，工器具做外观检查	10	1）工器具选用不当，每项扣3分； 2）未做外观检查，每项扣2分		

		评分标准				
序号	作业名称	质量要求	分值	扣分标准	扣分原因	得分
2	登杆	(1) 登杆前要核对线路名称及编号	5	未核对扣5分		
		(2) 防坠装备使用：使用防坠装备（双钩）登塔，作业人员将其中一个挂钩挂在身体上方的塔材上，然后登塔，当该挂钩处于身体下方时，将另一个挂钩挂于身体上方的塔材上，并取下前一个挂钩，登杆平稳	5	1）未使用防坠装备扣5分； 2）使用不熟练扣2~3分		
3	杆上准备	(1) 安全带的使用：安全带的挂钩或绳子应挂在结实牢固的构件上，并采用高挂低用的方式，作业过程中应随时检查安全带是否牢靠，在转移作业位置时不准失去安全保护	5	1）安全带低挂高用，扣3分； 2）在转移作业位置时失去安全带保护扣5分		
		(2) 传递工器具：塔上作业人员应使用工具袋，上下传递物件应用绳索传递，严禁抛掷，作业人员应防止高空落物；传递绳上升部分与吊绳尾绳不缠绕	5	1）未使用工具袋扣5分； 2）随意抛掷工器具扣5分； 3）作业过程中高空落物，每掉一次扣2分		
		(3) 挂接个人保安线：先接接地端，后接导线端	10	1）未使用个人保安线扣10分； 2）操作顺序不对扣10分		
		(4) 安装软梯：在横担适当位置安装软梯	5	软梯安装位置不正确扣5分		
4	测试	(1) 调整喷水装置：喷水装置调节出雾状水流并应满足：每次喷水量为0.7~1mL；喷射水流散开角度为50°~70°	5	操作不当扣2~5分		
		(2) 喷水：测试时在喷水设备喷嘴距复合绝缘子伞裙表面25cm，每秒喷水1次，共25次，喷水后表面应有水分流下	5	操作不当扣2~10分		
		(3) 读取HC值：喷射方向应垂直于伞群表面，憎水性分级的HC值的读数应在喷水结束后30s以内完成，试品与水平面呈20°~30°左右倾角；复合绝缘子表面测试面积应在50~100cm² 之间	5	操作不当扣2~10分		

		评分标准				
序号	作业名称	质量要求	分值	扣分标准	扣分原因	得分
4	测试	（4）记录保存数据：在每个复合绝缘子喷洒处要标明塔号、相别和位置，用数码像机拍摄喷洒处的憎水性情况	10	未记录保存数据扣3~5分		
		（5）其他：复合绝缘子串需对上中下三处测试位置进行喷洒水雾	5	漏测每处扣3分		
5	工器具传递至地面	将工器具通过传递绳传递至地面	5	（1）传递在空中缠绕扣3分；（2）传递的工器具在空中脱落，扣5分		
6	人员下塔	清理杆上遗留物，得到工作负责人许可后携带传递绳平稳下塔，下杆过程平稳	5	（1）杆塔上有遗留物扣5分；（2）下杆不平稳扣2分		
7	工作终结	（1）清理现场：将工器具整理打包，并检查工作场地无遗留物	5	未清理现场扣5分		
		（2）填写测试记录：将照片取样与憎水性级别表对照，填写测试记录，测试记录见表SX311-2	5	1）未填写测试记录扣5分；2）填写不正确，每处扣3分		
考试开始时间			考试结束时间		合计	
考生栏	编号：　　　　姓名：		所在岗位：	单位：	日期：	
考评员栏	成绩：　　考评员：			考评组长：		

表 SX311-2　　　　复合绝缘子憎水性测试工作记录表

序号	线路名称	杆塔号	相位	憎水性等级判断	测量日期	测量人员签字

一、施工

(一) 工器具、材料

(1) 工器具：安全帽、60t 以上液压机及钢模、液压管（压模）、1000mm 断线钳、黑胶布、5m 卷尺、直板尺、游标卡尺、油盆、锉刀、专用毛刷、棉纱、手套、帆布、导线割刀、钢丝刷。

(2) 材料：LGJ－185/30 型导线 10m、NY－185/30 型直线压接管、导电脂、汽油。

(二) 安全要求

(1) 现场设置遮栏、标示牌。

(2) 全程使用劳动防护用品。

(3) 操作过程中，机械应严格按操作要求操作。

(4) 确保操作过程中的人身安全。

(三) 施工步骤

1. 作业流程

作业流程如图 SX201－1 所示。

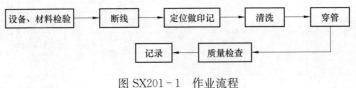

图 SX201－1　作业流程

2. 作业前的准备

(1) 着装。

(2) 选择工具，并做外观检查。

(3) 选择材料，并做外观检查。

(4) 液压设备及材料检验。

（5）对所使用的导线其结构及规格应认真进行检查，其规格应与工程设计相符，并符合国家标准的各项规定。

（6）所使用的待压管件应用精度为 0.02mm 游标卡尺测量受压部分的内外直径。外观检查应符合有关规定。用钢卷尺测量各部长度，其尺寸、公差应符合国家标准要求。

（7）在使用液压设备之前，应检查其完好程度，以保证正常操作，油压表应经过校核、检测。

（8）检验所用钢模尺寸是否与所压导、地线管规格相匹配。

（9）检查液压机是否能达到给定的出力。

3. 清洗

（1）对使用的接续管应用汽油清洗管内壁的油垢，并清除影响穿管的锌疤与焊渣，一般现洗现用，若要提前清洗，则清洗后应将管口两端临时封堵，并用塑料袋封装。

（2）清洗后，接续管应分类存放。

（3）钢芯铝绞线清洗的长度，对另一端应不短于半管长度的 1.5 倍。

（4）在铝管压接部位均匀涂上一层导电脂，以将外层铝股覆盖住，用钢丝刷沿钢芯铝绞线绞制方向对已涂电力脂部分进行擦刷，将液压后能与铝管接触的铝股表面全部刷到。

4. 割线及穿管

（1）直线接续管（钢芯对接式）。

1）剥铝股。自端头量 $0.5L+\Delta L$（L 为液压管的长度，ΔL 一般取值为 10mm）画印记 N，确定导线铝股开锯点 N 后，向端头反向量 20mm 处用 18 号铁丝绑扎，用钢锯在 N 点处切断外层及中层铝股，在切断内层铝股时，只割到每股直径的 3/4 处，再将铝股逐股掰断。对铝股锯断根部不平整处，用扁锉修平。切断铝股过程中需将钢芯扎牢。

2）套铝管。铝管自钢芯铝绞线一端套入。

3）穿钢管。将钢芯调直并保持绞制状态，从钢管两端穿入，穿入时顺绞线绞制方向旋转推入，直至两端头钢管内中点相抵，两端钢芯预留长度相等为止。

4）穿铝管。钢管压好后，找出压后中心，自中心向两端各量半铝管长度画印记 A，将铝管顺铝线绞制方向向另一侧推入，至两管口与印记 A 重合为止。直线接续管（钢芯对接式）接续方法如图 SX201-2 所示。

（2）直线接续管（钢芯搭接式）。

1）剥铝股：自端头量 $L+\Delta L$ 画印记 N，确定导线铝股开锯点 N 后，向端头反向量 20mm 处用 18 号铁丝绑扎，用钢锯在 N 点处切断外层及中层铝股，在切断内

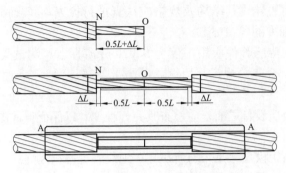

图 SX201-2　直线接续管（钢芯对接式）接续方法

层铝股时，只割到每股直径的 3/4 处作为切痕，再将铝股逐股掰断。

　　2）套铝管。铝管自钢芯铝绞线一端套入。

　　3）穿钢管。将钢芯散股调直，使其呈散股扁圆形，一端先穿入钢管，置于钢管内的一侧；另一端与已穿入的钢芯相对搭接穿入（不是插接），直至两端钢芯各露出 3～5mm 为止。

　　4）穿铝管。钢管压好后，找出压后中心，自中心向两端各量半铝管长度画印记 A，将铝管顺铝线绞制方向向另一侧推入，至两管口与印记 A 重合为止，如图 SX201-3 所示。

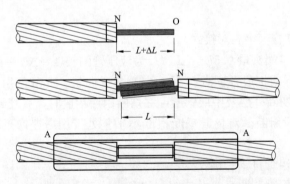

图 SX201-3　直线接续管（钢芯搭接式）接续方法

　　(3) 涂电力复合脂及清除导线铝股氧化膜，步骤如下：

　　1）涂电力复合脂及清除铝股氧化膜的范围为铝股进入铝管部分。

　　2）将铝股表面清洗并干燥后，再将电力脂薄薄地均匀涂上一层，以将外层铝股覆盖住。

　　3）用钢丝刷沿钢芯铝绞线轴线方向对已涂电力复合脂部分进行擦刷，将液压后能与铝管接触的铝股表面全部刷到。

（4）用接续管补修导、地线前，其覆盖部分的导、地线表面应用干净棉纱将泥土脏物擦干净（如有断股，应在断股两侧涂刷少量电脂），再套上接续管进行液压。

5. 液压操作

（1）压接步骤。

1）把钢锚放到液压机中，压缩钢锚。

2）从指示压缩开始的红色警戒标志开始。当压缩的时候，应该被确定一模重叠先前的压缩部分。重叠长度至少 5mm。

3）用游标卡尺压紧钢锚，检查被压缩的钢锚尺寸，检查合格后喷涂富锌漆防锈。

4）涂导电脂，穿铝管。

5）把铝质线夹放到千斤顶中。标出箭头记号（→），指示压缩开始点。当压缩的时候，应该被确定一模重叠先前的压缩部分，重叠长度至少 5mm。

6）用锉刀磨去压缩后的铝质线夹的飞边，用卡尺压紧线夹，检查被压缩的铝质线夹尺寸并记录。

（2）注意事项。

1）液压时所使用的钢模应与被压管相配套。凡上模与下模有固定方向时，则钢模上应有明显标记，不得错放，液压机的缸体应垂直地平面，并放置平稳。

2）被压管放入下钢模时位置应正确。检查定位印记是否处于指定位置，双手把住管、线后合上模。此时应使两侧导线与管保持平直状态，并与液压机轴心相一致，以减少管子受压后可能产生的弯曲，然后开动液压机，进行压接。

3）液压泵的操作必须使每模都达到规定的压力（80MPa），且在 80MPa 持续施压 2s，消除压接管回弹影响。

4）施压时，国产各类压接管相邻两模间至少叠模压接长度的 1/3。各种液压管在第一模压好后应检查压后对边距尺寸（用标准卡具检查），符合标准后再继续进行液压操作。

5）对钢模应进行严格检查，如发现有变形现象，应停止或修复后使用。

已压部分如有飞边时，除锉掉外还应用细砂纸将锉过处磨光。

（3）操作顺序。

1）钢芯铝绞线接续钢管液压顺序为：第一模压模中心与钢管中心重合，向一端连续施压，半边压好后同样操作压另一半。

2）钢芯铝绞线钢芯对接式铝管液压部位及操作顺序如图 SX201‐4 所示，内有钢管部分的铝管不压。

a. 钢管。第一模压在钢管中心，依次分别向管口端部施压，一侧压至管口后再压另一侧。

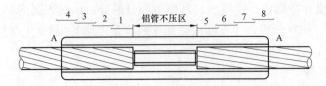

图 SX201-4　直线接续管（钢芯对接式）液压部位及操作顺序

　　b. 铝管。钢管压好后，要检查钢管压后尺寸，按钢管压后长度和铝管压前长度定位铝管非压区标记。套好铝管后，再检查铝管两端管口是否与印记 A 重合，第一模压在一侧施压印迹点，然后向管端施压，压至管口后再压另一侧。

　　3）钢芯铝绞线钢芯搭接式铝管液压部位及操作顺序如图 SX201-5 所示，铝管全压。

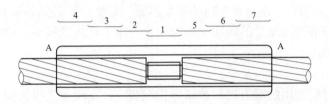

图 SX201-5　直线接续管（钢芯搭接式）液压部位及操作顺序

　　a. 钢管。第一模压在钢管中心，依次分别向管口端部施压，一侧压至管口后再压另一侧。

　　b. 铝管。钢管压好后，要检查钢管压后尺寸，按钢管压后长度和铝管压前长度定位铝管非压区标记。套好铝管后，再检查铝管两端管口是否与印记 A 重合，第一模压在一侧施压印迹点，然后向管端施压，压至管口后再压另一侧。

　　6. 质量标准及要求

　　（1）在压接断线之前，必须严格校核断线尺寸及线号。画好印记后应立即复查，以确保正确无误。

　　（2）导线的受压部分应平整完好，不存在必须处理的缺陷。

　　（3）液压的导线端部在割线前应先将线调直，并应有防止松散的扎线，切割时切口应与轴线垂直。

　　（4）切割导线铝股时严禁伤及钢芯。导线的连接部分不得有线股绞制不良、断股、缺股等缺陷。连接后管口附近不得有明显的松股现象。

　　（5）国产各种液压管压后对边距尺寸 s 的最大允许值为：$s=0.866 \times 0.993D + 0.2$，$s$ 的单位为 mm。但三个对边距只允许有一个达到最大值，超过此规定时应更换钢模重压。D 为管子外径。

（6）液压后管子不应有肉眼即可看出的扭曲及弯曲现象，压接后弯曲度不超过2%。有弯曲时应校直，校直后不应有裂缝。压后如有裂缝，应断开重压。

（7）各液压管施压后，应认真填写记录，液压操作人员自检合格后在管子上打上自己的钢印，质检人员在检查合格后，在记录表上签名。

（四）施工规范及要求

（1）施工区域设置安全围栏。

（2）现场安全设施的设置要要求正确、完备。安全遮栏设置，在施工人员出入口向外悬挂"从此进出"标示牌，在遮栏四周向外悬挂"在此施工，严禁入内"标示牌。

（3）液压泵操作人员应与压接操作员密切配合，并注意压力指示，不得过载。

（4）液压泵的安全溢流阀经整定后不得随意调整，并不得用溢流阀卸载。

（5）使用前检查液压机钳体与顶盖的接触面，液压机钳体有裂纹者严禁使用。

（6）液压机启动后先空载运行检查各部位的运行情况，正常后方可使用。压接钳活塞起落时，人体不得位于压接钳的上方。

（7）放入顶盖时，必须使顶盖与钳体完全吻合，严禁在未旋转到位的状态下压接。

（8）任何人员不得将手指伸入上下钢模之间。

（9）切割导、地线时应扎牢线头，并防止线头回弹伤人。

（10）操作人员必须经过培训，并熟悉操作。

（11）机动液压泵的传动部分应设防护罩，在施压时缸体垂直上方严禁有人作业。

（12）工器具和材料有序摆放。

（13）操作后必须对施工场地进行清理。

二、考核

（一）考核场地

（1）场地面积能同时满足两人操作，并保证工位间的距离合适，不应影响操作或对各方的人身安全，每工位 2m×3m。

（2）设置 2 套评判桌椅和计时秒表。

（二）考核时间

（1）考核时间为 40min。

（2）选用工器具、设备、材料时间 5min，时间到停止操作。

（3）许可开工后记录考核开始时间。

（4）现场清理完毕后，汇报工作终结，记录考核结束时间。

(三) 考核要点

(1) 一人操作，一人配合，经许可后开始工作，规范穿戴工作服、绝缘鞋、安全帽、手套等。

(2) 工器具选用满足工作需要，进行外观检查。

(3) 选用材料的规格、型号、数量符合要求，进行外观检查。

(4) 液压机的出力必须达 200t 以上，且液压机的动力源应与液压机要求相匹配。

(5) 各种液压钢模必须与所用钢管、铝管外径相配匹。

(6) 钢卷尺最小读数为 1mm，游标卡尺精度为 0.02mm。

(7) 现场安全文明生产。

(8) 操作结束后清理现场。

三、评分参考标准

行业：电力工程　　　　　　　　工种：送电线路工　　　　　　　　等级：二

编号	SX201	行业领域	e	鉴定范围	
考核时间	40min	题型	A	含权题分	25
试题名称	钢芯铝绞线直线管液压连接				
考核要点及要求	(1) 一人操作，一人配合，经许可后开始工作，规范穿戴工作服、绝缘鞋、安全帽、手套等。 (2) 工器具选用满足工作需要，进行外观检查。 (3) 选用材料的规格、型号、数量符合要求，进行外观检查。 (4) 现场安全文明生产。 (5) 操作结束后清理现场				
现场设备、工具、材料	(1) 工器具：安全帽、60t 以上液压机及钢模、液压管（压模）、1000mm 断线钳、导线割刀、钢丝刷、黑胶布、5m 卷尺、直板尺、游标卡尺、油盆、锉刀、专用毛刷、棉纱、手套、帆布。 (2) 材料：LGJ-185/30 型导线 10m、NY-185/30 型直线压接管、导电脂、汽油				
备注					

评分标准

序号	作业名称	质量要求	分值	扣分标准	扣分原因	得分
1	着装	正确佩戴安全帽，穿工作服，穿绝缘鞋	5	(1) 未着装扣 5 分； (2) 着装不规范扣 3 分		
2	工器具、材料准备	工器具、材料选用准确、齐全，工器具做外观检查	5	(1) 未对材料进行检查扣 2 分； (2) 未进行工器具检查扣 2 分； (3) 工具、材料漏选或有缺陷扣 1 分		

		评分标准				
序号	作业名称	质量要求	分值	扣分标准	扣分原因	得分
3	施工现场布置	施工区域设置安全围栏，工器具和材料有序摆放	5	（1）未设置安全围栏扣3分； （2）工器具、材料摆放不整齐扣2分		
4	钢芯铝绞线直线管液压连接	（1）割线及穿管： 1）自端头量0.5L＋ΔL画印记N，用钢锯在N点处切断外层及中层铝股； 2）对铝股锯断根部不平整处，用扁锉修平，切断铝股过程中需将钢芯扎牢； 3）将钢芯调直并保持绞制状态，从钢管两端穿入，穿入时顺绞线绞制方向旋转推入，直至两端头相抵，两端钢芯预留长度相等为止； 4）钢管压好后，找出压后中心，自中心向两端各量半铝管长度画印记A，将铝管顺铝线绞制方向向另一侧推入，至两管口与印记A重合为止； 5）用接续管补修导、地线前，其覆盖部分的导、地线表面应用干净棉纱将泥土脏物擦干净； 6）管长两记号内的导线表面涂导电脂，先将导电脂薄薄地均匀涂上一层，以将外层铝股覆盖住，再用钢丝刷沿钢芯铝绞线轴线方向进行擦刷	18	1）没有按要求画印记扣3分； 2）铝股锯断根部不平整扣3分； 3）两端钢芯预留长度不相等扣3分； 4）没有涂电力脂及清除导线铝股氧化膜扣3分； 5）没有进行铁丝绑扎扣2分； 6）没用使用棉纱将导、地线上的泥土脏物擦干净扣2分； 7）没有对使用的接续管用汽油清洗管内壁扣2分		
		（2）液压操作： 1）对钢模应进行严格检查，如发现有变形现象，应停止或修复后使用； 2）液压时所使用的钢模应与被压管相配套，凡上模与下模有固定方向时，则钢模上应有明显标记，不得错放，液压机的缸体应垂直地平面，并放置平稳； 3）被压管放入下钢模时位置应正确； 4）施压时，压接管相邻两模间至少叠模压接长度的1/3	20	1）没有对钢模应进行检查扣4分； 2）液压机操作不当扣4分； 3）液压时所使用的钢模应与被压管不配套扣4分； 4）被压管放入下钢模时位置不正确扣4分； 5）压接时，压接管相邻两模间叠模压接长度不合规定扣4分		

评分标准						
序号	作业名称	质量要求	分值	扣分标准	扣分原因	得分
4	钢芯铝绞线直线管液压连接	(3)操作顺序: 1)钢芯铝绞线接续钢管液压顺序,第一模压模中心与钢管中心重合,向一端连续施压,半边压好后同样操作压另一半; 2)钢管,第一模压后依次分别向管口端部施压,一侧压至管口后再压另一侧; 3)铝管,钢管压好后,要检查钢管压后尺寸,按钢管压后长度和铝管压前长度定位铝管压区	17	1)未接压接顺序压接扣3分; 2)钢管压接顺序错误扣3分; 3)铝管压接前没有按钢管压后长度和铝管压前长度定位铝管压区扣3分; 4)套好铝管后,没有检查铝管两端管口是否与印记重合扣3分; 5)中心每偏差1mm扣1分		
		(4)质量标准: 1)导线的受压部分应平整完好,不存在必须处理的缺陷; 2)液压后管子不应有肉眼即可看出的扭曲及弯曲现象,压接后弯曲度不超过2%,有弯曲时应校直,校直后不应有裂缝; 3)切割导线铝股时严禁伤及钢芯; 4)从第二模开始,相邻两模至少应重叠5mm	10	1)导线的受压部分不平整扣2分; 2)液压后管子有肉眼即可看出的扭曲及弯曲现象扣2分; 3)切割导线铝股时伤及钢芯扣4分; 4)压好后的钢管和铝管没有进行整理和锉平扣2分; 5)邻两模没有重叠扣2分		
5	外观检查	压接处平整,无毛刺,有无钢印	5	(1)压接不平整、有毛刺扣2分; (2)无钢印扣3分		
6	尺寸要求	测量压后对边距尺寸 s 是否符合计算要求,$s=0.866 \times 0.933D+0.2mm$($D$ 是压接管外径尺寸)	5	尺寸不正确扣5分		
7	安全文明生产	文明生产,禁止违章操作,不发生安全生产事故。操作过程熟练,工具、材料存放整齐,现场清理干净	10	(1)发生不安全现象扣5分; (2)工具材料乱放扣3分; (3)现场未清理干净扣2分		
考试开始时间				考试结束时间	合计	
考生栏	编号:	姓名:	所在岗位:		单位:	日期:
考评员栏	成绩:	考评员:		考评组长:		

110kV及以上架空输电线路故障巡视与事故分析

一、检修

(一) 工器具、材料

(1) 工器具：望远镜、数码相机、测高仪、照明工具、钢丝钳、300～350mm扳手、手锯等。

(2) 材料：螺栓、防盗帽、巡视记录本等。

(二) 安全要求

1. 防止环境意外伤害措施

巡线时应穿绝缘鞋或绝缘靴，雨、雪天路滑，慢慢行走，过沟、崖和墙时防止摔伤，不走险路。防止动物伤害，做好安全措施；偏僻山区巡线由两人进行。暑天、大雪天等恶劣天气，必要时由两人进行。

2. 防止触电伤害措施

巡线时应沿线路外侧行走，大风时应沿上风侧行走，发现导线断落地面或悬吊空中，应设法防止行人靠近断线地点 8m 以内，以免跨步电压伤人，并迅速报告领导，等候处理。事故巡线时，应始终认为线路带电。

3. 防止高空坠落措施

单人巡视时禁止攀登树木和杆塔。

4. 防止交通意外措施

穿过公路、铁路时，要注意瞭望，遵守交通法规、以免发生交通意外事故。

(三) 施工步骤

1. 巡视前的准备工作

(1) 查阅图纸资料及线路缺陷情况，明确工作任务、范围，掌握线路有关参数、特点及接线方式，根据保护动作和故障测距情况、气象条件，分析故障类型、故障相位，确定巡视范围、巡视重点。

(2) 准备工器具及材料。所需工具准确齐全，对安全工具、个人防护用品进行检查，确保所用安全工具、个人防护用品经试验并合格有效。

2. 现场巡视

（1）巡视人员由有线路工作经验的人员担任，经考核合格后方能上岗，严格实行专责制，负责对每条线路实行定期巡视、检查和维护。

（2）故障巡视应根据故障原因的初步分析结果采取不同巡视方式。遇到雷击、污闪、鸟害、风偏等应进行登杆检查；外力破坏、冰害、自然灾害、树（竹）线放电，以及永久性障碍宜先进行地面巡视，对外力破坏障碍的查找应强调快速性，接到调度信息后应立即派出人员赶往现场，并重点对施工、建房等隐患点进行排查，防止肇事方毁灭现场痕迹。

故障巡视人员必须认真负责，不能漏过任何一个可疑点，不能采取跳跃查线的方式，但可以重点对障碍相（极）进行检查，以提高故障巡视效率。

3. 巡视过程中资料收集

（1）雷击、污闪、冰闪等绝缘子闪络故障资料收集。

1）杆塔运行编号照片、地线及连接金具照片、故障相绝缘子串完整照片（能清楚显示绝缘子串型、绝缘子片数等）、绝缘子串表面放电痕迹照片、导线的放电痕迹照片、线夹和均压环等金具放电痕迹照片、接地引下线放电痕迹照片、大号侧通道照片、小号侧通道照片、杆塔所处地形图照片、相邻杆塔的痕迹照片等。照片分辨率应大于 1024×768 像素，且对焦清晰。

2）障碍点坐标信息。

3）障碍发生时天气信息，必要时须提供气象部门证明。

4）污闪障碍须收集附近污源信息、污秽物性质、现场污秽度检测结果。

5）冰闪障碍须收集覆冰厚度、覆冰种类等信息。

6）雷击障碍的接地电阻检测及接地网开挖检查结果、障碍点前后各 2 基塔（共 5 基塔）的断面图、雷电监测结果、杆塔单线图等。

7）其他必要的补充信息，如访谈记录等。

（2）外力破坏、山火、树（竹）线故障、交叉跨越故障、风偏、冰害等资料收集。

1）收集以下照片。导线的放电痕迹照片（地线的放电痕迹照片、塔身的放电痕迹照片、接地引下线放电痕迹照片）、通道照片、地形图照片、施工现场照片等。

2）障碍点坐标信息。

3）障碍发生时天气信息，必要时须提供气象部门证明。

4）其他必要的补充信息，包括访谈记录、附近环境，交跨、树木、建筑物和临时的障碍物、沿线的施工情况，杆塔下有无线头木棍、烧伤的鸟兽以及损坏了的绝缘子等物，发现与障碍有关的物件和可疑物时，应收集起来并进行拍照，作为障碍分析的依据。

（3）填写架空输电线路巡视检查记录表（见表 SX202－1）。

（4）填写事故分析报告。事故分析报告应包含线路事故情况介绍、故障巡视过程、事故线路及杆塔相关参数信息、事故现场情况描述（现场收集的资料）、事故分析、暴露问题及整改措施。

表 SX202－1　　　　　　　　架空输电线路巡视检查记录表

序号	检查项目	检查情况
1	沿线环境巡查	
1.1	线路附近违章施工触碰导线	
1.2	违章采石（矿）、爆破、上坟烧纸、燃放炮烛、放风筝等	
1.3	当地气象情况	
1.4	树木、建筑等	
1.5	山火情况	
2	杆塔、拉线和基础巡查	
2.1	杆塔倾斜或倾倒歪扭及杆塔部件锈蚀变形、缺损	
2.2	拉线杆塔因拉线及金具断、脱而变形或倾倒	
2.3	杆塔基础土体滑坡、塌陷	
3	导、地线（包括耦合地线、屏蔽线）巡查	
3.1	导、地线断落地面、悬吊在空中	
3.2	导、地线锈蚀、断股、损伤或闪络烧伤	
3.3	导、地线接续管抽脱	
3.4	导、地线上扬、震动、舞动、脱冰跳跃，相分裂导线鞭击，扭绞、粘连	
3.5	引流线断股、歪扭变形，与杆塔空气间隙发生变化	
3.6	导线对地、对交叉跨越设施及其他物体距离变化	
3.7	导、地线上悬挂有异物	
4	绝缘子、绝缘横担及金具巡查	
4.1	瓷绝缘子、瓷横担瓷质裂纹、破碎，钢化玻璃绝缘子爆裂	
4.2	合成绝缘子闪裙破裂、烧伤；金具、均压环变形、锈蚀、闪络等异常情况	
4.3	绝缘子、绝缘横担有闪络痕迹和局部火花放电留下的痕迹	
4.4	绝缘子、绝缘横担有积雪、结冰	
4.5	绝缘子串、绝缘横担偏斜	

序号	检查项目	检查情况
5	防雷设施和接线装置巡查	
5.1	放电间隙变动、烧损	
5.2	避雷器、避雷针等防雷装置和其他设备的连接、固定情况	
5.3	避雷器、避雷针计数器动作情况	
5.4	接地线与杆塔连接处有无放电痕迹	
6	附件及其他设施巡查	
6.1	预绞丝断股或烧伤	
6.2	阻尼线变形、烧伤，绑线松动	
6.3	相分裂导线线夹脱落，连接处磨损和放电烧伤	
塔号	线路缺陷记录	处理意见

二、考核

(一) 考核场地

在培训基地杆塔上实施考试，塔上预先设置几个隐患点；或在实际运行线路上考核。

(二) 考核时间

(1) 考核时间为 60min。

(2) 考评员宣布开始后记录考核开始时间。

(3) 现场清理完毕后，汇报工作终结，记录考核结束时间。

(三) 考核要点

(1) 线路巡视前，首先要做好危险点分析与预控工作，确保巡视人员人身安全；其次要做好相关资料分析整理工作，明确巡视工作的重点。

(2) 故障巡视应根据故障原因的初步分析结果采取不同巡视方式。遇到雷击、污闪、鸟害、风偏等应进行登杆检查；外力破坏、冰害、自然灾害、树（竹）线放电，以及永久性障碍宜先进行地面巡视，对外力破坏障碍的查找应强调快速性，接到调度信息后应立即派出人员赶往现场，并重点对施工、建房等隐患点进行排查，防止肇事方毁灭现场痕迹。

（3）故障巡视人员必须认真负责，不能漏过任何一个可疑点，不能采取跳跃查线的方式，但可以重点对障碍相（极）进行检查，以提高故障巡视效率。

（4）严格遵守现场巡视作业流程，巡视到位，认真检查线路各部件运行情况，发现问题及时汇报。及时填写巡视记录及缺陷记录。发现重大、紧急缺陷时立即上报有关人员。

（5）登杆巡视前要核对线路名称、杆号，检查登高工具是否在试验期限内，对安全带和防坠装置做冲击试验。高空作业中动作熟练，站位合理。安全带应系在牢固的构件上，并系好后备保护绳，确保双重保护。转向移位穿越时不得失去保护。作业时不得失去监护。

（6）杆塔上巡视完成后，清理杆上遗留物，得到工作负责人许可后方可下杆。

（7）故障分析可采用典型事故案例的相关原始资料，给考生分析。

三、评分参考标准

行业：电力工程　　　　　　　　工种：送电线路工　　　　　　　　等级：二

编号	SX202	行为领域	e	鉴定范围	
考核时间	60min	题型	A	含权题分	35
试题正文		110kV 及以上架空输电线路故障巡视与事故分析			
考核要点及其要求		(1) 在培训基地杆塔上实施考试，塔上预先设置几个隐患点。 (2) 按地面巡视要求准备工器具及材料。 (3) 根据作业指导书（卡）完成巡视工作，并填写巡视记录。 (4) 操作时间为 60min，时间到停止作业。 (5) 本项目为单人操作，现场配辅助作业人员一名			
现场设备、工具、材料		(1) 工器具：望远镜、数码相机、测高仪、照明工具、钢丝钳、扳手、手锯等。 (2) 材料：螺栓、防盗帽、巡视记录本等			
备注		根据考题现场抽签确定考核内容，60min 完成			
评分标准					

序号	作业名称	质量要求	分值	扣分标准	扣分原因	得分
1	着装	穿长袖工作服、戴安全帽、穿绝缘鞋	2	不正确着装扣 2 分		
2	个人工具选用	望远镜、手锯、数码相机、测高仪、钳子、扳手 300~350mm	5	(1) 工具选择不准确每件扣 1 分； (2) 工具使用不准确每次扣 2 分		

序号	作业名称	质量要求	分值	扣分标准	扣分原因	得分
		评分标准				
3	材料准备	螺栓、防盗帽等	3	错、漏一件扣1分		
4	故障点判定	（1）为了快速的寻找故障地点，必须借助于线路保护的动作情况及保护故障测距所提供的数据。如果线路采用三段过流保护，则当速断保护动作，故障多发生在线路的末端之前；若带时限保护动作，则故障多发生在本段线路末端和相邻线路的首端；若过电流保护动作，则故障多发生在下一段线路中。（2）巡线时，应该事先查明保护动作情况，故障测距数据，以确定重点巡视的范围	20	（1）结合线路事故跳闸后，继电保护及自动装置的动作情况、故障测距、线路基本情况及沿线气象条件等资料，综合分析判断故障性质、故障范围。故障性质判断不准确扣10分。（2）故障范围判断不准确扣10分		
5	故障巡视	（1）故障巡线中尽管确定了巡视重点，还必须对全线进行巡视，不得中断遗漏；（2）故障巡线中，巡视人员应对沿线群众进行调查了解事故经过和现象；（3）对发现可能造成故障的所有物件均应收集带回，并对故障情况作详细记录，供分析故障参考之用	25	（1）根据故障点判断结果，对可能发生故障的杆塔进行巡视检查，找到故障点。故障巡视遗漏每类扣5分；（2）未发现故障点扣20分；（3）未收集故障资料扣10分；（4）收集不全扣5～10分		
6	安全注意事项	（1）巡视人员发现导线断落地面或悬吊空中，应设法防止行人靠近断线地点8m以内，以免跨步电压伤人，并迅速报告调度和上级等候处理；（2）故障巡线应始终认为线路带电	5	违反巡视作业安全注意事项扣10分		
7	巡视记录	认真填写巡视记录	5	巡视记录不全扣2～10分		
8	事故分析报告	事故分析报告应包含线路事故情况介绍、故障巡视过程、事故线路及杆塔相关参数信息、事故现场情况描述（现场收集的资料）、事故分析、暴露问题及整改措施	30	（1）事故分析报告内容不全每项扣3～5分；（2）事故分析报告内容描述不准确每项扣3～5分		

		评分标准				
序号	作业名称	质量要求	分值	扣分标准	扣分原因	得分
9	其他要求	（1）文明生产：符合文明生产要求；工器具在操作中归位；工器具及材料不应乱扔乱放	3	1）操作中工器具不归位扣2分； 2）工器具及材料乱扔乱放每次扣1分		
		（2）安全施工：做到"三不伤害"	2	施工中造成自己或别人受伤扣2分		
考试开始时间			考试结束时间		合计	
考生栏	编号：	姓名：	所在岗位：	单位：	日期：	
考评员栏	成绩：	考评员：		考评组长：		

SX203　停电测量110kV线路绝缘子绝缘电阻

一、检修

(一) 工器具、材料

SJC-5型绝缘子测试仪、个人保安线、0.5t滑车、40m传递绳1根、遮栏（围栏）、安全帽、安全带、工具袋、笔、笔记本等、防坠装备。

(二) 安全要求

1. 防止触电措施

(1) 登杆塔前必须仔细核对线路名称、杆号，多回线路还应核对线路的识别标记，确认无误后方可登杆。

(2) 严格执行Q/GDW 1799.2—2013《国家电网公司电力安全工作规程　线路部分》保证安全的技术措施。

(3) 登杆塔作业人员、绳索、工器具及材料与带电体保持规定的安全距离。

2. 防止高空坠落措施

(1) 攀登杆塔作业前，应检查杆塔根部、基础和拉线是否牢固。

(2) 攀登杆塔作业前，应先检查登高工具、设施，如安全带、脚钉、爬梯、防坠装置等是否完整牢靠。上下杆塔必须使用防坠装置。

(3) 在杆塔上作业时，应使用有后备绳或速差自锁器的双控背带式安全带，安全带和后备保护绳（速差自锁器）应分挂在杆塔不同部位的牢固构件上，应防止安全带从杆顶脱出或被锋利物损坏。人员在转位时，手扶的构件应牢固，且不得失去安全保护。

3. 防止落物伤人措施

(1) 现场工作人员必须正确佩戴安全帽。

(2) 高处作业应使用工具袋，较大有工器具应固定在牢固的构件上，不准随便乱放，上下传递物件应用绳索拴牢传递，严禁上下抛掷。

(3) 在进行高空作业时，不准他人在工作地点的下面通行或逗留，工作地点下面应有围栏或装设其他保护装置，防止落物伤人。

（三）施工步骤

1. 准备工作

（1）着装整理。

（2）摆放工器具及做外观检查。

（3）对绝缘子测试仪进行开、短路试验，检查绝缘子测试仪是否完好。

2. 工作过程

（1）得到工作负责人开工许可后，塔上电工核对线路线路名称、杆号后，携带传递绳登塔至横担适当位置，系好安全带及后备保护绳，将滑轮及传递绳在作业横担的适当位置安装好。

（2）地面电工用传递绳将个人保安线等工器具传递给塔上电工。

（3）塔上电工挂设个人保安线。

（4）塔上电工沿绝缘子串逐片对绝缘子进行测量。

（5）测量过程中测量人员必须先打开探杆，并与被测件良好接触，长按测量键，当显示阻值趋于稳定时读取阻值，并进行记录。

（6）绝缘子测试完毕后，塔上电工拆除个人保护线，并同地面电工配合，将个人保护线下传至地面。

（7）塔上电工检查确认塔上无遗留工具，得到工作负责人同意后携带传递绳平稳下塔。

（四）绝缘电阻表使用要求

（1）禁止在雷电时或高压设备附近测绝缘电阻，只能在设备不带电，也没有感应电的情况下测量。

（2）进行开、短路试验，证实绝缘电阻表完好方可进行测量。

（3）在测量过程中，不要触摸探杆，以免触电。

（4）测量完毕后，应取下电池，防止电池漏电，腐蚀电池片。

二、考核

（一）考核场地

（1）在不带电的培训线路上模拟运行线路操作，选用耐张杆塔瓷绝缘子测量。

（2）测量线路工作票、现场安全措施已完成，配有一定区域的安全围栏。

（3）设置 2～3 套评判桌椅和计时秒表。

（二）考核时间

（1）考核时间为 30min。

（2）考评员宣布开始后记录考核开始时间。

（3）现场清理完毕后，汇报工作终结，记录考核结束时间。

（三）考核要点

（1）要求一人操作，一人塔下配合。考生就位，经考评员许可后开始工作。

（2）考生规范穿戴工作服、绝缘鞋、安全帽等；工器具选用应满足工作需要，并进行外观检查。

（3）登杆。

1）技术要求。动作熟练，平稳登杆。

2）安全要求。登杆前要核对名称、杆号，对检查登高工具进行外观检查。高空作业中安全带的挂钩或绳子应挂在结实牢固的构件上，并采用高挂低用的方式，作业过程中应随时检查安全带是否拴牢，在转移作业位置时不准失去安全带的保护。

（4）塔上作业人员应使用工具袋，上下传递物件应用绳索传递，严禁抛掷，作业人员应防止掉东西。

（5）塔上电工沿绝缘子串逐片对绝缘子进行测量，测量过程中测量人员必须先打开探杆，并与被测件良好接触，长按测量键，当显示阻值趋于稳定时读取阻值，并进行记录。

（6）下杆。

1）技术要求。杆上作业完成后，清理杆上遗留物。

2）得到工作负责人许可后下杆，下杆平稳。

（7）安全文明生产，按规定时间完成，按所完成的内容计分，要求操作过程熟练连贯，施工有序，工具、材料存放整齐，现场清理干净。

三、评分参考标准

行业：电力工程　　　　　　工种：送电线路工　　　　　　等级：二

编号	SX203	行为领域	e	鉴定范围	
考核时间	30min	题型	A	含权题分	25
试题名称	停电测量110kV线路绝缘子绝缘电阻				
考核要求及要点	（1）规范穿戴工作服、绝缘鞋、安全帽等。 （2）工器具选用满足工作需要，进行外观检查。 （3）登塔及下塔合理使用安全工器具，过程平稳有序。 （4）测量过程正确规范，测量数据记录清晰完整				
现场设备、工具	SJC-5型绝缘子测试仪、个人保安线、0.5t滑车、40m传递绳1根、遮栏（围栏）、安全帽、安全带、工具袋、笔、笔记本等、防坠装备				
备注	给定线路检修时已办理工作票，线路上验电接地的安全措施已完成，设定考评员为工作负责人，考生作业前向考评员报开工，考生仅需完成一相绝缘子串的测试				

序号	作业名称	质量要求	分值	扣分标准	扣分原因	得分
				评分标准		
1	着装	正确佩戴安全帽，穿工作服，穿绝缘鞋，戴手套	5	(1) 未着装扣5分； (2) 着装不规范扣3~5分		
2	工器具选用与检查	(1) 工器具选用：工器具选用满足施工要求，工器具做外观检查	5	1) 工器具选用不当扣3分； 2) 未做外观检查扣2分		
		(2) 检测仪外观及性能检查： 1) 检查测试仪有无有效的检测合格证； 2) 给绝缘子测试仪安装电池，并检查电池电量，对绝缘子测试仪进行开、短路试验，检查绝缘子测试仪是否完好	15	1) 未检查扣5分； 2) 未检查电池电量扣2分； 3) 未做开路试验扣5分； 4) 未做短路试验扣5分		
3	测量	(1) 登杆：登杆前要核对线路编号。登杆平稳。高空作业中安全带应系在牢固的构件上，并系好后背绳，确保双重保护。转向移位穿越时不得失去安全保护	10	1) 登杆不平稳扣1~5分； 2) 未打双重保护扣5分； 3) 换位时失去安全带保护扣5分		
		(2) 挂接 个人保安线：先 接接地端，后接导线端	5	操作顺序不对扣5分		
		(3) 绝缘子检测： 1) 塔上电工沿绝缘子串逐片对绝缘子进行测量，不得漏测； 2) 测量过程中测量人员必须先打开探杆，并与被测件良好接触，长按测量键，当显示阻值趋于稳定时读取阻值，并进行记录； 3) 在测量过程中，不要触摸探杆	30	1) 未逐片对绝缘子进行测量扣5~10分； 2) 读数不准确扣5~10分； 3) 测量过程中触摸探杆扣5~10分		
		(4) 工器具传递至地面：将工器具通过传递绳传递至地面	5	未用传递绳传递工具扣3~5分		
		(5) 人员下塔：清理杆上遗留物，得到工作负责人许可后下杆	5	未清理杆塔遗物扣5分		
		(6) 填写检修记录：整理测量的绝缘子阻值，记录资料见表SX203-1并归档	10	未整理记录资料扣5分		

评分标准							
序号	作业名称	质量要求	分值	扣分标准		扣分原因	得分
4	判断不合格的绝缘子	小于 300MΩ 判定为不合格绝缘子	5	判定不对扣 5 分			
5	清理现场	将工器具整理打包,并检查工作场地无遗留物	5	未清理现场扣 5 分			
考试开始时间				考试结束时间		合计	
考生栏	编号:	姓名:		所在岗位:	单位:	日期:	
考评员栏	成绩:	考评员:			考评组长:		

表 SX203-1   架空线路带电检测零值绝缘子记录表

线路名称:			杆塔号:							记录人:		
相别	绝缘子位置		1	2	3	4	5	6	7	8	9	10
	多号侧绝缘子串	内侧绝缘子串										
		外侧绝缘子串										
	少号侧绝缘子串	内侧绝缘子串										
		外侧绝缘子串										
	吊瓶串	多号侧绝缘子串										
		少号侧绝缘子串										
	多号侧绝缘子串	内侧绝缘子串										
		外侧绝缘子串										
	少号侧绝缘子串	内侧绝缘子串										
		外侧绝缘子串										
	吊瓶串	多号侧绝缘子串										
		少号侧绝缘子串										
	多号侧绝缘子串	内侧绝缘子串										
		外侧绝缘子串										
	少号侧绝缘子串	内侧绝缘子串										
		外侧绝缘子串										
	吊瓶串	多号侧绝缘子串										
		少号侧绝缘子串										

注 绝缘子编号以横担侧绝缘子为小号,导线侧绝缘子为大号。

一、施工

(一) 工器具、材料

(1) 工器具：个人工具、防护用具、110kV验电器、接地线、围栏、安全标示牌（"在此工作!"一块、"从此进出"一块）、拔销器、2m软梯、抹布、1t滑车、φ12传递绳50m、1.5t提线工具（双钩紧线器）、横担挂座、φ11～φ14钢丝绳套导线保护绳、防坠装置。

(2) 材料：110kV复合绝缘子、均压环。

(二) 安全要求

1. 防止触电措施

(1) 登杆塔前必须仔细核对线路名称、杆号，多回线路还应核对线路的识别标记，确认无误后方可登杆。

(2) 严格执行 Q/GDW 1799.2—2013《国家电网公司电力安全工作规程 线路部分》保证安全的技术措施。

(3) 登杆塔作业人员、绳索、工器具及材料与带电体保持规定的安全距离。

2. 防止高空坠落措施

(1) 攀登杆塔作业前，应检查杆塔根部、基础和拉线是否牢固。

(2) 攀登杆塔作业前，应先检查登高工具、设施，如安全带、脚钉、爬梯、防坠装置等是否完整牢靠。上下杆塔必须使用防坠装置。

(3) 在杆塔上作业时，应使用有后备绳或速差自锁器的双控背带式安全带，安全带和后备保护绳（速差自锁器）应分挂在杆塔不同部位的牢固构件上，应防止安全带从杆顶脱出或被锋利物损坏。人员在转位时，手扶的构件应牢固，且不得失去安全保护。

3. 防止落物伤人措施

(1) 现场工作人员必须正确佩戴安全帽。

(2) 高处作业应使用工具袋，较大有工器具应固定在牢固的构件上，不准随便乱放，上下传递物件应用绳索拴牢传递，严禁上下抛掷。

（3）在进行高空作业时，不准他人在工作地点的下面通行或逗留，工作地点下面应有围栏或装设其他保护装置，防止落物伤人。

4. 防止工器具失灵、导线脱落、绝缘子脱落等措施

（1）使用工具前应进行检查，严禁以小带大。

（2）检查金具、绝缘子的连接情况。

（3）提线工具收紧前，检查工器具连接情况是否牢固可靠。

（4）当采用单吊线装置时，应采取防止导线脱落的后备保护措施。

（三）施工步骤

1. 准备工作

（1）现场勘察。应明确现场检修作业需要停电的范围、保留的带电部位和现场作业的条件、环境及其他危险点等，了解杆塔周围情况、地形、交叉跨越等。

（2）相关资料。查阅图纸资料，明确塔型、呼称高、导线型号及复合绝缘子型号等，以确定使用的工器具、材料。

（3）工作票及任务单。工作票签发人根据现场情况等相关资料，签发工作票和任务单，根据 Q/GDW 1799.2—2013《国家电网公司电力安全工作规程　线路部分》和现场实际填写电力线路第一种工作票，工作负责人确认无误后接受工作票和任务单。

（4）着装。工作服、绝缘鞋、安全帽、手套穿戴正确。

（5）选择工具，做外观检查。选择工具、防护用具及辅助器具，并检查工器具外观完好无损，具有合格证并在有效试验周期内。

（6）选择材料，做外观检查。绝缘子外观合格，复合绝缘子伞裙、护套不应出现破损或龟裂，端头密封不应开裂、老化。均压环完好，光滑不变形，螺栓齐全。

2. 操作步骤

（1）上塔作业前的准备。

1）工作人员根据工作情况选择工器具及材料并检查是否完好。

2）工作人员核对线路名称、杆号，检查杆塔根部、基础拉线是否牢固。

3）地面作业人员在适当的位置将传递绳理顺确保无缠绕，对复合绝缘子和均压环进行外观检查。

4）按工作票的要求在工作地段前后杆塔的导线上验明确无电压后装设好接地线。

（2）登塔作业。

1）塔上作业人员检查登杆工具及安全防护用具并确保良好、可靠，并对登杆工具、安全防护用具和防坠装置做冲击试验。

2）塔上作业人员戴好安全帽，系好安全带、后备保护绳，携带传递绳开始登塔。禁止携带器材登杆或在杆塔上移位。杆塔有防坠装置的，应使用防坠装置，

铁塔没有防坠装置的，应使用双钩防坠装置。

（3）工器具安装。

1）杆塔上作业人员携带传递绳、滑车登杆至需更换复合绝缘子横担上方，将安全带、后备保护绳系在横担主材上，在横担的适当位置挂好传递绳。

2）地面作业人员将软梯、导线保护绳和提线工具（横担挂座、双钩紧线器）传递上杆塔。杆塔上作业人员在横担主材上打好软梯，对软梯进行冲击后下到导线上，将导线保护绳一端拴在横担的主承力部位上，另一端拴在导线上。

3）杆塔上作业人员将提线工具一端固定在横担的主承力部位上，另一端连接到导线上，收紧提线工具使之稍微受力。

（4）更换复合绝缘子。

1）杆塔上作业人员检查导线保护绳和提线工具的连接，并对提线工具进行冲击试验。无误后收紧提线工具，转移绝缘子荷载。

2）杆塔上作业人员用传递绳捆绑绝缘子串，然后拔出绝缘子串两端的弹簧销，取出旧绝缘子串，并传递至地面。

3）地面作业人员将组装好的复合绝缘子传递至杆塔上作业人员，杆塔上作业人员安装复合绝缘子。

4）杆塔上作业人员检查复合绝缘子连接无误后，稍松提线工具使复合绝缘子受力，检查复合绝缘子受力情况。

5）杆塔上作业人员确认复合绝缘子受力正常后，继续松提线工具到能够拆除为止。

（5）工器具拆除。杆塔上作业人员检查绝缘子安装质量无问题后，拆除提线工具、导线保护绳和软梯并分别传递至地面。

（6）下塔作业。塔上作业人员检查导线、复合绝缘子和横担上无任何遗留物后，解开安全带、后备保护绳，携带传递绳下塔。

3. 工作终结

（1）工作负责人确认所有施工内容已完成，质量符合标准，杆塔上、导线上、绝缘子串上及其他辅助设备上没有遗留的个人保安线、工具、材料等，查明全部工作人员确由杆塔上撤下后，再命令拆除工作地段所挂的接地线。

（2）清理地面工作现场，确认工器具均已收齐，工作现场做到"工完、料净、场地清"。并向工作许可人汇报作业结束，履行终结手续。

（四）工艺要求

（1）复合绝缘子的规格应符合设计要求，爬距应能满足该地区污秽等级要求，伞裙、护套不应出现破损或龟裂，端头密封不应开裂、老化。

（2）均压环安装位置正确，开口方向符合说明书规定，不应出现松动、变形，不得反装。

（3）复合绝缘子安装时应检查球头、碗头与弹簧销子之间的间隙。在安装好弹簧销子的情况下球头不得自碗头中脱出。严禁线材（铁丝）代替弹簧销。

（4）绝缘子串应与地面垂直，个别情况下，顺线路方向的倾斜度不应大于7.5°，或偏移值不应大于300mm。

（5）复合绝缘子上的穿钉和弹簧销子的穿向一致，均按线路方向穿入。使用W型弹簧销子时，绝缘子大口均朝线路后方。使用R型弹簧销子时，大口均朝线路前方。螺栓及穿钉凡能顺线路方向穿入者均按线路方向穿入，特殊情况为两边线由内向外穿，中线由左向右穿入。

（6）金具上所用的穿钉销的直径必须与孔径相配合，且弹力适度。穿钉开口销子必须开口60°～90°，销子开口后不得有折断、裂纹等现象，禁止用线材代替开口销子；穿钉呈水平方向时，开口销子的开口应向下。

（五）注意事项

（1）上下软梯时，手脚要稳，并打好后备保护绳，严禁攀爬复合绝缘子。

（2）作业区域设置安全围栏，悬挂安全标示牌。

（3）在脱离绝缘子串和导线连接前，应仔细检查承力工具各部连接，确保安全无误后方可进行。

（4）承力工器具严禁以小代大，并应在有效的检验期内。

二、考核

（一）考核场地

（1）考场可以设在两基培训专用110kV输电线路的直线杆上进行，杆上无障碍物，杆塔有防坠装置，不少于两个工位。

（2）给定线路检修时需办理的工作票，线路上安全措施已完成，配有一定区域的安全围栏。

（3）设置两套评判桌椅和计时秒表、计算器。

（二）考核时间

（1）考核时间为40min。

（2）考评员宣布开始后记录考核开始时间。

（3）现场清理完毕后，汇报工作终结，记录考核结束时间。

（三）考核要点

（1）要求一人操作，一人配合，一名工作负责人。考生就位，经许可后开始工作，规范穿戴工作服、绝缘鞋、安全帽、手套等。

（2）工器具选用满足工作需要，进行外观检查。

（3）选用材料的规格、型号、数量符合要求，进行外观检查。

（4）登杆塔前要核对线路名称、杆号，检查登高工具是否在试验期限内，对安全带和防坠装置做冲击试验。高空作业中动作熟练，站位合理。安全带应系在牢固的构件上，并系好后备绳，确保双重保护。转向移位穿越时不得失去保护。作业时不得失去监护。

（5）杆塔上作业完成，清理杆上遗留物，得到工作负责人许可后方可下杆。

（6）复合绝缘子的更换符合工艺要求。

（7）自查验收。清理现场施工作业结束后，工作负责人依据施工验收规范对施工工艺、质量进行自查验收，按要求清理施工现场，整理工具、材料，办理工作终结手续。

（8）安全文明生产，按规定时间完成，按所完成的内容计分，要求操作过程熟练连贯，施工有序，工具、材料存放整齐，现场清理干净。

（9）发生安全事故本项考核不及格。

三、评分参考标准

行业：电力工程　　　　　　工种：送电线路工　　　　　　等级：二

编号	SX204	行为领域	e	鉴定范围	
考核时间	40min	题型	A	含权题分	25
试题名称	110kV直线杆塔更换复合绝缘子				
考核要点及其要求	（1）按要求选择工具及材料。 （2）严格按照工作流程及工艺要求进行操作。 （3）操作时间为40min，时间到停止操作。 （4）本项目为单人操作，现场配辅助作业人员一名、工作负责人一名。辅助工作人员只协助考生完成塔上工具、材料的上吊和下卸工作；工作负责人只监护工作安全				
现场设备、工具、材料	（1）工具：个人工具、防护用具、110kV验电器、接地线、围栏、安全标示牌（"在此工作！"一块、"从此进出"一块）、拔销器、2m软梯、抹布、1t滑车、ϕ12传递绳50m、1.5t提线工具（双钩紧线器）、横担挂座、ϕ11～ϕ14钢丝绳套、导线保护绳、防坠装置。 （2）材料：110kV复合绝缘子、均压环。 （3）考生自备工作服、绝缘鞋、自带个人工具				
备注					
评分标准					

序号	作业名称	质量要求	分值	扣分标准	扣分原因	得分
1	着装	工作服、绝缘鞋、安全帽、手套穿戴正确	1	穿戴不正确一项扣1分		

		评分标准				
序号	作业名称	质量要求	分值	扣分标准	扣分原因	得分
2	工具选用	（1）个人工具：常用电工工器具一套	5	操作再次拿工具每件扣1分		
		（2）专用工具：双沟紧线器、软梯、导线保护绳、速差保护器、传递绳		1）安全带、保护绳、防坠落装置未检查和未做冲击试验每项扣2分； 2）工具漏检一件扣2分		
3	材料准备	合成绝缘子、均压环	4	（1）未检查清扫合成绝缘子扣2分； （2）未检查均压环扣2分		
4	更换合成绝缘子	（1）登杆：上杆作业人员，带上滑车及传递绳。攀登杆塔，在杆塔上系好安全带及保护绳，将滑车挂好	70	1）后备保护使用不正确扣2分； 2）作业过程中失去安全带保护扣3分； 3）下到导线前未检查绝缘子、弹簧销子扣2分		
		（2）提升工具：地面人员通过传递绳提升工器具。如双钩（手拉葫芦）、千斤、卸扣、导线保护绳、软梯等		发生撞击每次扣2分		
		（3）挂牢软梯：将软梯在横担头侧面钩挂和绑扎牢靠		未对软梯进行安装检查扣2分		
		（4）进入作业位置：沿软梯进入作业位置，并将安全带系在绝缘子串上，绑扎好千斤，挂好双钩（手拉葫芦）		1）上软梯前未做冲击试验扣2分； 2）爬软梯失去保护每次扣5分		
		（5）安装导线保护绳：安装好导线保护绳		1）未使用导线保护绳扣10分； 2）导线保护绳使用不正确扣2分		
		（6）提升导线：将双钩（手拉葫芦）两端吊钩挂好（一侧为导线、一侧为千斤套），提升导线，其导线侧吊钩距线夹中心位置不超过300mm		提线工具使用不熟练扣2分		
		（7）拔出弹簧销：当双钩（手拉葫芦）受力后应暂停，确认连接无误和受力良好后将安全带转移至双钩（手拉葫芦）上。 拔出导线侧绝缘子与碗头连接的弹簧销，然后继续提升导线直至绝缘子不受力而脱开。另一作业人员在杆上拔出横担侧第一片绝缘子弹簧销		1）未检查提线工具的连接扣2分； 2）提线工具承力后不冲击扣2分		

		评分标准				
序号	作业名称	质量要求	分值	扣分标准	扣分原因	得分
4	更换合成绝缘子	(8) 退旧换新绝缘子：导线上作业人员在绝缘子串适当位置系好传递绳，与杆下作业人员配合退出旧绝缘子，同时提升新合成绝缘子	70	绳结使用不正确扣5分		
		(9) 安装好弹簧销：作业人员安装好横担侧和导线侧合成绝缘子后，安装好弹簧销		弹簧销穿入方向不正确扣2分		
		(10) 拆除后备保护：将安全带移至合成绝缘子上，松动双钩直至合成绝缘子受力，拆除双钩（手拉葫芦）等工具，拆除导线后备保护绳		换上新绝缘子后未观察导线、检查绝缘子受力情况扣2分		
		(11) 拆除软梯：解除安全带沿软梯上到横担上，系好安全带后拆除软梯		爬软梯失去保护每次扣5分		
5	合成绝缘子检查	(1) 检查弹簧销：检查弹簧销是否到位	10	未检查弹簧销扣1分		
		(2) 检查芯棒与端部的连接：芯棒与端部的连接是否紧密；端部是否密封完好、不留缝隙；有无酸蚀现象、端部是否有位移		未检查芯棒与端部的连接扣2分		
		(3) 检查芯棒与伞裙的连接：粘接是否紧密；是否密封完好、不留缝隙，防止潮湿大气渗透侵蚀；芯棒是否受到扭曲变形		未检查芯棒与伞裙的连接扣2分		
		(4) 检查伞裙：检查伞裙不得有裂纹、破损；检查伞裙脏污情况，不得有块状污秽物；硅橡胶伞裙表面是否具有良好的憎水性；硅橡胶伞裙老化情况、伞裙表面是否变质		未检查伞裙扣1分		
		(5) 检查均压环：均压环开口方向是否符合规定双均压环开口一致；均压环是否有破损；均压环是否固定良好		未检查均压环扣1分		
		(6) 其他部件检查：检查连接金具是否损坏或连接牢靠，线夹安装及导线断股情况		未检查其他部件扣1分		

评分标准						
序号	作业名称	质量要求	分值	扣分标准	扣分原因	得分
6	其他要求	（1）杆上工作时不得掉东西；禁止口中含物；禁止浮置物品	10	1）掉一件材料扣5分； 2）掉一件工具扣5分； 3）口中含物每次扣5分；浮置物品每次扣4分		
		（2）符合文明生产要求，工器具在操作中归位；工器具及材料不应乱扔乱放		1）操作中工器具不归位扣2分； 2）工器具及材料乱扔乱放每次扣1分		
		（3）安全施工做到"三不伤害"		施工中造成自己或别人受伤扣2分		
考试开始时间			考试结束时间		合计	
考生栏	编号：	姓名：	所在岗位：	单位：	日期：	
考评员栏	成绩：	考评员：		考评组长：		

一、施工

（一）工器具、材料

（1）工器具：5m 钢卷尺、记号笔、200mm 钢丝钳、棉纱、纱布，个人工具、防护用具（安全帽、安全带、速差保护器、飞车）等。

（2）材料：配套的预绞丝及配套铝单丝、汽油。

（二）安全要求

1. 防止触电措施

（1）登杆塔前必须仔细核对线路名称、杆号，多回线路还应核对线路的识别标记，确认无误后方可登杆。

（2）严格执行 Q/GDW 1799.2—2013《国家电网公司电力安全工作规程　线路部分》保证安全的技术措施。

（3）登杆塔作业人员、绳索、工器具及材料与带电体保持规定的安全距离。

2. 防止高空坠落措施

（1）攀登杆塔作业前，应检查杆塔根部、基础和拉线是否牢固。

（2）攀登杆塔作业前，应先检查登高工具、设施，如安全带、脚钉、爬梯、防坠装置等是否完整牢靠。上下杆塔必须使用防坠装置。

（3）在杆塔上作业时，应使用有后备绳或速差自锁器的双控背带式安全带，安全带和后备保护绳（速差自锁器）应分挂在杆塔不同部位的牢固构件上，应防止安全带从杆顶脱出或被锋利物损坏。人员在转位时，手扶的构件应牢固，且不得失去安全保护。

3. 防止落物伤人措施

（1）现场工作人员必须正确佩戴安全帽。

（2）高处作业应使用工具袋，较大有工器具应固定在牢固的构件上，不准随便乱放，上下传递物件应用绳索拴牢传递，严禁上下抛掷。

（3）在进行高空作业时，不准他人在工作地点的下面通行或逗留，工作地点下面应有围栏或装设其他保护装置，防止落物伤人。

4. 防止工器具失灵、导线脱落、绝缘子脱落等措施

(1) 使用工具前应进行检查，严禁以小带大。

(2) 检查金具、绝缘子的连接情况。

(3) 提线工具收紧前，检查工器具连接情况是否牢固可靠。

(4) 当采用单吊线装置时，应采取防止导线脱落的后备保护措施。

(三) 施工步骤

1. 工作准备

(1) 个人劳动防护用品。安全帽、安全带、后备保护绳作冲击试验，按规定着装。

(2) 选择工具。所选择的工器具作外观检查，并确认其良好性。

(3) 选择材料。做外观检查，不合格的严禁使用。

(4) 作业前对安全用具、工器具、材料进行清理检查。

2. 作业的规范及要求

(1) 正确无误的选择材料。

(2) 正确选择绑扎补修点。

(3) 绑扎处理的技术要求。

(4) 正确选择预绞丝补修点。

(5) 预绞丝补修的技术要求。

3. 用单根铝线绑扎修补损伤导线

(1) 首先将铝单丝圈成直径约 150mm 的线圈，不能扭转成死角，并保持平滑弧度。

(2) 补修前应对导地线进行彻底的打磨使其表面光滑、洁净，并均匀涂抹导电膏。

(3) 平压单丝。将铝单丝端部向平行导线方向平压一段单丝，再缠绕。

(4) 缠绕操作。缠绕时铝单丝圈平行垂直导线，紧密无间，缠绕方向与外层铝股浇制方向一致。

(5) 缠绕线端部处理。缠绕完毕铝单丝两端互绞并压平紧靠导线，线头应与先压单丝头绞紧，然后进行绑扎。绑扎时压紧，每圈都应压紧无缝隙。

(6) 技术工艺要求。

1) 导地线缠绕材料应选与导线同金属的单股线为缠绕材料，其直径不应小于 2mm。

2) 金属单丝缠绕应紧密，单丝头不得外露，缠绕层应全部覆盖损伤部位。

3) 缠绕中心应位于损伤最严重处，两端应超出 30mm，缠绕长度最短不得小于 100mm。

4）缠绕位置应将损伤部分全部覆盖。

4．补修预绞丝处理

（1）补修预绞丝规格选择。预绞丝是用金属制成的线条状器材，缠绕在导地线外层，用来修补受到损伤的导线、地线，并确保损伤范围不致扩大，使导地线恢复其原有机械强度及导电性能。

工作前用钢卷尺量预绞丝，进行长度确认。预绞丝长度不应小于 3 个节距。

（2）预绞丝清洗。使用棉纱、汽油等对预绞丝进行清洗，使其表面干净且干燥。

（3）判断导线损伤。作业人员查看导线，判断导线损伤最严重处，以确定绑扎的位置。

（4）处理损伤导线。将损伤导线处理平整，并进行彻底的打磨使其表面光亮、洁净，并均匀涂抹导电膏。处理的长度应不低于安装预绞丝护线条的长度。

（5）画出位置。确定预绞丝在导线上的位置，用记号笔在导线上画出预绞丝两端头的位置。

（6）预绞丝安装。将预绞丝一根一根安装上，不得有缝隙，端部应平整。预绞丝补修条应全部覆盖损伤部位，且补修条端部距损伤部位边缘的单边长度不得小于 100mm。安装后的预绞丝应与导地线紧密接触，其中心应位于损伤最严重处。

（7）轻敲头部。用钢丝钳轻敲预绞丝头部，使预绞丝头部平齐，过程不能损伤导线及预绞丝。

（8）技术要求。

1）预绞丝一般技术条件应符合 GB 2314—2008《电力金具通用技术条件》的规定。

2）预绞丝按 GB/T 3195—2008《铝及铝合金拉制圆线材》，采用合适的铝合金丝，其抗拉强度不低于 264.7N/mm^2（264.7MPa）。

3）预绞丝端部应为光滑的半球形。其安装的中心应为导线损伤最严重处。

4）安装后预绞丝不能变形，应与导线紧密接触，应对平对齐，其位置应将损伤部位全部覆盖。

（9）导线经补修后，应达到以下要求：

1）电气性能。应满足被补修的原型号导线通流容量的要求，即导线补修处的温升不大于正常部位的温升。

2）机械性能。导线经补修后，其破断拉力不应小于原型号导线计算拉断力的95％；地线经补修后，其破断拉力不应小于原型号地线计算拉断力的92％。

(四) 导线损伤补修处理标准

导线损伤补修处理标准见表 SX205-1。

表 SX205-1　　　　　　　　　**导线损伤补修处理标准**

线别	处理方法			
	金属单丝、预绞丝补修条补修	预绞丝补修条、普通补修管补修	加长型补修管、预绞丝接续条	接续管、预绞丝接续条、接续管补强接续条
钢芯铝绞线钢芯铝合金绞线	导线在同一处损伤导致强度损失未超过总拉断力的5%且截面积损伤未超过总导电部分截面积7%	导线在同一处损伤导致强度损失未超过总拉断力的5%～17%且截面积损伤未超过总导电部分截面积7%～25%	导线损伤范围导致强度损失在总拉断力的17%～50%且截面积损伤占总导电部分截面积25%～60%断	导线损伤范围导致强度损失在总拉断力的50%以上且截面积损伤占总导电部分截面积60%及以上
铝绞线铝合金绞线	断股损伤截面积不超过总面积7%	断股损伤截面积占总面积的7%～25%	断股损伤截面积占总面积的25%～60%	断股损伤截面积超过总面积的60%及以上

注　1 钢芯铝绞线导线应未伤及钢芯，计算强度损失或总截面积损伤时，按铝股的总拉断力和铝总截面积作基数进行计算。
　　2 铝绞线、铝合金绞线导线计算损伤截面积时，按导线的总截面积作基数进行计算。
　　3 良导体架空地线按钢芯铝绞线计算强度损失和铝截面积损失。

二、考核

(一) 考核场地
(1) 场地可在室内进行。
(2) 导线两端固定，离地面 2m，模拟操作。

(二) 考核时间
(1) 考核时间为 50min。
(2) 考评员宣布开始后记录考核开始时间。
(3) 现场清理完毕后，汇报工作终结，记录考核结束时间。

(三) 考核要点
(1) 一根导线两处损伤，一处缠绕处理，一处补修预绞丝处理；
(2) 严格按施要求进行现场操作，操作中所使用的材料、工器具，应检查合格；
(3) 本项目要求单独完成，一名配合辅助人员；

(4) 要求着正确（穿工作服、绝缘鞋，戴安全帽，系安全带）；

(5) 现场安全文明生产；

(6) 作业的熟练程度。

三、评分参考标准

行业：电力工程　　　　工种：送电线路工　　　　等级：二

编号	SX205	行业领域	e	鉴定范围	
考核时间	50min	题型	A	含权题分	30
试题名称	绑扎及预绞丝缠绕补修损伤导线				
考核要点及要求	(1) 严格按施工要求进行现场操作，操作中所使用的材料、工器具应检查合格。 (2) 本项目要求单独完成，一名配合辅助人员。 (3) 要求着正确（穿工作服、绝缘鞋，戴安全帽，系安全带）。 (4) 现场安全文明生产。 (5) 作业的熟练程度。				
现场设备、工具、材料	(1) 工器具：5m钢卷尺、记号笔、200mm钢丝钳、棉纱、纱布等；个人工具、防护用具（安全帽、安全带、速差保护器、飞车）。 (2) 材料：配套的预绞丝及配套铝单丝、汽油				
备注					

			评分标准				
序号	作业名称	质量要求	分值	扣分标准	扣分原因	得分
1	着装	正确佩戴安全帽，穿工作服，穿绝缘鞋	3	(1) 未着装扣3分； (2) 着装不规范扣1分		
2	工器具、材料准备	工器具、材料选用准确、齐全，工器具作外观检查	3	(1) 未进行工器具检查扣1分； (2) 工具、材料漏选或有缺陷扣2分		
3	施工现场布置	施工区域设置安全围栏，工器具和材料有序摆放	2	(1) 未设置安全围栏扣1分； (2) 工器具、材料摆放不整齐扣1分		
4	工作前的检查	作业前对安全用具、工器具、材料进行清理检查，安全带应做冲击试验	3	作业前未对安全用具、工器具、材料进行清理检查扣3分		

<table>
<tr><td colspan="7" align="center">评分标准</td></tr>
<tr><td rowspan="2">序号</td><td rowspan="2">作业名称</td><td rowspan="2">质量要求</td><td rowspan="2">分值</td><td rowspan="2">扣分标准</td><td>扣分</td><td rowspan="2">得分</td></tr>
<tr><td>原因</td></tr>
<tr><td rowspan="10">5</td><td rowspan="10">单根铝线扎线损伤导线</td><td>（1）乘坐飞车动作熟练</td><td>5</td><td>动作不熟练扣5分</td><td></td><td></td></tr>
<tr><td>（2）选择缠绕补修点正确</td><td>3</td><td>选择缠绕补修点不正确扣3分</td><td></td><td></td></tr>
<tr><td>（3）准备材料，缠绕材料应为铝单丝</td><td>3</td><td>材料选择不正确扣3分</td><td></td><td></td></tr>
<tr><td>（4）铝单丝绕成直径约15cm的线圈，不能扭转单丝，不能保持平滑弧度</td><td>3</td><td>未绕成线圈扣3分</td><td></td><td></td></tr>
<tr><td>（5）顺导线方向平压一段单丝，位置正确</td><td>3</td><td>位置不正确扣3分</td><td></td><td></td></tr>
<tr><td>（6）缠绕时压紧，每圈都应压紧</td><td>5</td><td>一圈未压紧扣1分</td><td></td><td></td></tr>
<tr><td>（7）缠绕方向与外层铝股绞制方向一致</td><td>3</td><td>缠绕方向不正确扣3分</td><td></td><td></td></tr>
<tr><td>（8）铝单丝线圈位置外侧方向应靠紧导线</td><td>3</td><td>没有靠紧导线扣3分</td><td></td><td></td></tr>
<tr><td>（9）线头外理应与压单丝头绞紧</td><td>3</td><td>没有绞紧扣3分</td><td></td><td></td></tr>
<tr><td>（10）绞紧的线头位置压平紧靠导线</td><td>3</td><td>没有紧靠导线扣3分</td><td></td><td></td></tr>
<tr><td rowspan="6">6</td><td rowspan="6">补修预绞丝处理</td><td>（1）选择预绞丝正确</td><td>3</td><td>没有选择扣3分</td><td></td><td></td></tr>
<tr><td>（2）清洗预绞丝干净并干燥</td><td>3</td><td>没有清洗扣3分</td><td></td><td></td></tr>
<tr><td>（3）损伤导线处理平整</td><td>5</td><td>处理不平整扣5分</td><td></td><td></td></tr>
<tr><td>（4）判断导线损伤最严重处正确</td><td>5</td><td>判断错误扣5分</td><td></td><td></td></tr>
<tr><td>（5）用钢卷尺量预绞丝长度正确</td><td>5</td><td>没有测量扣5分</td><td></td><td></td></tr>
<tr><td>（6）定预绞丝在导线上的位置正确</td><td>3</td><td>位置确实不中扣3分</td><td></td><td></td></tr>
</table>

		评分标准				
序号	作业名称	质量要求	分值	扣分标准	扣分原因	得分
6	补修预绞丝处理	（7）用记号笔在导线上画出预绞丝端头位置正确	3	画出的记号不在正中位置扣3分		
		（8）将预绞丝一根一根安装上，安装流畅	5	安装操作流畅扣5分		
		（9）用钢丝钳轻轻敲预绞丝头部，不能擦伤导线及损伤预绞丝	5	擦伤导线及损伤预绞丝一次扣1分		
7	质量工艺	质量符合规定，外表工艺美观	5	（1）质量不合格扣3分；（2）外表不美观扣2分		
8	操作熟练	熟练流畅	3	动作不熟练扣3分		
9	安全文明生产	文明生产，禁止违章操作，不发生安全生产事故。操作过程熟练，工具、材料摆放整齐，现场清理干净	10	（1）生不安全现象扣5分；（2）工具材料乱放扣3分；（3）现场未清理干净扣2分		
考试开始时间			考试结束时间		合计	
考生栏	编号： 姓名：		所在岗位：	单位：	日期：	
考评员栏	成绩： 考评员：			考评组长：		

110kV耐张横串更换单片瓷（玻璃）绝缘子

一、施工

（一）工器具、材料

（1）工器具：个人工具、防护用具、110kV验电器、接地线、围栏、安全标示牌（"在此工作！"一块、"从此进出！"一块）、拔销器、5000V绝缘电阻表、抹布、1t滑车、φ12传递绳50m、XP‐70（LXP‐70）绝缘子卡具、3t双头丝杆、导线保护绳、防坠装置。

（2）材料：绝缘子XP‐70（LXP‐70）、弹簧销。

（二）安全要求

1. 防止触电措施

（1）登杆塔前必须仔细核对线路名称、杆号，多回线路还应核对线路的识别标记，确认无误后方可登杆。

（2）严格执行Q/GDW 1799.2—2013《国家电网公司电力安全工作规程　线路部分》保证安全的技术措施。

（3）登杆塔作业人员、绳索、工器具及材料与带电体保持规定的安全距离。

2. 防止高空坠落措施

（1）攀登杆塔作业前，应检查杆塔根部、基础和拉线是否牢固。

（2）攀登杆塔作业前，应先检查登高工具、设施，如安全带、脚钉、爬梯、防坠装置等是否完整牢靠。上下杆塔必须使用防坠装置。

（3）在杆塔上作业时，应使用有后备绳或速差自锁器的双控背带式安全带，安全带和后备保护绳（速差自锁器）应分挂在杆塔不同部位的牢固构件上，应防止安全带从杆顶脱出或被锋利物损坏。人员在转位时，手扶的构件应牢固，且不得失去安全保护。

3. 防止落物伤人措施

（1）现场工作人员必须正确佩戴安全帽。

（2）高处作业应使用工具袋，较大有工器具应固定在牢固的构件上，不准随便乱放，上下传递物件应用绳索拴牢传递，严禁上下抛掷。

（3）在进行高空作业时，不准他人在工作地点的下面通行或逗留，工作地点下面应有围栏或装设其他保护装置，防止落物伤人。

4. 防止工器具失灵、导线脱落、绝缘子脱落等措施

（1）使用工具前应进行检查，严禁以小带大。

（2）检查金具、绝缘子的连接情况。

（3）提线工具收紧前，检查工器具连接情况是否牢固可靠。

（4）当采用单吊线装置时，应采取防止导线脱落的后备保护措施

（三）施工步骤

1. 准备工作

（1）现场勘察。应明确现场检修作业需要停电的范围、保留的带电部位和现场作业的条件、环境及其他危险点等，了解杆塔周围情况、地形、交叉跨越等。

（2）相关资料。查阅图纸资料，明确塔型、呼称高，导线型号及绝缘子型号等，以确定使用的工器具、材料。

（3）工作票及任务单。工作票签发人根据现场情况等相关资料，签发工作票和任务单，根据 Q/GDW 1799.2—2013《国家电网公司电力安全工作规程　线路部分》和现场实际填写电力线路第一种工作票，工作负责人确认无误后接受工作票和任务单。

（4）着装。工作服、绝缘鞋、安全帽、手套穿戴正确。

（5）选择工具，做外观检查。选择工具、防护用具及辅助器具，并检查工器具外观完好无损，具有合格证并在有效试验周期内。

（6）选择材料，做外观检查。绝缘子外观合格，每片绝缘子应进行绝缘检测合格，并清扫干净。

2. 操作步骤

（1）上塔作业前的准备

1）工作人员根据工作情况选择工器具及材料并检查是否完好。

2）工作人员核对线路名称、杆号，检查杆塔根部、基础是否完好。

3）地面作业人员在适当的位置将传递绳理顺确保无缠绕，对新绝缘子进行外观检查，将表面及裙槽清擦干净，并用 5000V 绝缘电阻表检测绝缘（在干燥情况下绝缘电阻不得小于 500MΩ）。

4）按工作票的要求在工作地段前后杆塔的导线上验明确无电压后装设好接地线。

（2）登塔作业。

1）塔上作业人员检查登杆工具及安全防护用具并确保良好、可靠，并对登杆工具、安全防护用具和防坠装置做冲击试验。

2）塔上作业人员戴好安全帽，系好安全带、后备保护绳，携带传递绳开始登

塔。禁止携带器材登杆或在杆塔上移位。杆塔有防坠装置的,应使用防坠装置,铁塔没有防坠装置的,应使用双钩防坠装置。

（3）工器具安装。

1）杆塔上作业人员携带传递绳、滑车登至需更换绝缘子横担上方,将安全带、后备保护绳系在横担主材不同位置处,在横担的适当位置挂好传递绳。

2）地面作业人员将导线保护绳传递上杆塔。杆塔上作业人员将导线保护绳一端拴在横担的主承力部位上,另一端拴在导线侧绝缘子串金具上。

3）杆塔上作业人员携带传递绳沿绝缘子串移动到需更换绝缘子处,在适当位置挂好传递绳。陶瓷绝缘子需复测零劣值绝缘子位置。

4）地面作业人员将组装好的绝缘子卡具传递至杆塔上作业人员,杆塔上作业人员调整双头丝杆长度安装好绝缘子卡具,收紧双头丝杆使之稍微受力。

（4）更换绝缘子。

1）杆塔上作业人员检查导线保护绳和绝缘子卡具的连接,并对绝缘子卡具进行冲击试验。无误后收紧双头丝杆,转移被更换绝缘子荷载。

2）杆塔上作业人员拔出被更换绝缘子两端的弹簧销,取出旧绝缘子;用传递绳系绳结捆绑旧绝缘子,并传递至地面。

3）地面作业人员将新绝缘子传递至杆塔上作业人员,杆塔上作业人员安装新绝缘子。

4）杆塔上作业人员检查新绝缘子连接无误后,稍微放松双头丝杆使新绝缘子受力,检查绝缘子串受力情况。

5）杆塔上作业人员确认绝缘子串受力正常后,继续松双头丝杆到能够拆除绝缘子卡具为止。

（5）工器具拆除。杆塔上作业人员检查绝缘子安装质量无问题后,拆除绝缘子卡具和导线保护绳并分别传递至地面。

（6）下塔作业。塔上作业人员检查导线、绝缘子串和横担上无任何遗留物后,解开安全带、后备保护绳,携带传递绳下塔。

3. 工作终结

（1）工作负责人确认所有施工内容已完成,质量符合标准,杆塔上、导线上、绝缘子串上及其他辅助设备上没有遗留的个人保安线、工具、材料等,查明全部工作人员确由杆塔上撤下后,再命令拆除工作地段所挂的接地线。

（2）清理地面工作现场,确认工器具均已收齐,工作现场做到"工完、料净、场地清"。并向工作许可人汇报作业结束,履行终结手续。

（四）工艺要求

（1）绝缘子的规格应符合设计要求,爬距应能满足该地区污秽等级要求,单片绝缘子绝缘良好，外观干净。

(2) 绝缘子安装时应检查球头、碗头与弹簧销子之间的间隙。在安装好弹簧销子的情况下球头不得自碗头中脱出。严禁线材（铁丝）代替弹簧销。

(3) 耐张串上的弹簧销子、螺栓及穿钉均由上向下穿；当使用 W 型弹簧销子时，绝缘子大口均应向上；当使用 R 型弹簧销子时，绝缘子大口均向下，特殊情况可由内向外，由左向右穿入。

(4) 金具上所用的穿钉销的直径必须与孔径相配合，且弹力适度。穿钉开口销子必须开口 60°～90°，销子开口后不得有折断、裂纹等现象，禁止用线材代替开口销子；穿钉呈水平方向时，开口销子的开口应向下。

(五) 注意事项

(1) 沿耐张绝缘子串移动时，手脚要稳，并打好后备保护绳。

(2) 作业区域设置安全围栏，悬挂安全标示牌。

(3) 玻璃绝缘子的操作应戴防护眼镜，防止自爆伤到眼睛。

(4) 在取出旧绝缘子前，应仔细检查绝缘子卡具各部连接情况，确保安全无误后方可进行。

(5) 承力工器具严禁以小代大，并应在有效的检验期内。

二、考核

(一) 考核场地

(1) 考场可以设在培训专用 110kV 输电线路的耐张杆塔上进行，杆塔上无障碍物，杆塔有防坠装置，不少于两个工位。

(2) 给定线路检修时需办理的工作票，线路上安全措施已完成，配有一定区域的安全围栏。

(3) 设置两套评判桌椅和计时秒表、计算器。

(二) 考核时间

(1) 考核时间为 60min。

(2) 考评员宣布开始后记录考核开始时间。

(3) 现场清理完毕后，汇报工作终结，记录考核结束时间。

(三) 考核要点

(1) 要求一人操作，一人配合，一名工作负责人。考生就位，经许可后开始工作，规范穿戴工作服、绝缘鞋、安全帽、手套等。

(2) 工器具选用满足工作需要，进行外观检查。

(3) 选用材料的规格、型号、数量符合要求，进行外观检查。

(4) 登杆塔前要核对线路名称、杆号，检查登高工具是否在试验期限内，对安全带、后备保护绳和防坠装置做冲击试验。高空作业中动作熟练，站位合理。安全带应系在牢固的构件上，并系好后备保护绳，确保双重保护。转向移位穿越时不得失去保护，作业时不得失去监护。

（5）杆塔上作业完成，清理杆上遗留物，得到工作负责人许可后方可下杆。

（6）绝缘子的更换符合工艺要求。

（7）自查验收。清理现场施工作业结束后，工作负责人依据施工验收规范对施工工艺、质量进行自查验收，按要求清理施工现场，整理工具、材料，办理工作终结手续。

（8）安全文明生产，按规定时间完成，按所完成的内容计分，要求操作过程熟练连贯，施工有序，工具、材料存放整齐，现场清理干净。

（9）发生安全事故本项考核不及格。

三、评分参考标准

行业：电力工程　　　　　　　工种：送电线路工　　　　　　等级：二

编号	SX206	行为领域	e	鉴定范围	
考核时间	60min	题型	B	含权题分	35
试题名称	110kV 耐张横串更换单片瓷（玻璃）绝缘子				
考核要点及其要求	（1）按要求选择工具及材料。 （2）严格按照工作流程及工艺要求进行操作。 （3）操作时间为 60min，时间至停止操作。 （4）本项目为单人操作，现场配辅助作业人员一名、工作负责人一名。辅助工作人员只协助考生完成塔上工具、材料的上吊和下卸工作；工作负责人只监护工作安全				
现场设备、工具、材料	（1）工具：个人工具、防护用具、110kV 验电器、接地线、围栏、安全标示牌（"在此工作！"一块、"从此进出！"一块）、拔销器、5000V 绝缘电阻表、抹布、1t 滑车、φ12 传递绳 50m、XP-70（LXP-70）绝缘子卡具、3t 双头丝杆、导线保护绳、防坠装置。 （2）材料：绝缘子 XP-70（LXP-70）、弹簧销。 （3）考生自备工作服、绝缘鞋、自带个人工具				
备注					
评分标准					

序号	作业名称	质量要求	分值	扣分标准	扣分原因	得分
1	着装	工作服、绝缘鞋、安全帽、手套穿戴正确	1	穿戴不正确一项扣 1 分		

序号	作业名称	质量要求	分值	扣分标准	扣分原因	得分
2	工具选用	（1）个人工具：常用电工工器具一套 （2）专用工具：闭式卡1套，丝杆2套（3t）、导线保护绳1根、滑车1个（1.5t）、传递绳1个、拔销器1把	5	操作再次拿工具每件扣1分 1）安全带、保护绳、防坠落装置的不检查和未作冲击试验每项扣2分； 2）工具漏检一件扣2分		
3	材料准备	绝缘子、弹簧销	4	未检查、检测、清扫绝缘子扣2分		
4	更换绝缘子	（1）登杆：杆塔上作业人员携带拔销器、工具包、滑车、传递绳至作业横担，系好安全带，在作业横担合适位置挂好传递绳	70	1）后备保护使用不正确扣2分； 2）作业过程中失去安全带保护3分； 3）上绝缘子串前未检查绝缘子、弹簧销子扣2分		
		（2）传递工具：地面人员将导线保护绳传递至作业横担，杆（塔）上电工安装好导线保护绳后，携带拔销器、工具包，系好安全带和延长绳后沿绝缘子串至需更换绝缘子处挂传递绳		1）传递工具发生撞击每次扣2分； 2）吊起、放下绝缘子过程中发生滑动、撞击每次扣2分		
		（3）组装闭式卡：地面人员将组装好的丝杆、闭式卡传递至杆塔上作业人员，杆塔上作业人员将闭式卡安装装好		安装工具发生撞击一次扣2分		
		（4）拆旧绝缘子：杆塔上作业人员收紧丝杆，将被绝缘子荷载转移到卡具上，检查冲击承力工具受力正常后，取下需更换的单片绝缘子，并用绳子拴好		1）闭式卡使用不熟练扣2分； 2）拆装绝缘子时，发生撞击扣2分； 3）未检查卡具连接就收紧丝杆扣2分		
		（5）吊新绝缘子：地面人员控制传递绳并牢靠系在新装绝缘子上，地面电工控制传递绳放下旧绝缘子同时起吊新绝缘子				
		（6）安装新绝缘子：杆塔上作业人员将新装绝缘子放入闭式卡中，安装好绝缘子两端的弹簧销，检查W型销或R型销、绝缘子及金具连接良好后，放松丝杆至绝缘子呈受力状态；杆塔上作业人员冲击检查新更换绝缘子合格后，放松丝杆		1）更换绝缘子时，弹簧销穿入方向不正确每次扣2分； 2）未检查绝缘子的连接就松丝杆扣2分		

259

		评分标准				
序号	作业名称	质量要求	分值	扣分标准	扣分原因	得分
4	更换绝缘子	（7）拆除塔上工器具：杆塔上作业人员与地面人员配合将所有工器具及安全措施拆除传递至地面，检查杆塔无遗留物后携带传递绳依次下塔	70	1）换上新绝缘子后未观察导线、检查绝缘子受力情况扣2分； 2）未检查作业面遗留物扣2分		
5	其他要求	（1）杆塔上工作时不得掉东西；禁止口中含物；禁止浮置物品	10	1）掉一件材料扣5分； 2）掉一件工具扣5分； 3）口中含物每次扣5分； 4）浮置物品每次扣4分		
		（2）符合文明生产要求；工器具在操作中归位；工器具及材料不应乱扔乱放		1）操作中工器具不归位扣2分； 2）工器具及材料乱扔乱放每次扣1分		
		（3）安全施工做到"三不伤害"		施工中造成自己或别人受伤扣10分		
考试开始时间			考试结束时间		合计	
考生栏	编号：　　姓名：		所在岗位：　　单位：		日期：	
考评员栏	成绩：　　考评员：		考评组长：			

SX207　矩形铁塔基础施工分坑测量

一、施工

(一) 工器具、材料

(1) 工器具：J2 光学经纬仪、丝制手套、榔头（2 磅）。

(2) 材料：ϕ20 圆木桩、铁钉 25mm 或记号笔。

(二) 安全要求

防止坠物伤人措施，在线下或杆塔下测量时作业人员必须戴好安全帽。

(三) 施工步骤

1. 准备工作

(1) 正确规范着装。

(2) 选择工具并做外观检查。

(3) 选择材料并做外观检查。

2. 工作过程

(1) 检查中心桩。在施工现场找出铁塔中心桩，并检查是否松动，或有移动的明显痕迹。

(2) 经纬仪的架设。

1) 对中。

a. 打开三脚架，调节脚架至高度适中，目估三脚架头大致水平，且三脚架中心大致对准地面标志中心。

b. 将仪器放在脚架上，并拧紧连接仪器和三脚架的中心连接螺旋，双手分别握住另两条架腿稍离地面前后左右摆动，眼睛看对中器的望远镜，直至分划圈中心对准地面标志中心为止，放下两架腿并踏紧。

c. 升落脚架腿使气泡基本居中，然后用脚螺旋精确整平。

d. 检查地面标志是否位于对中器分划圈中心，若不居中，可稍旋松连接螺旋，在架头上移动仪器，使其精确对中。

2) 整平。整平时，首先转动照准部，使照准部水准管与任一对脚螺旋的连线平行，两手同时向内或外转动这两个脚螺旋，使水准管气泡居中。然后将照准部旋转90°，转动第三个脚螺旋，使水准管气泡居中，按以上步骤反复进行，直到照准部转至任意位置气泡皆居中为止。

3）瞄准。

a. 调节目镜调焦螺旋，使十字丝清晰。

b. 松开望远镜制动螺旋和照准部制动螺旋，先利用望远镜上的准星瞄准方向桩，使在望远镜内能看到目标物象，然后旋紧上述两制动螺旋。

c. 转动物镜调焦使物象清晰，注意消除视差。

d. 旋转望远镜和照准部制动螺旋，使十字丝的纵丝精确地瞄准目标。

e. 将经纬仪水平刻度盘归零。

（3）分坑作业。

1）如图 SX207 - 1 所示，计算出 $DP = 0.707(y+a)$，$DQ = 0.707(y-a)$，$CP = 0.707 (y+a)$，$CQ = 0.707 (y-a)$。

2）将仪器置于中心桩 O 点，瞄准前后视，打好 AB 桩，使 $AO = BO = 1/2 (x + y)$。x、y 分别为不同的矩形坑长边与短边坑心间的距离。

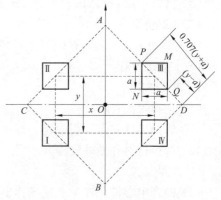

3）将仪器镜筒旋转 90°，打好 CD 桩，同样使 $CO = DO = 1/2(x+y)$。

4）将仪器移置于 A 点，瞄准 D 点即得 AD 线，在此线上量取 $PD = 0.707(y+a)$，$QD = 0.707(y-a)$，得 P、Q 两点。a 为基坑边长。

图 SX207 - 1　矩形铁塔基础分坑

5）取 $2a$ 线长，将两端分别置于 P、Q 两点，拉紧线的中点即得 M 点反方向即得 N 点。

6）取石灰粉沿 $NPMQ$ 在地面上画白线，即得第三个基坑。

7）将仪器镜筒从 D 点旋转90°，可观测到 C 点，同样从 AC 线上可以画出第二个基坑白粉线。

8）将仪器置于 B 点，以同样方法画第一个和第四个基坑。

9）复核图纸及整个塔基尺寸，完全正确无误后，用铁锹沿粉线在四周挖土。

10）在 AD 线上，若自 A 点开始量取 P、Q 两点，使 $AP = 0.707(x-a)$，$AQ = 0.707 (x+a)$，同样可得基坑的四角 $NPMQ$ 从 B 点起量亦相同。

3. 工作终结

（1）自查验收。

(2) 清理现场、退场。

(四) 工艺要求

(1) 仪器出箱时应用手托轴座或度盘，不可单手提望远镜。

(2) 仪器架设高度合适，便于观察测量。

(3) 气泡无偏移，对中清晰。

(4) 对光后刻度盘清晰，便于读数。

二、考核

(一) 考核场地

(1) 场地要求：在培训基地选取一平坦地面，每个工位场地面积不小于 5m ×5m。

(2) 给定测量任务时需办理工作票，配有一定区域的安全围栏。

(3) 设置评判桌椅和计时秒表。

(二) 考核时间

(1) 考核时间为 60min。

(2) 考评员宣布开始后记录考核开始时间。

(3) 现场清理完毕后，汇报工作终结，记录考核结束时间。

(三) 考核要点

(1) 要求一人操作，一人配合，工作负责人。考生就位，经许可后开始工作，规范穿戴工作服、绝缘鞋、安全帽、手套等。

(2) 工器具选用满足工作需要，进行外观检查。

(3) 仪器架设。

1) 仪器安装，高度便于操作。

2) 光学对点器对中，对中标志清晰。

3) 调整圆水泡，圆水泡中的气泡居中。

4) 仪器调平，仪器旋转至任何位置，水准器泡最大偏离值都不超过 1/4 格值。

5) 对光，使分划板十字丝清晰明确。

6) 调焦，使标杆在十字丝双丝正中。

(4) 基础分坑。

1) 坑口方正，均匀分布于中心桩附近。

2) 数据准确无误。

(5) 画平面图。

1) 平面图干净、整洁。

2）数据计算准确无误。

三、评分参考标准

行业：电力工程　　　　　　　工种：送电线路工　　　　　　　等级：二

编号	SX207	行业领域	e	鉴定范围	
考核时间	50min	题型	A	含权题分	35
试题名称	矩形铁塔基础施工分坑测量				
考核要点及 其要求	（1）给定条件：考场可以设在培训专用场地进行，场地无障碍。 （2）工作环境：在培训基地选取一平坦地面。 （3）选择工具，做外观检查				
现场设备、 工具、材料	（1）工具：J2光学经纬仪、丝制手套、榔头（2磅）。 （2）材料：$\phi 20$圆木桩、铁钉25mm或记号笔				
备注					

			评分标准			
序号	作业名称	质量要求	分值	扣分标准	扣分 原因	得分
1	着装	工作服、绝缘鞋、安全帽、劳保手套穿戴正确	5	（1）未着装扣5分； （2）着装不规范扣3分		
2	工具选用	工器具选用满足施工需要，工器具作外观检查	5	（1）选用不当扣3分； （2）工器具未作外观检查扣2分		
3	架设仪器	检查中心桩，将经纬仪放于铁塔中心桩O上，将标杆插于线路方向桩上	7	（1）对中、调平、对光不正确扣3分； （2）前方、后方均要测，检查中心桩是否正确，不正确扣4分		
4	钉前后方向桩	将望远镜瞄准标杆，调焦，瞄准前后方向桩，仪器控制方向，钢卷尺控制距离，钉下前后方各一桩	8	（1）用十字丝比丝段精密夹住标杆，不正确扣1~4分； （2）前A桩后B桩，使$AO=BO=1/2(x+y)$。x、y分别为矩型铁塔基础根开，x为长，y为宽，不正确扣1~4分		

			评分标准			
序号	作业名称	质量要求	分值	扣分标准	扣分原因	得分
5	测水平角准备工作	将仪器换像手轮转于水平位置，打开水平度盘照明反光镜并调整，转动目镜	10	（1）手轮上标线为不水平，扣1~4分； （2）使显微镜中读数不清楚，扣1~3分； （3）目镜读数不清晰，扣1~3分		
6	钉垂直线路方向桩	转动水平度盘手轮，将镜筒旋转90°，钉 C 桩，倒镜后，钉 D 桩	10	（1）使读数为一个好计算的整数角度（或直接记住原先读数），不正确扣1~5分； （2）同样使 $CO = DO = 1/2(x+y)$，不正确扣1~5分		
7	画开挖面	（1）用细铁丝连接 AD，在此铁丝上量出 $DP = 0.707(y+a)$，$DQ = 0.707(y-a)$ 得 P、Q 两点，a 为基坑边长； 取 $2a$ 线长，将两端分别置于 P、Q 两点，拉紧线的中点即得 M 点、翻转至反方向即得 N 点； （2）沿 $NPMQ$，在地面上画线，即得第一只基坑面； （3）同样用细铁丝连接 AC，在此铁上量出 $CP = 0.707(y+a)$，$CQ = 0.707(y-a)$ 得 P、Q 两点，a 为基坑边长； （4）取 $2a$ 线长，将两端分别置于 P、Q 两点，拉紧线的中点即得 M 点，反方向即得 N 点； （5）沿 $NPMQ$，在地面上画线，即得第二只基坑面； （6）同样连接 BD、BC，同样得出 M、N 点，得第三、四只基坑	35	每项不正确扣1~5分		
8	自查验收	组织依据施工验收规范对施工工艺、质量进行自查验收	10	（1）未组织验收扣5分； （2）分坑尺寸不正确，超过标准值的2%，扣5分		

评分标准							
序号	作业名称	质量要求	分值	扣分标准		扣分原因	得分
9	文明生产	文明生产，禁止违章操作，不发生安全生产事故。操作过程熟练，工具、材料摆放整齐，现场清理干净	10	（1）发生不安全现象扣5分； （2）工具材料乱放扣3分； （3）现场未清理干净扣2分			
考试开始时间				考试结束时间		合计	
考生栏		编号：	姓名：	所在岗位：	单位：		日期：
考评员栏		成绩：	考评员：			考评组长：	

一、施工

（一）工器具、材料

（1）工器具：个人保安线、φ12传递绳50m、0.5t提绳滑车、安全用具等。

（2）材料：预绞丝悬垂线夹（ADSS悬垂线夹）如图SX208-1所示。

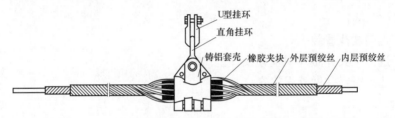

图 SX208-1 预绞丝悬垂线夹（ADSS悬垂线夹）安装示意图

（二）安全要求

1. 防止触电措施

（1）登杆塔前必须仔细核对线路名称、杆号，多回线路还应核对线路的识别标记，确认无误后方可登杆。

（2）Q/GDW 1799.2—2013《国家电网公司电力安全工作规程 线路部分》保证安全的技术措施。

（3）登杆塔作业人员、绳索、工器具及材料与带电体保持规定的安全距离。

2. 防止高空坠落措施

（1）攀登杆塔作业前，应检查杆塔根部、基础和拉线是否牢固。

（2）攀登杆塔作业前，应先检查登高工具、设施，如安全带、脚钉、爬梯、防坠装置等是否完整牢靠。上下杆塔必须使用防坠装置。

（3）在杆塔上作业时，应使用有后备绳或速差自锁器的双控背带式安全带，安全带和后备保护绳（速差自锁器）应分挂在杆塔不同部位的牢固构件上，应防止安全带从杆顶脱出或被锋利物损坏。人员在转位时，手扶的构件应牢固，且不得失去安全保护。

3. 防止落物伤人措施

(1) 现场工作人员必须正确佩戴安全帽。

(2) 高处作业应使用工具袋，较大的工器具应固定在牢固的构件上，不准随便乱放。上下传递物件应用绳索拴牢传递，严禁上下抛掷。

(3) 在进行高空作业时，不准他人在工作地点的下面通行或逗留，工作地点下面应有围栏或装设其他保护装置，防止落物伤人。

4. 防止工器具失灵、导线脱落、绝缘子脱落等措施

(1) 使用工具前应进行检查，严禁以小带大。

(2) 检查金具、绝缘子的连接情况。

(3) 提线工具收紧时，检查工器具连接情况是否牢固可靠。

(4) 当采用单吊线装置时，应采取防止导线脱落的后备保护措施。

(三) 施工步骤

1. 准备工作

(1) 正确规范着装。

(2) 选择工具并做外观检查及冲击试验。

(3) 选择材料并做外观检查。

2. 工作过程

(1) 登杆。

(2) 挂个人保安线。

(3) 安装预绞丝悬垂线夹。

1) 用薄的胶带或记号笔在光缆悬挂点的中央位置做一个标记，如图 SX208-2 所示。

图 SX208-2　预绞丝悬垂线夹安装图一

2) 把单根的预绞丝预绞成 2～3 根一组的子束。将子束中央的标记对准第 1) 步所做的安装标记，并把子束在光缆上缠绕 3～4 圈，如图 SX208-3 所示。

图 SX208-3　预绞丝悬垂线夹安装图二

3）重复步骤 2）的操作，将剩余的子束缠绕完毕，使中心色标对齐，如图 SX208-4所示。

图 SX208-4　预绞丝悬垂线夹安装图三

4）徒手将所有子束的两端一次性全部缠绕完毕。不能使用任何工具，以免损坏或划伤光缆，如图 SX208-5 所示。

图 SX208-5　预绞丝悬垂线夹安装图四

5）以已缠绕完的预绞丝的中心色标为中心，将橡胶夹具分上下两半镶嵌在预绞丝外面，用一条薄的胶带固定好，如图 SX208-6 所示。

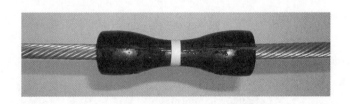

图 SX208-6　预绞丝悬垂线夹安装图五

6）以橡胶夹具上半的中央为中心，将外层预绞丝与光缆平行放置并让它们的中心色标对齐。要确使外层预绞丝的曲线与橡胶夹具的曲面充分吻合。将外层预绞丝在橡胶夹具的每侧各缠绕 2～3 圈，如图 SX208-7 所示。

7）按步骤 6）的操作，在橡胶夹具下半部安装一根外层预绞丝，如图 SX208-8 所示。

图 SX208-7　预绞丝悬垂线夹安装图六　　　图 SX208-8　预绞丝悬垂线夹安装图七

8）安装所有的外层预绞丝。确保绞丝的间隙均匀并且无交叉，如图 SX208-9 所示。

9）徒手将外层预绞丝的两端缠绕平整自然。不能使用任何工具，以免损坏或划伤光缆，如图 SX208-10 所示。

图 SX208-9　预绞丝悬垂线夹安装图八　　　图 SX208-10　预绞丝悬垂线夹安装图九

10）以悬垂线夹的中央为中心，将铝夹板夹嵌在外层预绞丝的外面，让其挂耳向上，如图 SX208-11 所示。

图 SX208-11　预绞丝悬垂线夹安装图十

11）固定好螺母，并将闭口销装上，如图 SX208-12 所示。

图 SX208-12　预绞丝悬垂线夹安装图十一

12）将 U 形挂环固定在杆塔或水泥杆紧固夹具上，如图 SX208 - 13 所示。

图 SX208 - 13　预绞丝悬垂线夹安装图十二

13）固定好螺母，装好闭口销，如图 SX208 - 14 所示。

图 SX208 - 14　预绞丝悬垂线夹安装图十三

14）安装完毕，如图 SX208 - 15 所示。

图 SX208 - 15　预绞丝悬垂线夹安装图十四

（4）拆除个人保安线。

（5）下塔。

3. 工作终结

(1) 自查验收。

(2) 清理现场、退场。

(四) 工艺要求

(1) 杆上作业人员安装预绞丝悬垂线夹，应统一安装在挂点的正下方。

(2) 单悬垂线夹适用线路的转角不得超过 25°，使用双悬垂线夹的线路转角为 25°～60°。

(3) 预绞丝的中点与绝缘子串正下方和悬垂线夹中心点重合。

(4) 预绞丝缠绕方向顺导线方向正确且缠绕紧密。

(5) 不能任意改变其组件的安装数量和长度。

(6) 外层预绞丝无法重复利用。

二、考核

(一) 考核场地

(1) 考场可以设在培训专用杆塔上，杆塔上无障碍物，不少于两个工位。

(2) 给定线路检修时需办理工作票，线路上安全措施已完成，配有一定区域的安全围栏。

(3) 设置评判桌椅和计时秒表。

(二) 考核时间

(1) 考核时间为 40min。

(2) 考评员宣布开始后记录考核开始时间。

(3) 现场清理完毕后，汇报工作终结，记录考核结束时间。

(三) 考核要点

(1) 要求一人操作，一人配合，一位工作负责人。考生就位，经许可后开始工作，规范穿戴工作服、安全帽、手套等。

(2) 工器具选用满足工作需要，进行外观检查。

(3) 选用材料的规格、型号、数量符合要求，进行外观检查及冲击试验。

(4) 在杆塔上作业过程中，保证人身、预绞丝悬垂线夹及工器具对带电体的安全距离。

(5) 安装预绞丝悬垂线夹。

1) 杆上作业人员安装预绞丝悬垂线夹，应统一安装在绝缘子串正下方。

2) 预绞丝的中点与绝缘子串正下方和悬垂线夹中心点重合。

3）预绞丝缠绕方向顺导线方向正确且缠绕紧密。

三、评分参考标准

行业：电力工程　　　　　　工种：送电线路工　　　　　　等级：二

编号	SX208	行业领域	e	鉴定范围	
考核时间	40min	题型	A	含权题分	25
试题名称	110（220）kV架空线路预绞丝悬垂线夹安装				
考核要点及其要求	（1）给定条件：考场可以设在培训专用杆塔上进行，杆塔上无障碍。不少于两个工位。 （2）工作环境：现场操作场地及设备材料已完备。给定线路上安全措施，施工时需办理工作票和许可手续已完成，配有一定区域的安全围栏。 （3）检查预绞丝悬垂线夹安装工艺				
现场设备、工具、材料	（1）工具：个人保安线、传递绳（ϕ12-50m）、提绳滑车（0.5t）、安全用具等。 （2）材料：预绞丝悬垂线夹（ADSS悬垂线夹）				
备注					

<table>
<tr><th colspan="7">评分标准</th></tr>
<tr><th>序号</th><th>作业名称</th><th>质量要求</th><th>分值</th><th>扣分标准</th><th>扣分原因</th><th>得分</th></tr>
<tr><td>1</td><td>着装</td><td>工作服、绝缘鞋、安全帽、手套穿戴正确</td><td>5</td><td>（1）未着装扣5分；
（2）着装不规范扣3分</td><td></td><td></td></tr>
<tr><td>2</td><td>工具选用</td><td>工器具选用满足施工需要，工器具做外观检查及冲击试验</td><td>5</td><td>（1）选用不当扣1分；
（2）工器具未做外观检查扣2分；
（3）未做冲击试验扣2分</td><td></td><td></td></tr>
<tr><td>3</td><td>材料选用</td><td>预绞丝悬垂线夹</td><td>10</td><td>漏选错选扣5~10分</td><td></td><td></td></tr>
<tr><td>4</td><td>登塔</td><td>工作人员携带个人工器具登上杆塔横担。在杆塔上作业转位时，不得失去安全保护</td><td>15</td><td>（1）后备保护使用不正确扣2分；
（2）作业过程中失去安全带保护扣3分；
（3）登塔不熟练扣3分</td><td></td><td></td></tr>
</table>

		评分标准				
序号	作业名称	质量要求	分值	扣分标准	扣分原因	得分
5	安装预绞式悬垂线夹	地面人员将预绞丝悬垂线夹通过绳索传递至塔上作业人员，将预绞丝悬垂线夹中心放于挂点处的正下方，将预绞丝悬垂线夹顺导线方向平压一段后，与外层铝股绞制方向一致，缠绕时压紧，每圈紧密均匀分布，并将预绞丝悬垂线夹两头的预绞丝处理平整	35	（1）传递过程中预绞丝悬垂线夹与塔身发生碰撞扣5分； （2）预绞丝悬垂线夹的中心未在挂点处的正下方扣5分； （3）预绞丝悬垂线夹缠绕方向错误扣10分； （4）预绞丝悬垂线夹安装后缠绕不紧密，扣1～5分； （5）预绞丝悬垂线夹两端预绞丝头子未进行处理扣1～5分； （6）缠绕过程中预绞丝发生变形、损伤的扣5分		
6	下塔	安装完成后，检查杆上是否有遗留物，确无问题后，工作人员返回地面	10	（1）未检查作业面遗留物扣2分； （2）下塔不熟练扣3分		
7	自查验收	组织依据施工验收规范对施工工艺、质量进行自查验收	10	未组织验收扣10分		
8	文明生产	文明生产，禁止违章操作，不发生安全生产事故。操作过程熟练，工具、材料摆放整齐，现场清理干净	10	（1）发生不安全现象扣5分； （2）工具材料乱放扣3分； （3）现场未清理干净扣2分		
考试开始时间			考试结束时间		合计	
考生栏	编号：	姓名：	所在岗位：	单位：	日期：	
考评员栏	成绩：	考评员：			考评组长：	

一、施工

（一）工器具、材料

J2光学经纬仪、丝制手套、塔尺（5m）、函数计算器。

（二）安全要求

1. 防止坠物伤人措施

在线下或杆塔下测量时作业人员必须戴好安全帽。

2. 防止触电伤人措施

在测量带电线路导线对各类交叉跨越物的安全距离时，确保测量标尺与带电设备保持安全距离。

（三）施工步骤

1. 准备工作

（1）正确规范着装。

（2）选择工具，做外观检查。

2. 工作过程

（1）选定仪器站点。站点位置，在线路交叉角的平分线上的 4 个位置任选一个，站点位置距离线路交叉点距离约 20～40m。

（2）仪器架设。打开三脚架，调节脚架高度适中，目估三脚架头大致水平，将仪器放在脚架上，并拧紧连接仪器和三脚架的中心连接螺旋，踏紧架腿；转动照准部，使照准部水准管与任一对脚螺旋的连线平行，两手同时向内或外转动这两个脚螺旋，使水准管气泡居中。将照准部旋转 90°，转动第三个脚螺旋，使水准管气泡居中，按以上步骤反复进行，直到照准部转至任意位置气泡皆居中为止。

（3）交叉跨越距离测量，如图 SX209 - 1 所示。

1）测量水平距离。将照准部锁紧螺旋及望远镜锁紧螺旋锁紧，转动照准部微

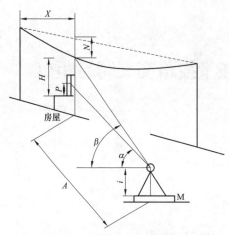

图 SX209-1 交叉跨越距离测量示意图

动螺旋使十字丝上下丝能落在塔尺上，转动望远镜微动调节螺旋使十字丝上丝与塔尺上某一起始刻度重合，读出上丝及下丝所夹塔尺刻度之差乘 100 得出距离 A。

2) 测量垂直角。松开望远镜锁紧螺旋，将换象手轮转至竖直位置，打开仪器竖盘照明反光镜并转动调整张开角度，转动显微镜目镜螺丝使读数最清晰，将镜筒瞄准下层线路或被跨越物，锁紧望远镜制动手轮，转动望远镜微动手轮使十字丝与下层线路或被跨越物最高交叉点精确相切，旋转竖盘指标微动手轮使观察棱镜内看到的竖盘水准器水泡精确符合，转动测微手轮，使读数显微镜内见到有上下两部分影响相对移动，知道上下格线精确符合为止，读出度、分、秒得 α。用同样的方法读出上层导线的垂直角度 β。

3) 计算。利用公式计算出交叉跨越物间的距离 $H = A(\tan\beta - \tan\alpha)$。

3. 工作终结

(1) 自查验收。

(2) 清理现场并组织退场。

(四) 工艺要求

(1) 仪器架设点选取合适，便于观察测量。站点位置，在线路交叉角的平分线上的四个位置任选一个，站点位置距离线路交叉点距离约 20～40m。

(2) 仪器架设气泡无偏移，物镜清晰。

(3) 对光后刻度盘清晰，便于读数，且读数正确无误。

(4) 测量方法正确，计算准确无误。

二、考核

(一) 考核场地

(1) 场地要求。在培训线路上测量或选用一处有交叉跨越的地方测量。

(2) 给定测量作业任务时需办理工作票，配有一定区域的安全围栏。

(3) 设置评判桌椅和计时秒表、计算器。

（二）考核时间

（1）考核时间为 50min。

（2）考评员宣布开始后记录考核开始时间。

（3）现场清理完毕后，汇报工作终结，记录考核结束时间。

（三）考核要点

（1）要求一人操作，一人配合，工作负责人。考生就位，经许可后开始工作，规范穿戴工作服、绝缘鞋、安全帽、手套等。

（2）工器具选用满足工作需要，进行外观检查。

（3）仪器架设正确，读数、记录无误。

（4）数据计算过程清晰，且正确无误。

三、评分参考标准

行业：电力工程　　　　　工种：送电线路工　　　　　等级：二

编号	SX209	行业领域	e	鉴定范围	
考核时间	50min	题型	A	含权题分	30
试题名称	采用经纬仪测量线路交叉跨越距离				
考核要点及其要求	（1）给定条件：考场可以设在培训专用场地进行，场地无障碍。 （2）工作环境：在培训线路上测量或选用一处有交叉跨越的地方测量。 （3）选择工具并做外观检查				
现场设备、工具、材料	主要工具：J2 光学经纬仪、丝制手套、塔尺（5m）、函数计算器				
备注					

			评分标准			
序号	作业名称	质量要求	分值	扣分标准	扣分原因	得分
1	着装	工作服、绝缘鞋、安全帽、手套穿戴正确	5	（1）未着装扣 5 分； （2）着装不规范扣 3 分		
2	工具选用	工器具选用满足作业需要，工器具做外观检查	5	（1）选用不当扣 3 分； （2）工器具未做外观检查扣 2 分		
3	选定仪器站点	选择测量点合理，选用测量点距离正确	5	（1）测量点位置在线路交叉的角平分线上的四个位置人选一个，不正确扣 3 分； （2）测量点位置距离线路交叉点距离 20～40m，不正确扣 2 分		

		评分标准				
序号	作业名称	质量要求	分值	扣分标准	扣分原因	得分
4	仪器安装	将三脚架高度调节好后架于测量点处，仪器从箱中取出，将仪器放于三脚架上，转动中心固定螺栓，将三脚架踩紧或调整各脚的高度	6	(1) 仪器高度不便于操作，扣1分； (2) 一手握扶照准部，另一手握住三脚机座，不正确扣1分； (3) 有危险动作扣2分； (4) 使圆水泡的气泡居中，不正确扣2分		
5	仪器调平、对光、调焦	转动仪器照准部，以相反方向等量转动此两脚螺栓，将仪器转动90°，旋转第三脚螺栓，反复调整两次，将望远镜向着光亮均匀的背景，转动目镜，指挥在线路交叉点正下方竖塔尺，将镜筒瞄准塔尺、调焦	14	(1) 根据气泡偏离情况扣1~5分，气泡每偏离1格扣2分； (2) 仪器反复调整超过两次倒扣3分； (3) 分划板十字丝不清晰明确，扣1分； (4) 塔尺未竖直，扣1分； (5) 使塔尺刻度不清晰，扣1~3分		
6	测量水平距离	将照准部锁紧螺旋及望远镜锁紧螺旋锁紧，转动照准部微动螺旋使十字丝上能夹住塔尺，转动望远镜微动螺旋使十字丝上丝与塔尺某一起始刻度重合，读出上丝至下丝塔尺刻度，将换向手轮转至竖直位置，打开仪器竖盘照明反光镜并转动或调整装开角度，调整读数显微镜目镜，转动竖盘指示微动手轮，转动测微手轮使读数显微镜内见到有上下两个部分的影像相对移动，算出水平距离A	25	(1) 仪器使用不正确扣1~3分； (2) 十字丝上丝与塔尺某一起始刻度不重合，扣1~4分； (3) 读出上丝至下丝塔尺刻度不正确扣6分； (4) 显微镜中读数不清晰扣1~4分； (5) 观察棱镜内看到的竖盘水准泡有偏差扣1~3分； (6) 计算不正确扣5分		
7	测量垂直角	松开望远镜锁紧螺旋，将镜筒瞄准上层导线，转动望远镜微动手轮，转动竖盘指示微动手轮，转动测微手轮使读数显微镜内见到有上下两个部分的影像相对移动，用同样的方法测出下层导线的垂直角度	15	(1) 仪器操作不正确扣1~3分； (2) 十字丝与导线未精确相切扣1~3分； (3) 棱镜内看到的竖盘水准泡，气泡每偏离1格扣2分； (4) 读取角度数据不正确扣1~5分		

		评分标准				
序号	作业名称	质量要求	分值	扣分标准	扣分原因	得分
8	计算	利用公式计算出交叉跨越的距离 $H = A(\tan\beta - \tan\alpha)$	5	计算不正确扣 1~5 分		
9	收仪器	松动所有制动手轮，松开仪器中心固定螺旋，双手将仪器轻轻拿下放进箱内，清除三脚架上的泥土	5	（1）一手握住仪器，一手旋下固定螺旋，不正确扣 1~3 分； （2）要求位置正确，一次成功，每失误一次扣 3 分； （3）将三脚架收回，扣上皮带，不正确扣 1~3 分； （4）动作熟练流畅，不熟练扣 1~4 分		
10	自查验收	组织依据施工验收规范对施工工艺、质量进行自查验收	5	未组织验收扣 5 分		
11	文明生产	文明生产，禁止违章操作，不发生安全生产事故。操作过程熟练，工具、材料摆放整齐，现场清理干净	10	（1）发生不安全现象扣 5 分； （2）工具材料乱放扣 3 分； （3）现场未清理干净扣 2 分		
考试开始时间			考试结束时间		合计	
考生栏	编号：	姓名：	所在岗位：	单位：	日期：	
考评员栏	成绩：	考评员：		考评组长：		

SX210 耐张塔挂线前临时拉线的制作

一、施工

(一) 工器具、材料

（1）工器具：φ12 传递绳 50m、0.5t 提绳滑车、紧线器（或手扳葫芦加海爪）1 把、钢丝绳专用卡线器 1 把、重锤（8 磅）。

（2）材料：钢丝绳（φ9.3～φ12.5）1 根、1～3 根角桩∠100mm×9mm×1500mm、花篮螺栓联扣 1 付、U 型环或卸扣 2 只（60～100kN）、钢丝套 1 根、10 号铁丝 3m。

(二) 安全要求

1. 防止触电措施

（1）登杆塔前必须仔细核对线路名称、杆号，多回线路还应核对线路的识别标记，确认无误后方可登杆。

（2）严格执行 Q/GDW 1799.2—2013《国家电网公司电力安全工作规程 线路部分》保证安全的技术措施。

（3）登杆塔作业人员、绳索、工器具及材料与带电体保持规定的安全距离。

2. 防止高空坠落措施

（1）攀登杆塔作业前，应检查杆塔根部、基础和拉线是否牢固。

（2）攀登杆塔作业前，应先检查登高工具、设施，如安全带、脚钉、爬梯、防坠装置等是否完整牢靠。上下杆塔必须使用防坠装置。

（3）在杆塔上作业时，应使用有后备绳或速差自锁器的双控背带式安全带，安全带和后备保护绳（速差自锁器）应分挂在杆塔不同部位的牢固构件上，应防止安全带从杆顶脱出或被锋利物损坏。人员在转位时，手扶的构件应牢固，且不得失去安全保护。

3. 防止落物伤人措施

（1）现场工作人员必须正确佩戴安全帽。

（2）高处作业应使用工具袋，较大的工器具应固定在牢固的构件上，不准随便乱放。上下传递物件应用绳索拴牢传递，严禁上下抛掷。

（3）在进行高空作业时，不准他人在工作地点的下面通行或逗留，工作地点下面应有围栏或装设其他保护装置，防止落物伤人。

4. 防止工器具失灵、导线脱落、绝缘子脱落等措施

（1）使用工具前应进行检查，严禁以小带大。

（2）检查金具、绝缘子的连接情况。

（3）提线工具收紧前，检查工器具连接情况是否牢固可靠。

（4）当采用单吊线装置前，应采取防止导线脱落的后备保护措施。

（三）施工步骤

1. 准备工作

（1）着装。

（2）选择工具，做外观检查。

（3）选择材料，做外观检查。

2. 工作过程

（1）观察现场，确定打临时拉线位置，如图 SX210-1 所示。

（2）登塔及确定作业位置，登塔前要检查登高工具是否在试验期限内，对脚扣、安全带及后备保护绳做冲击试验。高空作业时安全带应系在牢固的构件上。确定临时拉线在横担上挂点并站好作业位置后，系好安全带，将吊绳牢固挂在横担上。

（3）吊装临时拉线。塔上人员吊上临时拉线（带 U 型环），临时拉线与吊绳不得互相缠绕，然后将临时拉线在横担上缠绕两圈，并将绳套与主绳用 U 型环可靠连接。

（4）下塔，并再次确定桩锚位置，以及临时拉线在横担处连接牢固，且应保证临时拉线做好后与地面的水平夹角为 30°～45°。

（5）锚桩，角桩与地面的夹角（锐角）为 70°～80°，其打入地下深度为角桩长度的 2/3 左右，如选用二联桩甚至三联桩。对二联桩，两桩的连线应在紧线反方向的延长线上，对三联桩，应呈等腰三角形。各桩之间用花篮螺栓式联扣连接，前桩联扣靠顶部，后桩联扣靠底部，然后将联扣调紧受力。联扣受力后，其螺杆必须露出螺纹，且不得在角桩上滑动，如图 SX210-2 所示。

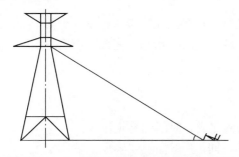 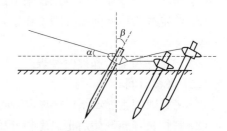

图 SX210-1 耐张塔挂线前临时拉线示意图　　图 SX210-2 锚桩安装示意图

(6) 临时拉线下把制作。首先在桩锚靠地面位置缠绕好钢丝套（缠绕两圈），再在钢丝绳上挂好卡线器，然后将紧线器放长，两端分别连接卡线器和钢丝套。收紧紧线器，使钢丝绳受力略大于永久拉线受力。然后将钢丝绳尾绳在桩锚底部缠绕4～5圈，并交互压紧主绳，尾线用10号铁丝（或钢丝卡子）与主绳扎紧，需绑扎两处，每处绑扎长度不少于5cm。然后将紧线器放松，拆除紧线器、钢丝套及卡线器，如图SX210-3所示。

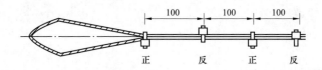

图 SX210-3　临时拉线下把制作示意图

3．工作终结

(1) 自查验收。

(2) 清理现场、退场。

4．工艺要求

(1) 临时拉线对地水平夹角为30°～45°。

(2) 每根架空线（导、地线）必须在紧线的反方向延长线上打一根临时拉线。

(3) 临时拉线对地水平夹角为30°～45°。

(4) 角桩与地面的夹角（锐角）为70°～80°，其打入地下深度为角桩长度的2/3左右，如选用二联桩甚至三联桩。对二联桩，两桩的连线应在紧线反方向的延长线上，对三联桩，应呈等腰三角形。

(5) 临时拉线制作完成后，确认其受力良好，能对杆塔起到加强和保护作用。

二、考核

(一) 考核场地

(1) 考场可以设在培训专用杆塔上进行，杆塔上无障碍物，不少于两个工位。

(2) 给定线路检修前需办理工作票，线路上安全措施已完成，配有一定区域的安全围栏。

(3) 设置评判桌椅和计时秒表。

(二) 考核时间

(1) 考核时间为60min，在规定时间内完成，时间到终止作业。

(2) 考评员宣布开始后记录考核开始时间。

(3) 现场清理完毕后，汇报工作终结，记录考核结束时间。

(三) 考核要点

(1) 要求一人操作，一人配合，并配有工作监护人。考生就位，经许可后开始工作，规范穿戴工作服、绝缘鞋、安全帽、手套等。

(2) 工器具选用满足工作需要，进行外观检查及冲击试验。

(3) 选用材料的规格、型号、数量符合要求，进行外观检查。

(4) 在杆塔上作业过程中，保证人身、工器具对带电体的安全距离。

(5) 临时拉线对地水平夹角为 30°～45°。

(6) 角桩与地面的夹角（锐角）为 70°～80°，其打入地下深度为角桩长度的 2/3 左右，如选用二联桩甚至三联桩。对二联桩，两桩的连线应在紧线反方向的延长线上，对三联桩，应呈等腰三角形。

三、评分参考标准

行业：电力工程　　　　　　　　工种：送电线路工　　　　　　　等级：二

编号	SX210	行业领域	e	鉴定范围	
考核时间	60min	题型	A	含权题分	35
试题名称	耐张塔挂线前临时拉线的制作				
考核要点及其要求	(1) 给定条件：考场可以设在培训专用杆塔上进行，杆塔上无障碍物，不少于两个工位。 (2) 工作环境：现场操作场地及设备材料已完备。给定线路上安全措施，施工前需办理工作票和许可手续已完成，配有一定区域的安全围栏。 (3) 检查临时拉线安装工艺				
现场设备、工具、材料	(1) 工具：ϕ12 传递绳 50m、0.5t 提绳滑车、紧线器（或手扳葫芦加海爪）1 把、钢丝绳专用卡线器 1 把、重锤（8 磅）。 (2) 材料：钢丝绳（ϕ9.3～ϕ12.5）1 根、1～3 根角桩∠100mm×9mm×1500mm、花篮螺拴联扣 1 付、U 型环或卸扣 2 只（60～100kN）、钢丝套 1 根、10 号铁丝 3m。				
备注					

			评分标准				

序号	作业名称	质量要求	分值	扣分标准	扣分原因	得分
1	着装	工作服、绝缘鞋、安全帽、手套穿戴正确	5	(1) 未着装扣 5 分； (2) 着装不规范扣 3 分		
2	工具选用	工器具选用满足施工需要，工器具做外观检查，安全工器具应做冲击试验	5	(1) 选用不当扣 1 分； (2) 工器具未做外观检查扣 2 分； (3) 未做冲击试验扣 2 分		
3	材料选用	材料选择合理，数量够用	10	漏选错选扣 5～10 分		

				评分标准			
序号	作业名称	质量要求	分值	扣分标准	扣分原因	得分
4	登塔	工作人员携带传递绳，登上杆塔横担。在杆塔上作业转位时，不得失去安全带或保护绳的保护。工作位置方便操作，且不来回移动	10	（1）后备保护使用不正确扣2分； （2）作业过程中失去安全带保护扣3分； （3）登塔不熟练扣3分； （4）工作时来回移动，扣2分		
5	安装临时拉线上把	塔上人员吊上临时拉线（带U型环），临时拉线与吊绳不得互相缠绕，然后将临时拉线在横担上缠绕两圈，并将绳套与主绳用U型环可靠连接	15	（1）传递过程中塔上作业人员与塔身发生碰撞扣2分； （2）临时拉线上把安装位置不合理扣3分； （3）吊钢丝绳动作不熟练，吊绳与钢丝绳缠绕扣2分； （4）钢丝绳绕塔身不正确扣3分； （5）钢丝绳妨碍紧线、挂线工作，扣2分； （6）用紧线夹头夹紧钢丝绳不正确扣3分		
6	下塔	安装完成后，检查临时拉线上把的悬挂情况，且确认塔上是否有遗留物，确无问题后，工作人员返回地面	5	（1）未检查作业面遗留物扣2分； （2）下塔不熟练扣3分		
7	锚桩	用重锤将角桩其打入地下深度为角桩长度的2/3左右，如选用二联桩甚至三联桩。对二联桩，两桩的连线应在紧线反方向的延长线上，对三联桩，应呈等腰三角形。各桩之间用花篮螺栓式联扣连接，前桩联扣靠顶部，后桩联扣靠底部，然后将联扣调紧受力。联扣受力后，其螺杆必须露出螺纹，且不得在角桩上滑动	15	（1）重锤使用不正确或有危险动作，扣1~5分； （2）角桩与地面的夹角不正确扣1~2分； （3）角桩打入地下深度不够扣1~3分； （4）锚桩不正确，方法不合理扣1~5分		

		评分标准				
序号	作业名称	质量要求	分值	扣分标准	扣分原因	得分
8	临时拉线下把制作及安装	首先在桩锚靠地面位置缠绕好钢丝套（缠绕两圈），然后在钢丝绳上挂好卡线器，最后将紧线器放长，两端分别连接卡线器和钢丝套。收紧紧线器，使钢丝绳受力略大于永久拉线受力。其次将钢丝绳尾绳在桩锚底部缠绕4～5圈，并交互压紧主绳，尾线用10号铁丝（或钢丝卡子）与主绳扎紧，需绑扎两处，每处绑扎长度不少于5cm。然后将紧线器放松，拆除紧线器、钢丝套及卡线器	15	（1）卡线器使用不熟练扣1～2分； （2）紧线器使用不熟练扣1～3分； （3）钢丝绳受力不合理扣1～5分； （4）钢丝绳缠绕桩锚不正确扣1～3分； （5）用紧线夹头夹紧钢丝绳不正确扣1～3分		
9	自查验收	组织依据施工验收规范对施工工艺、质量进行自查验收	10	未组织验收扣10分		
10	文明生产	文明生产，禁止违章操作，不发生安全生产事故。操作过程熟练，工具、材料摆放整齐，现场清理干净	10	（1）发生不安全现象扣5分； （2）工具材料乱放扣3分； （3）现场未清理干净扣2分		
考试开始时间			考试结束时间		合计	
考生栏	编号：　　　姓名：		所在岗位：　　　单位：		日期：	
考评员栏	成绩：　　　考评员：		考评组长：			

一、施工

(一) 工器具、材料

(1) 工器具：个人工具、防护用具、220kV验电器、接地线、围栏、安全标示牌（"在此工作！"一块、"从此进出"一块）、拔销器、3m软梯、抹布、1t滑车、ϕ12传递绳60m、3t手拉葫芦、双分裂导线提线器、导线保护绳、防坠装置、横担挂座（ϕ13~ϕ15钢丝绳套）。

(2) 材料：220kV复合绝缘子、均压环。

(二) 安全要求

1. 防止触电措施

(1) 登杆塔前必须仔细核对线路名称、杆号，多回线路还应核对线路的识别标记，确认无误后方可登杆。

(2) 严格执行Q/GDW 1799.2—2013《国家电网公司电力安全工作规程 线路部分》保证安全的技术措施。

(3) 登杆塔作业人员、绳索、工器具及材料与带电体保持规定的安全距离。

2. 防止高空坠落措施

(1) 攀登杆塔作业前，应检查杆塔根部、基础和拉线是否牢固。

(2) 攀登杆塔作业前，应先检查登高工具、设施，如安全带、脚钉、爬梯、防坠装置等是否完整牢靠。上下杆塔必须使用防坠装置。

(3) 在杆塔上作业前，应使用有后备绳或速差自锁器的双控背带式安全带，安全带和后备保护绳（速差自锁器）应分挂在杆塔不同部位的牢固构件上，应防止安全带从杆顶脱出或被锋利物损坏。人员在转位时，手扶的构件应牢固，且不得失去安全保护。

3. 防止落物伤人措施

(1) 现场工作人员必须正确佩戴安全帽。

(2) 高处作业应使用工具袋，较大的工器具应固定在牢固的构件上，不准随便

乱放。上下传递物件应用绳索拴牢传递，严禁上下抛掷。

（3）在进行高空作业时，不准他人在工作地点的下面通行或逗留，工作地点下面应有围栏或装设其他保护装置，防止落物伤人。

4. 防止工器具失灵、导线脱落、绝缘子脱落等措施

（1）使用工具前应进行检查，严禁以小带大。

（2）检查金具、绝缘子的连接情况。

（3）提线工具收紧前，检查工器具连接情况是否牢固可靠。

（4）当采用单吊线装置时，应采取防止导线脱落的后备保护措施。

（三）施工步骤

1. 准备工作

（1）现场勘察。应明确现场检修作业需要停电的范围、保留的带电部位和现场作业的条件、环境及其他危险点等，了解杆塔周围情况、地形、交叉跨越等。

（2）相关资料。查阅图纸资料，明确塔型、呼称高，导线型号及复合绝缘子型号等，以确定使用的工器具、材料。

（3）工作票及任务单。工作票签发人根据现场情况等相关资料，签发工作票和任务单，根据 Q/GDW 1799.2—2013《国家电网公司电力安全工作规程 线路部分》和现场实际填写电力线路第一种工作票，工作负责人确认无误后接受工作票和任务单。

（4）着装。工作服、绝缘鞋、安全帽、劳保手套穿戴正确。

（5）选择工具，做外观检查。选择工具、防护用具及辅助器具，并检查工器具外观完好无损，具有合格证并在有效试验周期内。

（6）选择材料，做外观检查。绝缘子外观合格，复合绝缘子伞裙、护套不应出现破损或龟裂，端头密封不应开裂、老化。均压环完好，光滑不变形，螺栓齐全。

2. 操作步骤

（1）上塔作业前的准备。

1）工作人员根据工作情况选择工器具及材料并检查是否完好。

2）工作人员核对线路名称、杆号，检查杆塔根部、基础是否完好。

3）地面作业人员在适当的位置将传递绳理顺确保无缠绕，对复合绝缘子和均压环进行外观检查。

4）按工作票的要求在工作地段前后杆塔的导线上验明确无电压后装设好接地线。

（2）登塔作业。

1）塔上作业人员检查登杆工具及安全防护用具并确保良好、可靠，并对登杆

工具、安全防护用具和防坠装置做冲击试验。

2）塔上作业人员戴好安全帽，系好安全带、后备保护绳，携带传递绳开始登塔。禁止携带器材登杆或在杆塔上移位。杆塔有防坠装置的，应使用防坠装置，铁塔没有防坠装置的，应使用双钩防坠装置。

（3）工器具安装。

1）杆塔上作业人员携带传递绳、滑车登至需更换复合绝缘子横担上方，将安全带、后备保护绳系在横担主材上，在横担的适当位置挂好传递绳。

2）地面作业人员组装葫芦和双分裂提线器，然后将软梯、导线保护绳和提线工具（葫芦、双分裂提线器）依次传递至杆塔。

3）导线侧作业人员在横担主材的适当位置挂好软梯，检查连接可靠牢固后，对软梯进行冲击并下到导线上。

4）横担侧作业人员在横担主承力部位上挂好导线保护绳和提线工具，导线侧作业人员先将导线保护绳另一端拴在两分裂导线上，然后调整葫芦长度将两分裂提线器连接到导线的适当位置上，收紧手拉葫芦使其稍受力。

（4）更换复合绝缘子。

1）杆塔上作业人员检查导线保护绳和提线工具的连接，并对提线工具进行冲击试验。无误后收紧提线工具，转移绝缘子荷载。

2）导线侧作业人员拔出弹簧销，脱开复合绝缘子与碗头的连接。横担侧作业人员用传递绳捆绑复合绝缘子，然后拔出绝缘子的弹簧销，脱开复合绝缘子与球头的连接，并传递至地面。

3）地面作业人员将组装好的新复合绝缘子传递至横担侧作业人员，横担侧作业人员连接新复合绝缘子，推入弹簧销，解开传递绳。导线侧作业人员在新复合绝缘子横担侧连接好后，连接新复合绝缘子的导线侧并推入弹簧销。

4）杆塔上作业人员检查新复合绝缘子连接无误后，稍松提线工具使新复合绝缘子受力，检查新复合绝缘子受力情况。

5）杆塔上作业人员确认新复合绝缘子受力正常后，继续松提线工具到能够拆除为止。

（5）工器具拆除。杆塔上作业人员检查复合绝缘子安装质量无问题后，拆除提线工具、导线保护绳并传递至地面。导线侧作业人员检查导线、复合绝缘子无遗留物后，爬软梯到横担上，拆除软梯并传递至地面。

（6）下塔作业。塔上作业人员检查导线、复合绝缘子和横担上无任何遗留物后，解开安全带、后备保护绳，携带传递绳下塔。

3．工作终结

（1）工作负责人确认所有施工内容已完成，质量符合标准；杆塔上、导线上、绝缘子上及其他辅助设备上没有遗留的个人保安线、工具、材料等；查明全部工作人员确由杆塔上撤下后，再命令拆除工作地段所挂的接地线。

（2）清理地面工作现场，确认工器具均已收齐，工作现场做到"工完、料净、场地清"。并向工作许可人汇报作业结束，履行终结手续。

（四）工艺要求

（1）复合绝缘子的规格应符合设计要求，爬距应能满足该地区污秽等级要求，伞裙、护套不应出现破损或龟裂，端头密封不应开裂、老化。

（2）均压环安装位置正确，开口方向符合说明书规定，不应出现松动、变形，不得反装。

（3）复合绝缘子安装时应检查球头、碗头与弹簧销子之间的间隙。在安装好弹簧销子的情况下球头不得自碗头中脱出，严禁线材（铁丝）代替弹簧销。

（4）绝缘子串应与地面垂直，个别情况下，顺线路方向的倾斜度不应大于$7.5°$，或偏移值不应大于300mm。连续上、下山坡处杆塔上的悬垂线夹的安装位置应符合设计规定。

（5）复合绝缘子上的穿钉和弹簧销子的穿向一致，均按线路方向穿入。使用 W 型弹簧销子时，绝缘子大口均朝线路后方。使用 R 型弹簧销子时，大口均朝线路前方。螺栓及穿钉凡能顺线路方向穿入者均按线路方向穿入，特殊情况为两边线由内向外穿，中线由左向右穿。

（6）金具上所用的穿钉销的直径必须与孔径相配合，且弹力适度。穿钉开口销子必须开口 $60°\sim90°$，销子开口后不得有折断、裂纹等现象，禁止用线材代替开口销子；穿钉呈水平方向时，开口销子的开口应向下。

（五）注意事项

（1）上下软梯时，手脚要稳，并打好后备保护绳，严禁攀爬复合绝缘子。

（2）作业区域设置安全围栏，悬挂安全标示牌。

（3）在脱离复合绝缘子和导线连接前，应仔细检查承力工具各部连接，确保安全无误后方可进行。

（4）承力工器具严禁以小代大，并应在有效的检验期内。

二、考核

（一）考核场地

（1）考场可以设在两基培训专用 220kV 合成绝缘子直线杆塔上进行，杆塔上无障碍物，杆塔有防坠装置。

（2）给定线路检修时需办理的工作票，线路上安全措施已完成，配有一定区域的安全围栏。

（3）设置两套评判桌椅和计时秒表、计算器。

（二）考核时间

（1）考核时间为 40min。

（2）许可开工后记录考核开始时间。

（3）现场清理完毕后，汇报工作终结，记录考核结束时间。

（三）考核要点

（1）要求两人操作，三人配合，一名工作负责人。考生就位，经许可后开始工作，规范穿戴工作服、绝缘鞋、安全帽、手套等。

（2）工器具选用满足工作需要，进行外观检查。

（3）选用材料的规格、型号、数量符合要求，进行外观检查。

（4）登杆塔前要核对线路名称、杆号，检查登高工具是否在试验期限内，对安全带、后备保护绳和防坠装置做冲击试验。高空作业中动作熟练，站位合理。安全带应系在牢固的构件上，并系好后备绳，确保双重保护。转向移位穿越时不得失去安全保护。作业时不得失去监护。

（5）杆塔上作业完成，清理杆上遗留物，得到工作负责人许可后方可下杆。

（6）复合绝缘子的更换符合工艺要求。

（7）自查验收。清理现场施工作业结束后，工作负责人依据施工验收规范对施工工艺、质量进行自查验收，按要求清理施工现场，整理工具、材料，办理工作终结手续。

（8）安全文明生产，按规定时间完成，按所完成的内容计分，要求操作过程熟练连贯，施工有序，工具、材料存放整齐，现场清理干净。

（9）发生安全事故本项考核不及格。

三、评分参考标准

行业：电力工程　　　　　　工种：送电线路工　　　　　　等级：二

编号	SX211	行为领域	e	鉴定范围	
考核时间	40min	题型	B	含权题分	25
试题名称	220kV 直线杆塔更换单串复合绝缘子				
考核要点及其要求	（1）按要求选择工具及材料。 （2）严格按照工作流程及工艺要求进行操作。 （3）操作时间为 40min，时间到停止操作。 （4）本项目为两人操作，现场配辅助作业人员三名、工作负责人一名。辅助工作人员只协助考生完成塔上工具、材料的上吊和下卸工作，工作负责人只监护工作安全				

现场设备、工具、材料	(1) 工具：个人工具、防护用具、220kV 验电器、接地线、围栏、安全标示牌（"在此工作!"一块、"从此进出"一块）、拔销器、3m 软梯、抹布、1t 滑车、φ12 传递绳 60m、3t 手拉葫芦、双分裂导线提线器、导线保护绳、防坠装置、横担挂座（φ13～φ15 钢丝绳套）。 (2) 材料：220kV 复合绝缘子、均压环。 (3) 考生自备工作服、绝缘鞋、自带个人工具
备注	

评分标准

序号	作业名称	质量要求	分值	扣分标准	扣分原因	得分
1	着装	工作服、绝缘鞋、安全帽、手套穿戴正确	1	穿戴不正确一项扣1分		
2	工具选用	(1) 个人工具：常用电工工器具一套	5	操作再次拿工具每件扣1分		
		(2) 专用工具：3t 手拉葫芦、双分裂导线提线器、软梯、导线保护绳、速差保护器、传递绳、横担挂座（φ13～φ15 钢丝绳套）		1) 安全带、保护绳、防坠落装置的检查和未做冲击试验每项扣2分； 2) 工具漏检一件扣2分		
3	材料准备	复合绝缘子、均压环	4	(1) 未检查清扫合成绝缘子扣2分； (2) 未检查均压环扣2分		
4	更换合成绝缘子	(1) 登杆：上杆作业人员，带上滑车及传递绳。攀登杆塔，在杆塔上系好安全带及保护绳，将滑车挂好	70	1) 后备保护使用不正确扣2分； 2) 作业过程中失去安全带保护扣3分； 3) 下到导线前未检查绝缘子、弹簧销子扣2分		
		(2) 提升工具：地面人员通过传递绳提升工器具。如葫芦、千斤、卸扣、导线保护绳、软梯等		发生撞击每次扣2分		
		(3) 挂牢软梯：将软梯在横担头侧面钩挂和绑扎牢靠		未对软梯进行安装检查扣2分		
		(4) 进入作业位置：沿软梯进入作业位置		1) 上软梯前不做冲击试验扣2分； 2) 爬软梯失去保护每次扣5分		

<table>
<tr><td colspan="7" align="center">评分标准</td></tr>
<tr><td>序号</td><td>作业名称</td><td>质量要求</td><td>分值</td><td>扣分标准</td><td>扣分原因</td><td>得分</td></tr>
<tr>
<td rowspan="7">4</td>
<td rowspan="7">更换合成绝缘子</td>
<td>(5) 安装导线保护绳：安装好导线保护绳</td>
<td rowspan="7">70</td>
<td>1) 未使用导线保护绳扣10分；
2) 导线保护绳使用不正确扣2分</td>
<td></td><td></td>
</tr>
<tr>
<td>(6) 提升导线：将提线工具两端吊钩挂好提升导线。其导线侧吊钩距线夹中心位置不超过400mm</td>
<td>提线工具使用不熟练扣2分</td>
<td></td><td></td>
</tr>
<tr>
<td>(7) 拔出弹簧销：当提线工具受力后应暂停，确认连接无误和受力良好。拔出导线侧绝缘子与碗头连接的弹簧销，然后继续提升导线直至绝缘子不受力并脱开。横担上作业人员在杆上拔出横担侧的弹簧销</td>
<td>1) 未检查提线工具的连接扣2分；
2) 提线工具承力后不冲击扣2分</td>
<td></td><td></td>
</tr>
<tr>
<td>(8) 更换复合绝缘子：横担上作业人员在复合绝缘子的适当位置系好传递绳，与杆下作业人员配合退出旧绝缘子，同时提升新复合绝缘子</td>
<td>绳结使用不正确扣5分</td>
<td></td><td></td>
</tr>
<tr>
<td>(9) 安装好弹簧销：作业人员安装好横担侧和导线侧合成绝缘子后，安装好弹簧销</td>
<td>弹簧销穿入方向不正确扣2分</td>
<td></td><td></td>
</tr>
<tr>
<td>(10) 拆除后备保护：松葫芦直至复合绝缘子受力，拆除提线工具，拆除导线后备保护绳</td>
<td>换上新绝缘子后未观察导线、检查绝缘子受力情况扣2分</td>
<td></td><td></td>
</tr>
<tr>
<td>(11) 拆除软梯：沿软梯上到横担上，系好安全带后拆除软梯</td>
<td>爬软梯失去保护每次扣5分</td>
<td></td><td></td>
</tr>
</table>

		评分标准				
序号	作业名称	质量要求	分值	扣分标准	扣分原因	得分
5	合成绝缘子检查	（1）检查弹簧销是否到位	10	未检查弹簧销扣1分		
		（2）检查芯棒与端部的连接：芯棒与端部的连接是否紧密；端部是否密封完好、不留缝隙；有无酸蚀现象、端部是否有位移		检查芯棒与端部的连接扣2分		
		（3）检查芯棒与伞裙的连接：粘接是否紧密；是否密封完好、不留缝隙，防止潮湿大气渗透侵蚀；芯棒是否受到扭曲变形		未检查芯棒与伞裙的连接扣2分		
		（4）检查伞裙：检查伞裙不得有裂纹、破损；检查伞裙脏污情况，不得有块状污秽物；硅橡胶伞裙表面是否具有良好的憎水性；硅橡胶伞裙老化情况、伞裙表面是否变质		未检查伞裙扣1分		
		（5）检查均压环；1）均压环开口方向是否符合规定双均压环开口一致，均压环是否有破损；2）均压环是否固定良好		未检查均压环扣1分		
		（6）其他部件检查：检查连接金具是否损坏或连接牢靠，线夹安装及导线断股情况		未检查1分		
6	其他要求	（1）杆上工作时不得掉东西；禁止口中含物；禁止浮置物品	10	1）掉一件材料扣5分；2）掉一件工具扣5分；3）口中含物每次扣5分；4）浮置物品每次扣4分		
		（2）符合文明生产要求；工器具在操作中归位；工器具及材料不应乱扔乱放		1）操作中工器具不归位扣2分；2）工器具及材料乱扔乱放每次扣1分		

评分标准							
序号	作业名称	质量要求	分值	扣分标准		扣分原因	得分
6	其他要求	（3）安全施工做到"三不伤害"	10	施工中造成自己或别人受伤扣2分			
考试开始时间				考试结束时间		合计	
考生栏	编号：	姓名：		所在岗位：	单位：		日期：
考评员栏	成绩：	考评员：			考评组长：		

一、施工

(一) 工器具、材料

(1) 工器具：个人工具、防护用具、500kV 验电器、接地线、防坠装置、围栏、安全标示牌（"在此工作！"一块、"从此进出"一块）、1t 滑车、φ14 传递绳 40m、导线飞车、套筒扳手。

(2) 材料：导线间隔棒 JT 4 - 45400。

(二) 安全要求

1. 防止触电措施

(1) 登杆塔前必须仔细核对线路名称、杆号，多回线路还应核对线路的识别标记，确认无误后方可登杆。

(2) 严格执行 Q/GDW 1799.2—2013《国家电网公司电力安全工作规程 线路部分》保证安全的技术措施。

(3) 登杆塔作业人员、绳索、工器具及材料与带电体保持规定的安全距离。

2. 防止高空坠落措施

(1) 攀登杆塔作业前，应检查杆塔根部、基础和拉线是否牢固。

(2) 攀登杆塔作业前，应先检查登高工具、设施，如安全带、脚钉、爬梯、防坠装置等是否完整牢靠。上下杆塔必须使用防坠装置。

(3) 在杆塔上作业时，应使用有后备绳或速差自锁器的双控背带式安全带，安全带和后备保护绳（速差自锁器）应分挂在杆塔不同部位的牢固构件上，应防止安全带从杆顶脱出或被锋利物损坏。人员在转位时，手扶的构件应牢固，且不得失去安全保护。

(4) 在相分裂导线上工作时，安全带（绳）应挂在同一根子导线上，后备保护绳应挂在整组相导线上。

3. 防止落物伤人措施

(1) 现场工作人员必须正确佩戴安全帽。

（2）高处作业应使用工具袋，较大的工器具应固定在牢固的构件上，不准随便乱放。上下传递物件应用绳索拴牢传递，严禁上下抛掷。

（3）在进行高空作业时，不准他人在工作地点的下面通行或逗留，工作地点下面应有围栏或装设其他保护装置，防止落物伤人。

（三）施工步骤

1. 准备工作

（1）现场勘察。应明确现场检修作业需要停电的范围、保留的带电部位和现场作业的条件、环境及其他危险点等，了解杆塔周围情况、地形、交叉跨越等。

（2）相关资料。查阅图纸资料，明确塔型、呼称高，导线间隔棒型号等，以确定使用的工器具、材料。

（3）工作票及任务单。工作票签发人根据现场情况等相关资料，签发工作票和任务单，根据 Q/GDW 1799.2—2013《国家电网公司电力安全工作规程　线路部分》和现场实际填写电力线路第一种工作票，工作负责人确认无误后接受工作票和任务单。

（4）着装。工作服、绝缘鞋、安全帽、手套穿戴正确。

（5）选择工具及外观检查。选择工具、防护用具及辅助器具，并检查工器具外观完好无损，具有合格证并在有效试验周期内。

（6）选择材料、作外观检查。导线间隔棒外观完好无损，不缺件。

2. 操作步骤

（1）上塔作业前的准备。

1）工作人员根据工作情况选择工器具及材料并检查是否完好。

2）工作人员核对线路名称、杆号，检查杆塔根部、基础拉线是否牢固。

3）地面作业人员在适当的位置将传递绳理顺确保无缠绕。

4）按工作票的要求在工作地段前后杆塔的导线上验明确无电压后装设好接地线。

（2）登塔作业。

1）塔上作业人员检查登杆工具及安全防护用具并确保良好、可靠，并对登杆工具、安全防护用具和防坠装置做冲击试验。

2）塔上作业人员戴好安全帽，系好安全带、后备保护绳，携带传递绳开始登塔。禁止携带器材登杆或在杆塔上移位。杆塔有防坠装置的，应使用防坠装置，杆塔没有防坠装置的，应使用双钩防坠装置。

3）塔上作业人员登杆到达需更换导线间隔棒相导线挂点处，把后备保护绳、安全带分别系到横担和绝缘子串上，作业人员站在绝缘子串上，解除横担上的后备保护绳，然后下到导线上。

4）作业人员把后备保护绳、安全带转移到分裂导线了上，然后携带传递绳移动到作业点。

（3）更换导线间隔棒。

1）塔上作业人员到达作业点后，把传递绳安装在导线上。

2）塔上作业人员拆除旧导线间隔棒，并用传递绳传递至地面。

3）地面作业人员把新导线间隔棒传递给塔上作业人员，塔上作业人员在原来位置安装新导线间隔棒。

4）塔上作业人员检查导线间隔棒安装质量无问题后，携带传递绳返回到绝缘子串处，转移安全带后，沿绝缘子串返回到横担上。

（4）下塔作业。塔上作业人员检查导线、绝缘子串和横担上无任何遗留物后，解开安全带、后备保护绳，携带传递绳下塔。

3．工作终结

（1）工作负责人确认所有施工内容已完成，质量符合标准；杆塔上、导线上、绝缘子串上及其他辅助设备上没有遗留的个人保安线、工具、材料等；查明全部工作人员确由杆塔上撤下后，再命令拆除工作地段所挂的接地线。

（2）清理地面工作现场，确认工器具均已收齐，工作现场做到"工完、料净、场地清"。并向工作许可人汇报作业结束，履行终结手续。

（四）工艺要求

（1）导线间隔棒型号与导线型号相配合，外观完好无损。

（2）导线间隔棒安装好后，安装距离偏差不应大于±30mm，间隔棒线夹螺栓由下向上穿入。

（3）导线间隔棒的线夹螺栓紧固力矩符合规定。

（五）注意事项

（1）过绝缘子串时，手脚要稳，并打好后备保护绳。

（2）作业区域设置安全围栏，悬挂安全标示牌。

（3）地面辅助人员不得在高处作业点的正下方工作穿行或逗留。

二、考核

（一）考核场地

（1）考场可以设在两基培训专用 500kV 四分裂导线的直线杆塔上进行，杆塔上无障碍物，杆塔有防坠装置。

（2）给定线路检修时需办理的工作票，线路上安全措施已完成，配有一定区域的安全围栏。

(3) 设置两套评判桌椅和计时秒表、计算器。

（二）考核时间

(1) 考核时间为 60min。

(2) 考评员宣布开始后记录考核开始时间。

(3) 现场清理完毕后，汇报工作终结，记录考核结束时间。

（三）考核要点

(1) 要求一人操作，两人配合，一名工作负责人。考生就位，经许可后方可开始工作，规范穿戴工作服、绝缘鞋、安全帽、手套等。

(2) 工器具选用满足工作需要，进行外观检查。

(3) 选用材料的规格、型号、数量符合要求，进行外观检查。

(4) 登杆塔前要核对线路名称、杆号，检查登高工具是否在试验期限内，对安全带和防坠装置做冲击试验。高空作业中动作熟练，站位合理。安全带应系在牢固的构件上，并系好后备绳，确保双重保护。转向移位穿越时不得失去安全保护。作业时不得失去监护。

(5) 杆塔上作业完成，清理杆上遗留物，得到工作负责人许可后方可下杆。

(6) 间隔棒的安装质量符合工艺要求。

(7) 自查验收。清理现场施工作业结束后，工作负责人依据施工验收规范对施工工艺、质量进行自查验收，按要求清理施工现场，整理工具、材料，办理工作终结手续。

(8) 安全文明生产，按规定时间完成，按所完成的内容计分，要求操作过程熟练连贯，施工有序，工具、材料存放整齐，现场清理干净。

(9) 发生安全事故本项考核不及格。

三、评分参考标准

行业：电力工程　　　　　　　工种：送电线路工　　　　　　　等级：二

编号	SX212	行为领域	e	鉴定范围	
考核时间	60min	题型	A	含权题分	40
试题名称	500kV架空线路四分裂导线间隔棒更换				
考核要点及其要求	(1) 按要求选择工具及材料。 (2) 严格按照工作流程及工艺要求进行操作。 (3) 操作时间为60min，时间到停止操作。 (4) 要求一人操作，两人配合，一名工作负责人，辅助工作人员只协助考生完成塔上工具、材料的上吊和下卸工作；工作负责人只监护工作安全				

现场设备、工具、材料	(1) 工具：个人工具、防护用具、500kV验电器、接地线、防坠装置、围栏、安全标示牌（"在此工作！"一块、"从此进出"一块）、1t滑车、φ14传递绳40m、导线飞车、套筒扳手。 (2) 材料：导线间隔棒JT4-45400、铝包带。 (3) 考生自备工作服、绝缘鞋、自带个人工具
备注	

评分标准

序号	作业名称	质量要求	分值	扣分标准	扣分原因	得分
1	着装	工作服、绝缘鞋、安全帽、手套穿戴正确	2	漏一项扣2分		
2	工作准备	（1）登杆前检查：核对线路名称、杆号，检查铁塔基础情况、是否缺件，脚钉是否丢失，螺栓紧固情况	10	未做检查一项扣2分		
		（2）工具选择：导线飞车滑轮转动灵活，刹车、安全装置齐全有效		未做检查一项扣2分		
		（3）材料选择：导线间隔棒（含螺栓、平垫圈、弹簧垫圈）、铝包带		每错、漏一项扣2分		
3	登塔作业	（1）登塔：必须沿脚钉（爬梯）正确登塔，使用防坠装置	10	1）未沿脚钉（爬梯）正确登塔扣2分； 2）未正确使用防坠装置扣3分		
		（2）沿绝缘子串下至导线：安全带、后备保护绳使用正确，爬绝缘子串时不失		不正确扣3分		
		（3）挂无极绳： 1）拴好安全带； 2）无极绳挂在适当位置处		1）未拴好安全带扣2分； 2）无极绳悬挂位置不正确扣2分		

		评分标准				
序号	作业名称	质量要求	分值	扣分标准	扣分原因	得分
4	更换间隔棒	(1) 使用安全带： 1) 分裂导线上正确使用双保险安全带； 2) 符合安规要求	60	未正确使用双保险安全带扣5分		
		(2) 进入工作点：飞车滑动过程中速度平稳，不撞击导线附件。		不正确扣5分		
		(3) 拆除旧间隔棒： 1) 使用单导线飞车，应有控制分裂距离措施； 2) 绳结使用正确，传递绳不缠绕		每一项不正确扣3分		
		(4) 传递材料： 1) 传递材料正确； 2) 传递过程中不得出现缠绕、死结、撞击		一项不正确扣2分		
		(5) 缠绕铝包带：顺导线绕制方向，所缠绕铝包带露出夹口小于或等于10mm		不正确扣10分		
		(6) 安装间隔棒： 1) 安装距离偏差在±30mm； 2) 线夹螺栓由下向上穿； 3) 按规定拧紧螺栓，平垫圈、弹簧垫圈齐全，弹垫应压平		一项不正确扣5~10分		
5	下塔	(1) 上横担：沿绝缘子串上至横担；不得失去保险绳的保护	10	失去保护扣4分		
		(2) 取下传递绳： 1) 取下传递绳并下塔； 2) 无危险动作		一项不正确扣3分		

		评分标准					
序号	作业名称	质量要求	分值	扣分标准		扣分原因	得分
6	其他要求	(1) 塔上操作：不得有高空坠物，不得有不安全现象，吊绳使用正确，不得有缠绕死结	8	有高空坠物不得分并倒扣10分，吊绳使用不正确扣2分			
		(2) 清理现场：符合文明生产要求		不正确扣3分			
考试开始时间				考试结束时间		合计	
考生栏	编号：	姓名：		所在岗位：	单位：	日期：	
考评员栏	成绩：	考评员：				考评组长：	

一、施工

(一) 工器具、材料、设备

(1) 工器具：LGJ - 150 型导线卡线器 4 副，3t 双钩紧线器 2 个或 3t 手拉葫芦 2 套，ϕ17.5 钢丝绳套 3 只，1000mm 断线钳 1 把，7t 卸扣或 7tU 型环 4 只，角桩或地锚 2 个。

(2) 材料：LGJ - 150/25 型导线 70m，JY - 150/25 型液压接续管 2 套，复合电力脂、钢丝刷、导线专用割刀、油盘、200mm 游标卡尺、汽油等。

(3) 设备：60t 以上液压机一台（含配套钢模）。

(二) 安全要求

认真检查所使用的工器具是否符合规定规格、型号，严格按操作规程执行、工器具选配不得以小代大。

(三) 施工步骤

1. 工作准备

(1) 着装。

(2) 选择工具并做外观检查。

(3) 选择材料并做外观检查。

2. 施工要求

(1) 档距中导线损伤严重，需更换导线 LGJ - 150/25 型约 70m。

(2) 一人操作，派两人配合。

(3) 在不带电的培训线路上模拟操作，地形平坦。

(4) 受损导线已放至地面。

(5) 作业前对前后两端旧导线进行临时锚线。

(6) 采用液压连接。

3. 部分损伤导线更换处理方法

(1) 作业前的准备工作。

1) 检查所有紧线工具。对紧线工具外观进行仔细检查，确保其规格正确，外观无明显的缺陷。

2) 检查所有导线连接金具。对金具的外观进行仔细检查，确保其规格正确，外观无明显的缺陷。

3) 检查液压接续管。对接续管外观进行仔细检查，确保其规格正确。

4) 液压接续管清洗。对使用的接续管用汽油清洗管内壁的油垢，并清除影响穿管的锌疤与焊渣，清洗后应将管口两端临时封堵，并用塑料袋封装。

（2）定出导线压接管位置。

1) 距离要求。送电线路施工过程中，导线接续管的位置应离悬垂线夹距离大于 5m，离耐张线夹距离大于 15m。

2) 工艺要求。安装导线接续管过程中，严格按照压接工艺操作，并保护压接的工艺和质量。

（3）旧导线临锚设置，新导线在施工现场展开。

1) 旧导线安装临锚设置，位置应不妨碍正常的画印和压接，如图 SX101-1 所示。

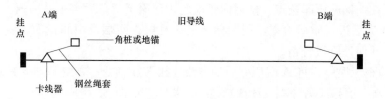

图 SX101-1　旧导线安装临锚设置

2) 作业人员将新导线抬至需要更换导线的中间位置。

3) 由中间向两边缓慢滚动新导线圈，将新导线展开。

4) 展开的新导线应尽力靠近需要更换的旧导线旁边。

（4）新旧导线一端（A 端）压接。

1) 损伤导线已放至地面，将 A 端进行清理，压接。实操中以对接方式压接接续管，如图 SX101-2 所示。

图 SX101-2　新导线安装临锚设置

2）将铝管穿过新导线，并绑扎好新、旧导线端头。

3）清除旧导线头的氧化层，并用汽油清洗旧导线并晾干，在新旧导线两端头表面薄薄地涂上一层复合电力脂。

4）钢芯铝绞线钢芯对接式铝管液压部位及操作顺序如图 SX101-3 所示，内有钢管部分的铝管不压。

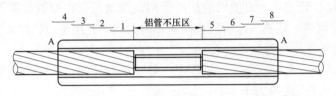

图 SX101-3 对接式铝管液压部位及操作顺序

a. 钢管。第一模压在钢管中心，然后依次分别向管口端部施压，一侧压至管口后再压另一侧。

b. 铝管。钢管压好后，要检查钢管压后尺寸，按钢管压后长度和铝管压前长度定位铝管非压区标记。套好铝管后，再检查铝管两端管口是否与印记 A 重合，第一模压在一侧施压印迹点，然后向管端施压，压至管口后再压另一侧。

5）压完后进行质量检查，用游标卡尺认真检查两端及中间正面、侧面的压接后尺寸，并保证质量合格。

6）检查无误后，将 A 端压好后的导线连接于挂点处，方便 B 端的紧线。

（5）新、旧导线另一端（B 端）挂线、紧线，如图 SX101-4 所示。

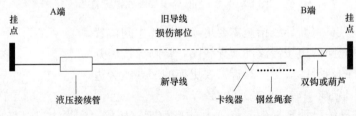

图 SX101-4 新、旧导线另一端（B 端）挂线、紧线

1）两个卡线器分别夹于新旧导线上，留出中间位置，位置应确保有足够的空间进行画印、压接。

2）新导线卡线器后部用 U 型环或卸扣连接一根钢丝绳套。

3）钢丝绳套另一端连接双钩紧线器或手拉葫芦的一端。

4）拉紧新导线，将双钩紧线器或手拉葫芦另一端挂上卡在旧导线卡线器上。双钩紧线器或手拉葫芦松出一定的行程，方便 B 端旧导线挂线。

5）将 B 端旧导线挂于挂点处。

6）摇紧双钩紧线器或收紧手拉葫芦，并做冲击检查，使旧导线上的拉力慢慢转移到新导线上来，收紧后的导线弧垂应符合规定要求。

（6）新、旧导线画印，如图 SX101-5 所示。

图 SX101-5　新、旧导线画印

1）将新、旧导线抬起，用液压接续管贴紧卡线器并在新、旧导线上比齐画印，再在印外 20~25mm 外剪断新旧导线。

2）严格按尺寸画印，先画液压接续管中间印记，分别在新、旧导线打上醒目标记，然后画铝管印记。

3）画印时应将新、旧导线抬于水平位置，防止过高或过低造成挂线后的弧垂偏大或偏小。

（7）松 B 端导线，压接 B 端液压接续管。

1）画印完成后，松出双钩紧线器或手拉葫芦，导线不受力后，松出 B 端的挂点，如图 SX101-6 所示。

图 SX101-6　画印完成后松出 B 端挂点示意图

2）导线放至地面后，按照接续管钢管中间印记剪断新、旧导线。

3）将铝管穿过新导线，并绑扎好新、旧导线端头。

4）B 端液压接续管压接方法按照 A 端压接方法依次进行。

5）压完后进行质量检查，用游标卡尺认真检查两端及中间正面、侧面的压接后尺寸，并保证质量合格。

（8）紧线、挂线，拆除临锚装置。

1）B 端液压管压好后，收紧双钩紧线器或手拉葫芦。

2）收紧导线后进行 B 端挂线。

3）松开双钩或手拉葫芦，取下两把卡线器。

4）挂好线后，撤除两端的临时锚线。

二、考核

（一）考核场地

在不带电的培训线路上模拟操作，地形平坦，受损导线已放至地面。

（二）考核时间

（1）考核时间为 60min。

（2）许可开工后记录考核开始时间。

（3）现场清理完毕后，汇报工作终结，记录考核结束时间。

（三）考核要点

（1）档距中导线损伤严重，需更换导线 LGJ - 150/25 型约 70m。

（2）作业前对前后两端旧导线进行临时锚线。

（3）采用液压连接。

（4）现场安全文明生产。

（5）操作结束后清理现场。

三、评分参考标准

行业：电力工程   工种：送电线路工   等级：一

编号	SX101	行业领域	e	鉴定范围	
考核时间	60min	题型	A	含权题分	35
试题名称	损伤导线更换处理				
考核要点及其要求	（1）档距中导线损伤严重，需更换导线 LGJ - 150/25 型约 70m。 （2）一人操作，派两人配合。 （3）在不带电的培训线路上模拟操作，地形平坦。 （4）受损导线已放至地面。 （5）作业前对前后两端旧导线进行临时锚线。 （6）采用液压连接				
现场设备、工具、材料	（1）工器具：LGJ - 150 型导线卡线器 4 副，3t 双钩紧线器 2 个或 3t 手拉葫芦 2 套，φ17.5 钢丝绳套 3 只，1000mm 断线钳 1 把，7t 卸扣或 7tU 型环 4 只，角桩或地锚 2 个。 （2）材料：LGJ - 150/25 型导线约 70m，JY - 150/25 型液压接续管 2 套，复合电力脂、钢丝刷、导线专用割刀、油盘、200mm 游标卡尺、汽油等。 （3）设备：60t 以上液压机一台（含配套钢模）				
备注					

<table>
<tr><td colspan="7" align="center">评分标准</td></tr>
<tr><th>序号</th><th>作业名称</th><th>质量要求</th><th>分值</th><th>扣分标准</th><th>扣分原因</th><th>得分</th></tr>
<tr><td rowspan="3">1</td><td rowspan="3">工作准备</td><td>（1）检查所有紧线工具（规格正确，外观无缺陷），检查认真，合格适用</td><td>2</td><td>1）未检查扣2分；
2）检查不全扣1分</td><td></td><td></td></tr>
<tr><td>（2）检查所有金具（规格正确，外观无缺陷），检查认真，合格适用</td><td>2</td><td>1）未检查扣2分；
2）检查不全扣1分</td><td></td><td></td></tr>
<tr><td>（3）检查液压接续管（清洗干净并干燥，规格正确），检查认真，合格适用</td><td>2</td><td>1）未检查扣2分；
2）检查不全扣1分</td><td></td><td></td></tr>
<tr><td rowspan="3">2</td><td rowspan="3">定出导线压接管位置（考问）</td><td>（1）离悬垂线夹距离在于5m，离耐张线夹距离大于15m</td><td>5</td><td>距离不正确扣5分</td><td></td><td></td></tr>
<tr><td>（2）工艺美观，质量合格</td><td>4</td><td>1）工艺不美观扣2分；
2）质量不合格扣2分</td><td></td><td></td></tr>
<tr><td>（3）受损导线要求全部换下</td><td>4</td><td>导线未完全更换扣4分</td><td></td><td></td></tr>
<tr><td rowspan="4">3</td><td rowspan="4">临锚设置、导线展开</td><td>（1）设置临时锚线，操作方法正确</td><td>2</td><td>操作不对扣2分</td><td></td><td></td></tr>
<tr><td>（2）将导线批抬至两压接管之间位置，操作方法正确</td><td>2</td><td>操作不对扣2分</td><td></td><td></td></tr>
<tr><td>（3）由中间向两边滚动导线圈，将导线展开，操作方法正确</td><td>2</td><td>操作不对扣2分</td><td></td><td></td></tr>
<tr><td>（4）尽力靠近需要更换的旧导线但不能压住旧导线，操作方法正确</td><td>2</td><td>操作不对扣2分</td><td></td><td></td></tr>
<tr><td rowspan="3">4</td><td rowspan="3">新导线一端卡线（A端）</td><td>（1）清理液压接续管，清洗长度为3～4倍的压拉管长度，并绑扎好导线的端部</td><td>3</td><td>1）清洗不到位扣2分；
2）绑扎不到位扣1分</td><td></td><td></td></tr>
<tr><td>（2）将铝管穿过新导线，并绑扎好新、旧导线端头，操作正确</td><td>3</td><td>未绑扎好扣3分</td><td></td><td></td></tr>
<tr><td>（3）第一模压在钢管中心，然后依次分别向管口端部施压，一侧压至管口后再压另一侧，操作正确</td><td>3</td><td>液压顺序不正确扣3分</td><td></td><td></td></tr>
</table>

续表

评分标准						
序号	作业名称	质量要求	分值	扣分标准	扣分原因	得分
4	新导线一端卡线（A端）	（4）钢管压好后，要检查钢管压后尺寸，按钢管压后长度和铝管压前长度定位铝管非压区标记。套好铝管后，再检查铝管两端管口是否与印记A重合，第一模压在一侧施压印迹点，然后向管端施压，压至管口后再压另一侧，操作正确	3	液压顺序不正确扣3分		
		（5）压完后进行质量检查，用游标卡尺认真检查两端及中间正面、侧面的压接后尺寸，质量合格、外表美观符合规定要求	3	1）质量不合格扣2分； 2）外表不美观扣1分		
		（6）A端挂线操作正确				
5	新、旧导线另一端（B端）挂线、紧线	（1）钢丝绳套另一端连接双钩紧线器或手拉葫芦一端，操作正确	3	操作不正确扣3分		
		（2）新导线收线钳后部用U型环或卸扣连接一根钢丝绳套，操作正确	3	操作不正确扣3分		
		（3）两个收线钳分别夹于新旧导线上，留出中间位置，位置应确保有足够的空间进行画印、压接	3	位置不正确扣3分		
		（4）拉紧新导线，将双钩紧线器或手拉葫芦另一端挂上卡在旧导线收线钳上，双钩紧线器或手拉葫芦松出一定的行程，方便B端旧导线挂线	3	操作不正确扣3分		
		（5）摇紧双钩紧线器或收紧手拉葫芦，将B端旧导线挂于挂点处，操作正确	3	操作不正确扣3分		
6	新、旧导线画印	（1）将新、旧导线抬起，用液压接续管贴紧收线钳并在新、旧导线上比齐画印，再在印外20～25mm外剪断新旧导线，操作正确、位置正确	3	1）操作不正确扣1分； 2）操作不正确扣2分		
		（2）分别在新、旧导线打上醒目标记，然后画铝管印记，操作正确、位置正确	3	1）操作不正确扣1分； 2）位置不正确扣2分		
		（3）位置要求：画印时应将新、旧导线抬于水平位置，防止过高或过低造成挂线后的弧垂偏大或偏小	3	1）操作不正确扣1分； 2）位置不正确扣2分		

<table>
<tr><td colspan="8" align="center">评分标准</td></tr>
<tr><td>序号</td><td>作业名称</td><td>质量要求</td><td>分值</td><td>扣分标准</td><td>扣分原因</td><td>得分</td></tr>
<tr><td rowspan="5">7</td><td rowspan="5">松 B 端导线，压接 B 端液压接续管</td><td>（1）松出双钩紧线器或手拉葫芦，导线不受力后，松出 B 端的挂点，操作正确</td><td>3</td><td>操作不正确扣 3 分</td><td></td><td></td></tr>
<tr><td>（2）导线放至地面后，按照接续管钢管中间印记剪断新、旧导线，操作正确</td><td>3</td><td>操作不正确扣 3 分</td><td></td><td></td></tr>
<tr><td>（3）将铝管穿过新导线，并绑扎好新、旧导线端头，操作正确</td><td>3</td><td>操作不正确扣 3 分</td><td></td><td></td></tr>
<tr><td>（4）B 液压接续管压接方法按照 A 端压接方法依次进行，操作正确</td><td>3</td><td>操作不正确扣 3 分</td><td></td><td></td></tr>
<tr><td>（5）压完后进行质量检查，用游标卡尺认真检查两端及中间正面、侧面的压接后尺寸，质量合格、外表美观</td><td>3</td><td>1）质量不合格扣 2 分；
2）外表不美观扣 1 分</td><td></td><td></td></tr>
<tr><td rowspan="3">8</td><td rowspan="3">紧线、挂线，拆除临锚装置</td><td>（1）B 端液压管压好后，收紧双钩紧线器或手拉葫芦，操作正确</td><td>3</td><td>操作不正确扣 3 分</td><td></td><td></td></tr>
<tr><td>（2）收紧导线后进行 B 端挂线，操作正确</td><td>3</td><td>操作不正确扣 3 分</td><td></td><td></td></tr>
<tr><td>（3）松开双钩或手拉葫芦，取下两把收线钳，操作正确</td><td>3</td><td>操作不正确扣 3 分</td><td></td><td></td></tr>
<tr><td>8</td><td>紧线、挂线，拆除临锚装置</td><td>挂好线后，撤除两端的临时锚线，操作正确</td><td>3</td><td>未拆除临时拉线扣 3 分</td><td></td><td></td></tr>
<tr><td rowspan="2">9</td><td rowspan="2">其他要求</td><td>（1）认真检查工作现场，整理工器具，收回旧导线，符合文明生产要求</td><td>2</td><td>1）未检查现场扣 1 分；
2）未整理工器具扣 1 分</td><td></td><td></td></tr>
<tr><td>（2）动作要求：动作熟练流畅</td><td>5</td><td>不熟练扣 1～5 分</td><td></td><td></td></tr>
<tr><td colspan="2" align="center">考试开始时间</td><td></td><td colspan="2">考试结束时间</td><td>合计</td><td></td></tr>
<tr><td colspan="2" align="center">考生栏</td><td colspan="3">编号：　　　姓名：　　　　　所在岗位：　　　　单位：</td><td colspan="2">日期：</td></tr>
<tr><td colspan="2" align="center">考评员栏</td><td colspan="3">成绩：　　考评员：</td><td colspan="2">考评组长：</td></tr>
</table>

SX102 110kV及以上架空线路安全事故案例分析

一、事故分析

(一) 设备、资料

(1) 设备：多媒体设备。

(2) 资料：事故录像资料、事故分析报告书、相关规程规范等。

(二) 事故分析要求

(1) 认真仔细查看提供的事故资料或观看事故录像全过程资料，根据《电力生产安全工作规程》《国家电网公司安全生产事故调查规程》进行事故分级。

(2) 按照"四不放过"原则对事故进行分析，要求原因分析正确、定性合理、防范措施有力。

(三) 事故分析流程

(1) 观看典型事故案例录像及相关材料。

(2) 收集事故情况。

1) 人身伤亡事故收集情况。

a. 伤亡人员和有关人员的单位、姓名、性别、年龄、文化程度、工种、技术等级、工龄、本工种工龄等。

b. 事故发生前伤亡人员和相关人员的技术水平、安全教育记录、特殊工种持证情况和健康状况，过去的事故记录，违章违纪情况等。

c. 事故发生前工作内容、开始时间、许可情况、作业程序、作业时的行为及位置、事故发生的经过、现场救护情况。

d. 事故场所周围的环境情况（包括照明、湿度、温度、通风、声响、色彩度、道路、工作面状况以及工作环境中有毒、有害物质和易燃、易爆物取样分析记录）、安全防护设施和个人防护用品的使用情况（了解其有效性、质量及使用时是否符合规定）。

2) 电网、设备事故收集情况。

a. 事故发生的时间、地点、气象情况，以及事故发生前系统和设备的运行情况。

b. 查明事故发生经过、扩大及处理情况。

c. 查明与事故有关的仪表、自动装置、断路器、保护、故障录波器、调整装置、遥测、遥信、遥控、录音装置和计算机等记录和动作情况。

d. 事故造成的损失，包括波及范围、减供负荷、损失电量、用户性质，以及事故造成的设备损坏程度、经济损失。

e. 设备资料（包括订货合同、大小修记录等）情况以及规划、设计、制造、施工安装、调试、运行、检修等质量方面存在的问题。

(3) 编写事故调查报告。

二、考核

（一）考核场地

在培训基地选一多媒体教室进行考核。

（二）考核时间

(1) 考核时间为 45min，其中含现场提问时间 10min；

(2) 考评员宣布开始记录考核开始时间；

(3) 现场清理完毕后，提交事故调查报告，记录考核结束时间。

（三）考核要点

(1) 事故等级定性准确；

(2) 发生事故的过程、事实和原因清楚；

(3) 防范措施有针对性和可操作性；

(4) 事故归属清楚，责任划分明确，处理意见依据正确，责任明确，处理恰当。

三、评分参考标准

行业：电力工程　　　　　　工种：送电线路工　　　　　　等级：一

编号	SX102	行为领域	e	鉴定范围	
考核时间	45min	题型	C	含权题分	35
试题正文	110kV 及以上架空线路安全事故案例分析				
考核要点及其要求	(1) 要求单独操作； (2) 要求着装正确（工作服）； (3) 由考评人员播放事故视频资料或提供事故案例全过程资料； (4) 采用笔试、答辩方式进行考核				
现场设备、资料	(1) 设备：多媒体设备； (2) 资料：事故录像资料、事故分析报告书、相关规程规范等。				

备注						
评分标准						
序号	作业名称	质量要求	分值	扣分标准	扣分原因	得分
1	着装	穿工作服	2	不正确着装扣2分		
2	事故等级认定	事故等级定性准确	8	事故定性错误扣8分		
3	事故原因分析	准确记录事故情况,事故原因分析清楚	25	(1)发生事故的原因不清楚漏一项扣3分; (2)造成事故的直接原因不清楚扣10分; (3)造成事故的主要原因不清楚扣10分; (4)造成事故的间接原因不清楚扣5分; (5)事故中的违章行为不清楚一处扣2分		
4	防范措施	防范措施有针对性和可操作性	25	(1)防范措施没有针对性或针对性不强扣20分; (2)主要防范措施每漏一项扣5分; (3)次要防范措施缺一项扣3分; (4)防范措施不完善扣3分; (5)防范措施有安全缺陷一处扣2分		
5	提出处理意见	事故归属清楚,责任划分明确,处理意见依据正确,责任明确,处理恰当	20	(1)事故归属划分不正确扣5分; (2)引用的规程、规范、标准不正确扣3分; (3)事故责任人认定不正确扣10分; (4)处罚错误一处扣3分; (5)该受处罚未受处罚扣3分		

评分标准						
序号	作业名称	质量要求	分值	扣分标准	扣分原因	得分
6	现场答辩	问题1	10			
		问题2	10			
考试开始时间			考试结束时间		合计	
考生栏	编号：	姓名：	所在岗位：	单位：	日期：	
考评员栏	成绩：	考评员：		考评组长：		

SX103　使用红外热像仪对设备进行红外测温

一、检修

（一）工器具、材料

TP-8型红外热像仪一台，HTC-1温湿度仪一台，风速仪一台，照明设备（夜间工作时需携带），遮阳伞（晴天需携带）。

（二）安全要求

1. 防人员摔伤和设备损坏

野外道路差，夜间能见度差或照明设备等原因容易造成测量人员摔伤和仪器损坏，要求检测天气良好，风速小于0.5m/s，夜间无足够照明设备不得工作。

2. 防测温仪器操作方法不当

测温仪器操作方法不当，造成仪器不能正常工作及损伤，应避免将仪器镜头直接对准强烈辐射源（如太阳或夜间照明灯光），以免造成仪器不能正常工作及损伤，强烈阳光应使用遮阳伞，雷雨、冰雹、浓雾、大雪、大风、湿度大于85%时等天气不得红外测温。

（三）施工步骤

（1）核对线路名称及杆号。

（2）安装并调整仪器。

1）选择测试导线及连接器的位置。

2）找好测量最佳位置，取出测试仪器。

3）针对不同的检测对象选择不同的环境温度参照体。

4）正确选择被测物体的发射率。

5）正确键入大气温度、相对湿度、测量距离等补偿参数，并选择适当的测温范围。

（3）进行测温。

1）先用红外热像仪或红外热电视对所有应测部位进行全面扫描，找出热态异常部位，然后对异常部位和重点检测设备进行准确测温。

2）测量设备发热点、正常相的对应点及环境温度参照体的温度值时，应使用同一仪器相继测量。

3）作同类比较时，要注意保持仪器与各对应测点的距离一致，方位一致。

4）从不同方位进行检测，求出最热点的温度值。

5）记录异常设备的实际负荷电流和发热相、正常相及环境温度参照体的温度值。

（4）测温缺陷的判断。

1）计算相对温差。两个对应测点之间的温差与其中较热点的温升之比的百分数，即

$$\Delta t = \frac{\tau_1 - \tau_2}{\tau_1} = \frac{T_1 - T_2}{T_1 - T_0}$$

式中 τ_1、T_1——发热点的温升和温度；

τ_2、T_2——正常相所对应点的温升和温度；

T_0——环境参照体的温度。

用来采集环境温度的物体叫环境温度参照体。它可能不具有当时的真实环境温度，但它具有与被测物相似的物理属性，并与被测物处在相似的环境之中。

2）采用相对温差判别法，依照"电流致热设备缺陷诊断判据"，判断输电导线连接器是否存在发热缺陷以及缺陷的性质。输电线路接点（并沟线夹、跳线引流板、T型线夹和设备线夹）发热温度大于90℃或相对温差不小于80%时为严重缺陷，输电线路接点发热温度大于130℃或相对温差不小于95%时为危急缺陷。

（四）操作基本要求

1. 对检测仪器的要求

（1）红外测试仪应操作简单，携带方便，测温精确度较高，测量结果的重复性要好，不受测量环境中高压电磁场的干扰，仪器的距离系数应满足实测距离的要求，以保证测量结果的真实性。

（2）红外热电视应操作简单，携带方便，有较好的测温精确度，测量结果的重复性要好，不受测量环境中高压电磁场的干扰，图像清晰，具有图像锁定、记录和输出功能。

（3）红外热像仪应图像清晰、稳定，不受测量环境中高压电磁场的干扰，具有必要的图像分析功能，具有较高的温度分辨率，空间分辨率应满足实测距离的要求，具有较高的测量精确度和合适的测温范围。

2. 对被检测设备的要求

被检测电气设备应为带电设备。

3. 对检测环境的要求

（1）检测目标及环境的温度不宜低于5℃，如果必须在低温下进行检测，应注意仪器自身的工作温度要求，同时还应考虑水汽结冰使某些进水受潮的设备的缺陷漏检。

（2）空气湿度不宜大于85%，不应在有雷、雨、雾、雪及风速超过0.5m/s的环境下进行检测。若检测中风速发生明显变化，应记录风速，必要时按要求修正测量数据。

（3）室外检测应在日出之前、日落之后或阴天进行。

（4）室内检测宜闭灯进行，被测物应避免灯光直射。

4. 检测诊断周期

500kV及以上直线连接管、耐张引流夹1年测量一次。其他3年测量一次。

二、考核

(一) 考核场地

（1）考场可以某运行线路的杆塔下进行，不少于两个工位。

（2）考核现场一定区域应设置安全围栏。

（3）设置评判桌椅和计时秒表、计算器。

(二) 考核时间

（1）考核时间为40min。

（2）考评员宣布开始后记录考核开始时间。

（3）现场清理完毕后，汇报工作终结，记录考核结束时间。

(三) 考核要点

（1）正确选择测试仪器并检查。

（2）正确安装与调整仪器。

（3）正确测试导线连接管、线夹和正常导线的温度。

（4）正确判断缺陷性质。

三、评分参考标准

行业：电力工程　　　　　　　工种：送电线路工　　　　　　　等级：一

编号	SX103	行为领域	e	鉴定范围	
考核时间	40min	题型	A	含权题分	25
试题名称	使用红外热像仪对设备进行红外测温				
考核要点及其要求	(1) 正确选择测试仪器并检查。 (2) 正确安装与调整仪器。 (3) 正确测试导线连接管、线夹和正常导线的温度。 (4) 正确判断缺陷性质				
现场设备、工具、材料	工器具：高德 TP-8 型红外热像仪一台，博洋 HTC-1 温湿度一台，风速仪一台，照明设备（夜间工作时需携带），遮阳伞（晴天需携带）				
备注	本项目为单人操作，现场配辅助作业人员一名				

评分标准

序号	作业名称	质量要求	分值	扣分标准	扣分原因	得分
1	着装	正确佩戴安全帽，穿工作服，穿绝缘鞋，戴手套	5	(1) 未着装扣 5 分； (2) 着装不规范扣 3 分		
2	工器具	(1) 选用：工器具选用满足检测要求	5	工器具选用不全扣 1～5 分		
		(2) 检查：仪器仪表做外观及性能检查	5	未检查或检查不全面扣 1～5 分		
3	环境参数	(1) 测量环境温度	5	未测量扣 5 分		
		(2) 测量空气湿度	5	未测量扣 5 分		
		(3) 测量风速	5	未测量扣 5 分		
		(4) 环境温度参照体：针对不同的检测对象选择不同的环境温度参照体；用来采集环境温度的物体叫环境温度参照体。它具有与被测物相似的物理属性，并与被测物处在相似的环境之中	5	未选择或选择错误扣 5 分		
4	调整仪器	(1) 输入参数： 1) 正确选择被测物体的发射率； 2) 正确键入大气温度、相对湿度、测量距离等补偿参数，并选择适当的测温范围	10	1) 被测物体的发射率选择不正确扣 5 分； 2) 键入参数不全面扣 1～5 分		

序号	作业名称	质量要求	分值	扣分标准	扣分原因	得分
				评分标准		
5	测量	（1）检测时应逐相进行，当检测发现引流板或其他类接点发热异常时，应变换位置和角度进行复测； （2）记录测量数据，测量数据包括每一相的导线温度、接点温度、环境参照体温度，见表 SX103-1； （3）逐相储存红外线测温图像	30	（1）操作不正确扣 5～10 分； （2）测量数据记录不准确扣 5～10 分； （3）未储存红外线测温图像和储存不全扣 5～10 分		
6	计算	计算相对温差	10	（1）未计算相对温差扣 10 分； （2）计算不准确扣 2～5 分		
7	判别	采用相对温差判别法，依照"电流致热设备缺陷诊断判据"，判断输电导线连接器是否存在发热缺陷以及缺陷的性质。输电线路接点（并沟线夹、跳线引流板、T 型线夹和设备线夹）发热温度大于 90℃ 或相对温差不小于 80％时为严重缺陷，输电线路接点发热温度大于 130℃ 或相对温差不小于 95％时为危急缺陷	10	未正确判断缺陷性质扣 10 分		
8	清理现场	测量完毕后，将测量仪器装箱归位	5	测量仪器未装箱归位扣 2～5 分		

考试开始时间			考试结束时间			合计	
考生栏	编号：	姓名：	所在岗位：	单位：		日期：	
考评员栏	成绩：	考评员：		考评组长：			

表 SX103-1 　　　输电线路导线接点测温记录表

序号	杆号	A相温度		B相温度		C相温度		测量时气温	导线温度	备注
		大号侧	小号侧	大号侧	小号侧	大号侧	小号侧			

线路名称：　　　　　　　　测试人：　　　　　　　　测量时间：

一、施工

(一) 工器具、材料

(1) 工器具：J2光学经纬仪、丝制手套、钢卷尺、函数计算器。

(2) 材料：记号笔。

(二) 安全要求

防止坠物伤人措施，在线下或杆塔下测量时作业人员必须戴好安全帽。

(三) 施工步骤

1. 准备工作

(1) 正确规范着装。

(2) 选择工具并做外观检查。

2. 工作过程

(1) 选定仪器站点。经纬仪支于线路中心方向距塔高2倍以上的地方，选点应合理，不影响后期操作。

(2) 正面倾斜值检查。

1) 将经纬仪支于线路中心方向距塔高2倍以上的地方。

2) 经纬仪架设。打开三脚架，调节脚架高度适中，目估三脚架头大致水平，将仪器放在脚架上，并拧紧连接仪器和三脚架的中心连接螺旋，踏紧架腿；转动照准部，使照准部水准管与任一对脚螺旋的连线平行，两手同时向内或外转动这两个脚螺旋，使水准管气泡居中。将照准部旋转90°，转动第三个脚螺旋，使水准管气泡居中，按以上步骤反复进行，直到照准部转至任意位置气泡皆居中为止，如图SX104-1所示。

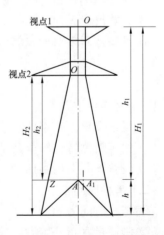

图SX104-1　杆塔倾斜检查示例图

3）调平后固定水平度盘，垂直方向对准视点 1 的 O 点，找出水平铁 Z 中心点 A，从视点 1 的 O 点垂直向下至水平铁 Z，如与 A 点重合即此面无倾斜，如不重合即得 A1 点，用钢卷尺测量得出 AA_1 的距离，即为视点 1 正面倾斜值 x_1。用相同方法测得视点 2 后侧横向倾斜值 x_2。

（3）侧面倾斜值检查。侧面倾斜值检查方法同上，得视点 1 侧面倾斜值 y_1 和得视点 2 侧面倾斜值 y_2。

（4）计算铁塔倾斜率。

1）正面倾斜值 $x=\dfrac{x_1+x_2}{2}$；

2）侧面倾斜值 $y=\dfrac{y_1+y_2}{2}$；

3）计算铁塔倾斜值 z，$z=\sqrt{x^2+y^2}$；

4）计算铁塔倾斜率 $\eta=z/H\times100\%$，H 为塔高。

3. 工作终结

（1）自查验收。

（2）清理现场、退场。

（四）工艺要求

（1）仪器架设点选取合适，便于观察测量。

（2）每基铁塔正、侧面经纬仪观测点必须打上控制桩，以保证能在同一位置观测铁塔结构倾斜。

（3）仪器架设气泡无偏移，物镜清晰。

（4）对光后刻度盘清晰，便于读数。

（5）计算准确无误。

（6）铁塔倾斜率对架线前检查，直线杆塔其值不超过 3%。

二、考核

（一）考核场地

（1）场地要求。在培训线路上选取一座直线铁塔测量。

（2）给定需测量铁塔全高。

（3）设置评判桌椅和计时秒表、计算器。

（二）考核时间

（1）考核时间为 60min。

（2）考评员宣布开始后记录考核开始时间。

（3）现场清理完毕后，汇报工作终结，记录考核结束时间。

(三) 考核要点

(1) 要求一人操作，一人配合，一名工作负责人。考生就位，经许可后开始工作，规范穿戴工作服、绝缘鞋、安全帽、手套等。

(2) 工器具选用满足工作需要，进行外观检查。

(3) 仪器架设正确，读数、记录无误。

(4) 数据计算过程清晰，且正确无误。

三、评分参考标准

行业：电力工程　　　　　　　　工种：送电线路工　　　　　　等级：一

编号	SX104	行业领域	e	鉴定范围	
考核时间	60min	题型	A	含权题分	35
试题名称	110kV 直线杆塔结构倾斜检查				
考核要点及其要求	(1) 给定条件：考场可以设在培训专用场地进行，场地无障碍。 (2) 工作环境：在培训线路上选取一座直线铁塔测量。 (3) 选择工具并做外观检查				
现场设备、工具、材料	(1) 主要工具：J2 光学经纬仪、丝制手套、钢卷尺。 (2) 考生自备工作服。可以自带个人工具				
备注					

			评分标准				
序号	作业名称	质量要求	分值	扣分标准	扣分原因	得分
1	着装	工作服、绝缘鞋、安全帽、手套穿戴正确	5	(1) 未着装扣 5 分； (2) 着装不规范扣 3 分		
2	工具选用	工器具选用满足作业需要，工器具做外观检查	5	(1) 选用不当扣 3 分； (2) 工器具未做外观检查扣 2 分		
3	选定仪器观测点	选择观测点合理	5	(1) 观测点未在顺线路方向中心线上扣 2～5 分； (2) 观测距离未在距塔高 2 倍左右位置的扣 2～5 分		

			评分标准			

序号	作业名称	质量要求	分值	扣分标准	扣分原因	得分
4	仪器安装	将三脚架高度调节好后架于测量点处,仪器从箱中取出,将仪器放于三脚架上,转动中心固定螺栓,将三脚架踩紧或调整各脚的高度	5	(1) 仪器高度不便于操作扣2分; (2) 一手握扶照准部,一手握住三角机座,不正确扣1分; (3) 有危险动作扣2分		
5	仪器调平、对光、调焦	转动仪器照准部,以相反方向等量转动此两脚螺栓,将仪器转动90°,旋转第三脚螺栓,反复调整两次至仪器水平,转动目镜对准需要测量杆塔,目标清晰	10	(1) 根据气泡偏离情况扣1~5分,气泡每偏离1格扣2分; (2) 仪器反复调整超过两次倒扣3分; (3) 分划板十字丝不清晰明确,扣1分		
6	测量横向倾斜值	首先将望远镜中丝瞄准横担中点,然后俯视杆塔根部,用钢卷尺量取中丝与横向根开中点间的距离即为横向倾斜值 x_1;用同样方法测后侧横向倾斜值 x_2;计算横向倾斜值。(注意 x_1、x_2 方向,同侧相减,异侧相加),$x = (x_1 + x_2)/2$	10	(1) 测量位置不正确扣2分; (2) 测量方法不正确扣2~4分; (3) 计算方法有误扣2~4分		
7	测量顺向倾斜值	仪器站点选择在杆塔横担方向上,且距离为塔高2倍左右,架设仪器并调平、对光、调焦,将望远镜中丝瞄准横担中点,然后俯视杆塔根部,用钢卷尺取中丝与顺向根开中点间的距离即为顺向倾斜值 y_1,同样方法测右侧顺向倾斜值 y_2,计算顺向倾斜值(注意 y_1、y_2 方向,同侧相减,异侧相加),$y = (y_1 + y_2)/2$	30	(1) 观测点未在顺线路方向中心线上扣2~5分; (2) 观测距离未在距塔高2倍左右位置的扣2~5分; (3) 根据气泡偏离情况扣1~5分,气泡每偏离1格扣2分; (4) 仪器反复调整超过两次倒扣3分; (5) 测量位置、方法不正确扣2分; (6) 计算方法有误扣2~4分		
8	计算	计算杆塔倾斜值 z,计算杆塔倾斜率 $\eta = z/H \times 100\%$,H 为塔高	10	计算不正确扣1~10分		

序号	作业名称	质量要求	分值	扣分标准	扣分原因	得分
				评分标准		
9	收仪器	松动所有制动手轮，松开仪器中心固定螺旋，双手将仪器轻轻拿下放进箱内，清除三脚架上的泥土	5	（1）一手握住仪器，一手旋下固定螺旋，不正确扣1～3分； （2）要求位置正确，一次成功，每失误一次扣3分； （3）将三脚架收回，扣上皮带，不正确扣1～3分； （4）动作熟练流畅，不熟练扣1～4分		
10	自查验收	组织依据施工验收规范对施工工艺、质量进行自查验收	5	未组织验收扣5分		
11	文明生产	文明生产，禁止违章操作，不发生安全生产事故。操作过程熟练，工具、材料摆放整齐，现场清理干净	10	（1）发生不安全现象扣5分； （2）工具材料乱放扣3分； （3）现场未清理干净扣2分		
考试开始时间			考试结束时间		合计	
考生栏	编号： 姓名：		所在岗位：	单位：	日期：	
考评员栏	成绩： 考评员：			考评组长：		

一、施工

(一) 工器具、材料

(1) 工器具：个人工具、防护用具、110kV 验电器、接地线、围栏、安全标示牌（"在此工作！"一块、"从此进出！"一块）、拔销器、5000V 绝缘电阻表、抹布、1t 滑车、φ12 传递绳 50m、翼型卡 YK‐2、3t 丝杆、拉板、托瓶架、平梯、导线保护绳、防坠装置。

(2) 材料：8 片耐张绝缘子 XP‐70、弹簧销。

(二) 安全要求

1. 防止触电措施

(1) 登杆塔前必须仔细核对线路名称、杆号，多回线路还应核对线路的识别标记，确认无误后方可登杆。

(2) 严格执行 Q/GDW 1799.2—2013《国家电网公司电力安全工作规程　线路部分》保证安全的技术措施。

(3) 登杆塔作业人员、绳索、工器具及材料与带电体保持规定的安全距离。

2. 防止高空坠落措施

(1) 攀登杆塔作业前，应检查杆塔根部、基础和拉线是否牢固。

(2) 攀登杆塔作业前，应先检查登高工具、设施，如安全带、脚钉、爬梯、防坠装置等是否完整牢靠。上下杆塔必须使用防坠装置。

(3) 在杆塔上作业时，应使用有后备绳或速差自锁器的双控背带式安全带，安全带和后备保护绳（速差自锁器）应分挂在杆塔不同部位的牢固构件上，应防止安全带从杆顶脱出或被锋利物损坏。人员在转位时，手扶的构件应牢固，且不得失去安全保护。

3. 防止落物伤人措施

(1) 现场工作人员必须正确佩戴安全帽。

(2) 高处作业应使用工具袋，较大的工器具应固定在牢固的构件上，不准随便

乱放。上下传递物件应用绳索拴牢传递，严禁上下抛掷。

（3）在进行高空作业时，不准他人在工作地点的下面通行或逗留，工作地点下面应有围栏或装设其他保护装置，防止落物伤人。

4. 防止工器具失灵、导线脱落、绝缘子脱落等措施

（1）使用工具前应进行检查，严禁以小带大。

（2）检查金具、绝缘子的连接情况。

（3）提线工具收紧前，检查工器具连接情况是否牢固可靠。

（4）当采用单吊线装置时，应采取防止导线脱落的后备保护措施。

（三）施工步骤

1. 准备工作

（1）现场勘察。应明确现场检修作业需要停电的范围、保留的带电部位和现场作业的条件、环境及其他危险点等，了解杆塔周围情况、地形、交叉跨越等。

（2）相关资料。查阅图纸资料，明确塔型、呼称高，导线、金具及绝缘子型号等，以确定使用的工器具、材料。

（3）工作票及任务单。工作票签发人根据现场情况等相关资料，签发工作票和任务单，根据 Q/GDW 1799.2—2013《国家电网公司电力安全工作规程　线路部分》和现场实际填写电力线路第一种工作票，工作负责人确认无误后接受工作票和任务单。

（4）着装。工作服、绝缘鞋、安全帽、手套穿戴正确。

（5）选择工具，做外观检查。选择工具、防护用具及辅助器具，并检查工器具外观完好无损，具有合格证并在有效试验周期内。

（6）选择材料，做外观检查。绝缘子外观合格，每片绝缘子应进行绝缘检测合格，并清扫干净。

2. 操作步骤

（1）上塔作业前的准备。

1）工作人员根据工作情况选择工器具及材料并检查是否完好。

2）工作人员核对线路名称、杆号，检查杆塔根部、基础是否完好。

3）地面作业人员在适当的位置将传递绳理顺确保无缠绕，对新绝缘子进行外观检查，将表面及裙槽清擦干净，并用 5000V 绝缘电阻表检测绝缘（在干燥情况下绝缘电阻不得小于 $300M\Omega$），无问题后连接成串放置好。

4）按工作票的要求在工作地段前后杆塔的导线上验明确无电压后装设好接地线。

（2）登塔作业。

1）塔上作业人员检查登杆工具及安全防护用具并确保良好、可靠，并对登杆工具、安全防护用具和防坠装置做冲击试验。

2）塔上作业人员戴好安全帽，系好安全带、后备保护绳，携带传递绳开始登塔。禁止携带器材登杆或在杆塔上移位。杆塔有防坠装置的，应使用防坠装置，杆塔没有防坠装置的，应使用双钩防坠装置。

（3）工器具安装。

1）横担侧作业人员携带传递绳、滑车登至需更换绝缘子横担上方，将安全带、后备保护绳系在横担主材上，在横担的适当位置挂好传递绳。

2）地面作业人员将平梯传递至作业横担，导线侧作业人员系好安全带和后备保护绳后配合横担侧作业人员将平梯安装在导线及横担上后，平梯冲击试验后携带导线侧传递绳沿平梯至导线端。

3）地面作业人员将导线保护绳传递上杆塔。杆塔上作业人员将导线保护绳一端拴在横担的主承力部位上，另一端拴在导线侧绝缘子串金具上。

4）地面作业人员将组装好的紧线工具（丝杆、翼型卡、拉板）及托瓶架传递至作业横担，塔上作业人员将翼型卡、托瓶架依次安装好。

5）横担侧作业人员将横担侧传递绳牢靠系在横担端合适绝缘子钢脚上，收紧丝杆使之稍受力；导线侧作业人员将导线侧传递绳牢靠系在托瓶架上。

（4）更换耐张绝缘子串。

1）杆塔上作业人员检查导线保护绳和紧线工具的连接，并对紧线工具进行冲击试验。无误后横担侧作业人员收紧丝杆，转移耐张绝缘子串荷载。

2）导线侧作业人员拔出被更换绝缘子串导线侧的弹簧销，解脱导线端绝缘子串的连接，然后配合地面作业人员用导线侧传递绳使耐张绝缘子串和托瓶架放至悬垂状态。

3）地面作业人员控制横担侧传递绳并牢靠系在新组装绝缘子串上，然后收紧横担侧传递绳吊起被更换耐张绝缘子串。横担侧作业人员解脱横担端耐张绝缘子串的连接，地面作业人员控制传递绳放下旧绝缘子串同时起吊新绝缘子串，将新绝缘子传递至横担侧作业人员。

4）横担侧作业人员连接横担侧新耐张绝缘子串，然后移动托瓶架使新耐张绝缘子串放入托瓶架。

5）地面作业人员收紧导线侧传递绳，把新耐张绝缘子串和托瓶架传递至导线侧作业人员。导线侧作业人员连接新耐张绝缘子串。

6）杆塔上作业人员检查新耐张绝缘子串连接无误后，稍松丝杆使新耐张绝缘子串受力，检查新耐张绝缘子串受力情况。

7）杆塔上作业人员确认新耐张绝缘子串受力正常后，继续松丝杆到能够拆除紧线工具为止。

（5）工器具拆除。杆塔上作业人员检查新耐张绝缘子串安装质量无问题后，拆除紧线工具、托瓶架和导线保护绳并分别传递至地面。导线侧作业人员携带导线侧传递绳沿平梯移动到横担上，配合横担侧作业人员拆除平梯并传递至地面。

(6) 下塔作业。塔上作业人员检查导线、耐张绝缘子串和横担上无任何遗留物后，解开安全带、后备保护绳，携带传递绳下塔。

3. 工作终结

(1) 工作负责人确认所有施工内容已完成，质量符合标准，杆塔上、导线上、绝缘子串上及其他辅助设备上没有遗留的个人保安线、工具、材料等，查明全部工作人员确由杆塔上撤下后，再命令拆除工作地段所挂的接地线。

(2) 清理地面工作现场，确认工器具均已收齐，工作现场做到"工完、料净、场地清"。并向工作许可人汇报作业结束，履行终结手续。

(四) 工艺要求

(1) 绝缘子的规格应符合设计要求，爬距应能满足该地区污秽等级要求，单片绝缘子绝缘良好，外观干净。

(2) 耐张绝缘子串地面组装时应检查球头、碗头与弹簧销子之间的间隙。在安装好弹簧销子的情况下球头不得自碗头中脱出。严禁线材（铁丝）代替弹簧销。

(3) 耐张绝缘子串上的弹簧销子、螺栓及穿钉均由上向下穿；当使用 W 型弹簧销子时，绝缘子大口均应向上；当使用 R 型弹簧销子时，绝缘子大口均向下，特殊情况可由内向外、由左向右穿入。

(4) 金具上所用的穿钉销的直径必须与孔径相配合，且弹力适度。穿钉开口销子必须开口 $60°\sim90°$，销子开口后不得有折断、裂纹等现象，禁止用线材代替开口销子；穿钉呈水平方向时，开口销子的开口应向下。

(五) 注意事项

(1) 沿平梯移动时，手脚要稳，并打好后备保护绳。

(2) 作业区域设置安全围栏，悬挂安全标示牌。

(3) 玻璃绝缘子的操作应戴防护眼镜，防止自爆伤到眼睛。

(4) 在脱开耐张绝缘子串前，应仔细检查紧线工具各部连接情况，确保安全无误后方可进行。

(5) 承力工器具严禁以小代大，并应在有效的检验期内。

二、考核

(一) 考核场地

(1) 考场可以设在培训专用 110kV 输电线路的耐张杆塔上进行，杆塔上无障碍物，铁塔有防坠装置。

(2) 给定线路检修时需办理的工作票，线路上安全措施已完成，配有一定区域的安全围栏。

(3) 设置评判桌椅和计时秒表、计算器。

(二) 考核时间

(1) 考核时间为 60min。

(2) 考评员宣布开始后记录考核开始时间。

(3) 现场清理完毕后，汇报工作终结，记录考核结束时间。

(三) 考核要点

(1) 要求两人操作，三人配合，一名工作负责人。考生就位，经许可后开始工作，规范穿戴工作服、绝缘鞋、安全帽、手套等。

(2) 工器具选用满足工作需要，进行外观检查。

(3) 选用材料的规格、型号、数量符合要求，进行外观检查。

(4) 登杆塔前要核对线路名称、杆号，检查登高工具是否在试验期限内，对安全带和防坠装置做冲击试验。高空作业中动作熟练，站位合理。安全带应系在牢固的构件上，并系好后备保护绳，确保双重保护。转向移位穿越时不得失去保护。作业时不得失去监护。

(5) 杆塔上作业完成，清理杆上遗留物，得到工作负责人许可后方可下杆。

(6) 耐张绝缘子串的更换符合工艺要求。

(7) 自查验收。清理现场施工作业结束后，工作负责人依据施工验收规范对施工工艺、质量进行自查验收，按要求清理施工现场，整理工具、材料，办理工作终结手续。

(8) 安全文明生产，按规定时间完成，按所完成的内容计分，要求操作过程熟练连贯，施工有序，工具、材料存放整齐，现场清理干净。

(9) 发生安全事故本项考核不及格。

三、评分参考标准

行业：电力工程　　　　　　　工种：送电线路工　　　　　　　等级：一

编号	SX105	行为领域	e	鉴定范围	
考核时间	60min	题型	B	含权题分	35
试题名称	110kV 耐张塔更换单串绝缘子				
考核要点及其要求	(1) 按要求选择工具及材料。 (2) 严格按照工作流程及工艺要求进行操作。 (3) 操作时间为 60min，时间到停止操作。 (4) 本项目为单人操作，现场配辅助作业人员一名，工作负责人一名；辅助工作人员只协助考生完成塔上工具、材料的上吊和下卸工作；工作负责人只监护工作安全				

现场设备、工具、材料	(1) 工具：个人工具、防护用具、110kV 验电器、接地线、围栏、安全标示牌（"在此工作！"一块、"从此进出！"一块）、拔销器、5000V 绝缘电阻表、抹布、1t 滑车、φ12 传递绳 50m、翼型卡 YK-2、3t 丝杆、拉板、托瓶架、平梯、导线保护绳、防坠装置。 (2) 材料：8 片耐张绝缘子 XP-70、弹簧销。 (3) 考生自备工作服、绝缘鞋、自带个人工具
备注	

评分标准

序号	作业名称	质量要求	分值	扣分标准	扣分原因	得分
1	着装	工作服、绝缘鞋、安全帽、手套穿戴正确	1	穿戴不正确一项扣 1 分		
2	工具选用	(1) 个人工具：常用电工工器具一套	5	操作再次拿工具每件扣 1 分		
		(2) 专用工具：翼型卡 1 套，拉板 2 付（110kV）、丝杆 2 套（3t）、托瓶杆 1 付（110kV）、平梯 1 付、导线侧传递绳 1 根、传递滑车 3 个、横担侧传递绳 1 根、拔销器 3 把、导线保护绳 1 根		1) 安全带、保护绳、防坠落装置的检查和未做冲击试验每项扣 2 分； 2) 工器具漏检每件扣 1 分		
3	材料准备	耐张绝缘子串、弹簧销	4	(1) 未检查、检测绝缘子扣 2 分； (2) 未清扫绝缘子扣 2 分		
4	更换绝缘子	(1) 登杆：塔上作业人员携带拔销钳、工具包、无头绳、滑车、传递绳至作业横担，系好安全带，在作业横担合适位置挂好传递绳	70	1) 后备保护使用不正确扣 2 分； 2) 作业过程中失去安全带保护扣 3 分		
		(2) 传递工具：地面作业人员将平梯传递至作业横担，导线侧作业人员系好安全带和延长绳后配合横担侧作业人员将出线平梯安装在导线及横担上，并沿平梯至导线端		1) 平梯未做冲击试验扣 2 分； 2) 上平梯前未检查绝缘子、弹簧销子扣 2 分； 3) 平梯上失去保护每次扣 5 分； 4) 传递工具撞击绝缘子串每次扣 2 分； 5) 平梯使用不熟练扣 2 分		
		(3) 组装翼型卡、托瓶架：地面作业人员将组装好的紧线工具（丝杆、翼型卡、拉板）及托瓶架传递至作业横担，塔上作业人员将翼型卡、托瓶架依次组装好		紧线工具使用不熟练扣 2 分		

				评分标准			
序号	作业名称	质量要求	分值	扣分标准	扣分原因	得分	
4	更换绝缘子	(4)拆旧绝缘子串：横担侧作业人员将传递绳牢靠系在横担端合适绝缘子钢脚上，收紧丝杆，将绝缘子串荷载转移到拉板上，检查冲击承力工具受力正常后，导线侧作业人员解脱导线端绝缘子，并放至悬垂。地面作业人员收紧横担侧传递绳，横担侧作业人员解脱横担端绝缘子	70	1)收紧丝杆前不检查紧线工具的连接扣2分； 2)不检查紧线工具承力就脱开绝缘子串扣2分； 3)绳结使用不正确扣2分		
		(5)吊新绝缘子串：地面作业人员控制传递绳放下旧绝缘子串同时起吊新绝缘子串		传递绝缘子串发生撞击每次扣2分		
		(6)安装新绝缘子：横担侧作业人员连接横担侧绝缘子，并将新组装绝缘子串放入托瓶架。地面作业人员将新绝缘子串和托瓶架传递给导线侧作业人员。导线侧作业连接导线侧绝缘子。塔上作业人员检查W型销或R型销、绝缘子及金具连接良好后，横担侧作业人员放松丝杆至绝缘子呈受力状态，冲击检查新更换绝缘子串合格后，横担侧作业人员完全放松丝杆		1)未检查新绝缘子串的连接就松丝杆扣2分； 2)未检查新绝缘子串受力就拆除紧线工具扣2分； 3)新绝缘子的弹簧销穿入方向不正确每次扣2分		
		(7)拆除塔上工器具：塔上作业人员与地面作业人员配合将所有工器具及安全措施拆除传递至地面，检查无遗留物后携带传递绳依次下塔		1)传递工具撞击绝缘子串每次扣2分； 2)未检查作业面遗留物扣2分		
5	其他要求	(1)杆上工作时不得掉东西；禁止口中含物；禁止浮置物品	10	1)掉一件材料扣5分； 2)掉一件工具扣5分； 3)口中含物每次扣5分； 4)浮置物品每次扣4分		
		(2)符合文明生产要求；工器具在操作中归位；工器具及材料不应乱扔乱放		1)操作中工器具不归位扣2分； 2)工器具及材料乱扔乱放每次扣1分		

		评分标准					
序号	作业名称	质量要求	分值	扣分标准		扣分原因	得分
5	其他要求	（3）安全施工做到"三不伤害"	10	施工中造成自己或别人受伤扣2分			
考试开始时间			考试结束时间			合计	
考生栏	编号：	姓名：	所在岗位：		单位：	日期：	
考评员栏	成绩：	考评员：			考评组长：		

一、施工

(一) 工器具、材料

J2 或 J6 光学经纬仪、丝制手套、钢卷尺、函数计算器。

(二) 安全要求

1. 防止坠物伤人措施

在线下或杆塔下测量时作业人员必须戴好安全帽。

2. 防止触电伤人措施

在测量带电线路导线对各类交叉跨越物的安全距离时，确保测量标尺与带电设备保持安全距离。

(三) 施工步骤

1. 准备工作

(1) 正确规范着装。

(2) 选择工具并做外观检查。

2. 工作过程

(1) 选定仪器站点。

(2) 仪器架设。打开三脚架，调节脚架高度适中，目估三脚架头大致水平，将仪器放在脚架上，并拧紧连接仪器和三脚架的中心连接螺旋，踏紧架腿；转动照准部，使照准部水准管与任一对脚螺旋的连线平行，两手同时向内或外转动这两个脚螺旋，使水准管气泡居中。将照准部旋转 90°，转动第三个脚螺旋，使水准管气泡居中，按以上步骤反复进行，直到照准部转至任意位置气泡皆居中为止。

(3) 测垂直角。分别测出导线挂点处的垂直角 β 和弧垂点处的垂直角 α。档端角度法检查导线弧垂如图 SX106-1

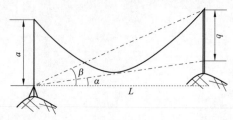

图 SX106-1　档端角度法检查导线弧垂示意图

所示。

(4) 计算。b＝档距×(tanβ－tanα)，再按异长法公式 $f=\dfrac{(\sqrt{a}+\sqrt{b})^2}{4}$ 计算弧垂（2 为仪器架设点处的塔高）。

3. 工作终结

(1) 自查验收。

(2) 清理现场、退场。

(四) 工艺要求

(1) 仪器架设点选取合适，便于观察测量。

(2) 仪器架设气泡无偏移，物镜清晰。

(3) 计算准确无误。

二、考核

(一) 考核场地

(1) 场地要求：在培训基地或现场选取档距较大，导线对地距离适中的一档架空线路。

(2) 给定测量作业任务时需办理工作票，配有一定区域的安全围栏。

(3) 设置评判桌椅和计时秒表、计算器。

(二) 考核时间

(1) 考核时间为 50min。

(2) 考评员宣布开始后记录考核开始时间。

(3) 现场清理完毕后，汇报工作终结，记录考核结束时间。

(三) 考核要点

(1) 要求一人操作，一人配合，一名工作负责人。考生就位，经许可后开始工作，规范穿戴工作服、绝缘鞋、安全帽、手套等。

(2) 工器具选用满足工作需要，进行外观检查。

(3) 仪器架设正确，读数、记录无误。

(4) 数据计算过程清晰，且正确无误。

三、评分参考标准

行业：电力工程　　　　　工种：送电线路工　　　　　等级：一

编号	SX106	行业领域	e	鉴定范围	
考核时间	50min	题型	A	含权题分	30
试题名称	档端角度法检查架空输电线路导线弧垂				
考核要点及其要求	(1) 给定条件：考场可以设在培训专用场地进行，场地无障碍。 (2) 工作环境：在培训基地选取或现场选取档距较大，导线对地距离不要太大的一档架空线路。 (3) 选择工具，做外观检查				
现场设备、工具、材料	工具：J2 或 J6 光学经纬仪、丝制手套、钢卷尺				
备注					

评分标准

序号	作业名称	质量要求	分值	扣分标准	扣分原因	得分
1	着装	工作服、绝缘鞋、安全帽、手套穿戴正确	5	(1) 未着装扣5分； (2) 着装不规范扣3分		
2	工具选用	工器具选用满足作业需要，工器具做外观检查	5	(1) 选用不当扣3分； (2) 工器具未做外观检查扣2分		
3	选定仪器观测点	选择观测点合理	5	观测点未在该杆塔所测导线挂线点正投影至地面上的点上扣5分		
4	仪器安装	将三脚架高度调节好后架于测量点处，仪器从箱中取出，将仪器放于三脚架上，转动中心固定螺栓，将三脚架踩紧或调整各脚的高度	6	(1) 仪器高度不便于操作，扣1分； (2) 一手握扶照准部，另一手握住三角机座，不正确扣1分； (3) 有危险动作扣2分； (4) 使圆水泡的气泡居中，不正确扣2分		

		评分标准				
序号	作业名称	质量要求	分值	扣分标准	扣分原因	得分
5	仪器调平、对光、调焦	转动仪器照准部，以相反方向等量转动此两脚螺栓，将仪器转动90°，旋转第三脚螺栓，反复调整两次，将望远镜向着光亮均匀的背景，转动目镜，指挥在线路交叉点正下方竖塔尺，将镜筒瞄准塔尺、调焦	14	（1）根据气泡偏离情况扣1～5分，气泡每偏离1格扣2分； （2）仪器反复调整超过两次倒扣3分； （3）分划板十字丝不清晰明确，扣1分； （4）塔尺未竖直，扣1分； （5）使塔尺刻度不清晰，扣1～3分		
6	测量、采集数据资料	量出经纬仪高度，查出该档档距观测点处杆塔呼称高，观测点导线挂点至杆塔的基面高度减去仪器高等于A。	15	（1）望远镜转轴中心红点至杆塔基面的高度测量不正确扣5分； （2）档距、观测点、导线挂点高度不准确扣5分； （3）要注意放仪器地面与杆塔基面一致并进行换算，A值不准确扣5分		
7	测量垂直角	将经纬仪换向轮转至垂直角位置上，打开竖盘照明反光镜并调整，调整读数微镜目镜，旋转竖盘指标微动手轮，使得在观察棱镜内看到竖盘水泡精确符合，将望远镜瞄准导线方向，拧紧照准部及望远镜锁紧螺旋，利用照准部及望远镜微动手轮使十字丝中横丝与导线弧垂最低点相切，转动测微手轮使显微镜方格中上下格线精密对准，必要时调整竖盘水准器水泡，读出垂直角度a，利用照准部及望远镜微动手轮，使十字丝中横丝与该导线挂点相切	25	（1）换向轮标记白线为垂直，不正确此项分全扣； （2）读数显微镜管内的竖盘角度不明亮，扣1～5分； （3）读数不清晰，扣1～5分； （4）仪器使用不正确扣1～5分；望远镜瞄准导线方向有误，扣1～10分； （5）十字丝中横丝未与导线弧垂最低点相切，扣1～10分； （6）竖盘水准器水泡偏离，每偏离一格扣2分；垂直角度读数有误扣1～5分		
8	计算	按公式正确计算	5	计算不正确扣1～5分		

		评分标准				
序号	作业名称	质量要求	分值	扣分标准	扣分原因	得分
9	收仪器	松动所有制动手轮,松开仪器中心固定螺旋,双手将仪器轻轻拿下放进箱内,清除三脚架上的泥土	5	(1)一手握住仪器,另一手旋下固定螺旋,不正确扣1~3分; (2)要求位置正确,一次成功,每失误一次扣3分; (3)将三脚架收回,扣上皮带,不正确扣1~3分; (4)动作熟练流畅,不熟练扣1~4分		
10	自查验收	组织依据施工验收规范对施工工艺、质量进行自查验收	5	未组织验收扣5分		
11	文明生产	文明生产,禁止违章操作,不发生安全生产事故。操作过程熟练,工具、材料摆放整齐,现场清理干净	10	(1)发生不安全现象扣5分; (2)工具材料乱放扣3分; (3)现场未清理干净扣2分		
考试开始时间			考试结束时间		合计	
考生栏	编号: 姓名:		所在岗位:	单位:	日期:	
考评员栏	成绩: 考评员:			考评组长:		

SX107 架空输电线路绝缘子盐密灰密测量

一、检修

（一）工器具、材料

（1）工器具：DDS－11A 数字化电导仪 1 台、220g/0.001g 天平 1 台、烘箱 1 个、毛巾 1 条、托盘 1 个、500mL 量杯 1 个、500mL 量筒 1 个、泡沫塑料块 3 个、毛刷 1 把、水银温度计 1 支、100mL 注射器 1 支、漏斗 1 个。

（2）材料：医用清洁手套一双、滤纸若干、蒸馏水若干。

（二）安全要求

防止玻璃器皿破裂后割伤手；使用玻璃器皿时，轻拿轻放。

（三）施工步骤

（1）测量人员将手清洗干净。

（2）将测量用的托盘、量杯、量筒、泡沫塑料块、毛刷、水银温度计、注射器、漏斗，以及电导仪探头用蒸馏水清洗干净。

（3）用湿润的毛巾将绝缘子的金属、水泥胶铸部位擦拭干净。

（4）打开电导仪机箱，插入探头，打开"ON/OFF"键，然仪器进行自检；使用专用蒸馏水检查电导仪的准确性，并按照数字式电导仪的说明量取定量的测量用蒸馏水待用。一般为 500mL。

（5）清洗一片普通悬式（XP－4.5）型绝缘子，需用 300mL 蒸馏水、先量取 40～60mL 蒸馏水将试品应清洗部位浸润，再借助毛刷、牙刷等物刷洗，除钢帽、钢脚及浇注水泥面以外全部瓷表面的污垢，再用剩余的蒸馏水分若干次将表面刷洗干净（以瓷表面能形成较大面积的水膜为好）。清洗完毕后将绝缘子尽量沥干，然后将托盘内的清洗液倒入量杯中，将量杯中的清洗液静置 3～5min 使其溶解饱和。

（6）使用水银温度计测量清洗液温度并记录测量数据。

（7）使用电导仪测量污液的电导率并记录测量数据。

（8）取出一张滤纸称重并记录数据。

(9) 使用漏斗将溶解饱和的污水用过滤纸过滤，再将过滤纸和残渣一起用烘箱干燥后称重，记录重量。

(10) 测量数据计算。

1) 计算等值附盐密。将温度为 t（℃）时的污秽绝缘子清洗液电导率换算至室温为 20℃ 的电导率。换算公式为

$$\sigma_{20} = K_t \sigma_t$$

式中　σ_t——温度为 t（℃）的电导率，$\mu S/cm$；

　　　σ_{20}——温度为 20℃ 的电导率，$\mu S/cm$；

　　　K_t——温度温度换算系数，数值见表 SX107 - 1。

表 SX107 - 1　　　　　　　污秽绝缘子清洗液电导率温度换算系数表

污秽绝缘子清洗液温度 t（℃）	温度换算系数（K_t）	污秽绝缘子清洗液温度 t（℃）	温度换算系数（K_t）
1	1.6551	16	1.0997
2	1.6046	17	1.0732
3	1.5596	18	1.0477
4	1.5158	19	1.0233
5	1.4734	20	1.0000
6	1.4323	21	0.9776
7	1.3926	22	0.9559
8	1.3544	23	0.9350
9	1.3174	24	0.9149
10	1.2817	25	0.8954
11	1.2487	26	0.8768
12	1.2167	27	0.8588
13	1.1859	28	0.8416
14	1.1561	29	0.8252
15	1.1274	30	0.8095

2) 20℃ 的电导率换算成盐量浓度。根据 20℃ 时的电导率 σ_{20}，通过查表 SX107 - 2 得出盐量浓度 S_a，单位为毫克每毫升（mg/mL）。

表 SX107 - 2 　　　　　污秽绝缘子清洗液 20℃时电导率与盐量浓度的关系

盐量浓度 S_a（mg/mL）	20℃时溶液电导率 σ_{20}（μS/cm）	盐量浓度 S_a（mg/mL）	20℃时溶液电导率 σ_{20}（μS/cm）
2240	202 600	1.5	2601
160	167 300	1.0	1754
112	130 100	0.90	1584
80	100 800	0.80	1413
56	75 630	0.70	1241
40	55 940	0.60	1068
28	40 970	0.50	895
20	29 860	0.40	721
14	21 690	0.30	545
10	15 910	0.20	368
7.0	11 520	0.10	188
5.0	8327	0.08	151
3.5	6000	0.06	114
2.5	4340	0.05	96
2.0	3439	0.04	77

3）按式计算得出等值附盐密。公式为

$$S_{DD} = S_a V / A$$

式中　　S_{DD}——等值附盐密，mg/cm^2；

　　　　S_a——盐量浓度，mg/mL；

　　　　V——溶液体积，mL；

　　　　A——清洗表面的面积 cm^2。

绝缘子的表面积可通过绝缘子生产厂家提供的技术资料中查得。

4）灰密的计算。公式为

$$NSDD = 1000 \times (W_f - W_i) / A$$

式中　　NSDD——非溶性沉积物密度，mg/cm^2；

　　　　W_f——在干燥条件下含污秽过滤纸的质量，g；

　　　　W_i——在干燥条件下过滤纸自身的重量，g；

　　　　A——绝缘子表面面积，cm^2。

（四）工艺要求

（1）测量附盐密点绝缘子时，按规定上端第二片，中部选一片，下端第二片共

3片（如220kV线路的A相第二、第七、第十二；110kV选上二、下二共两片；35kV选中间一片）分别测量计算，混合后再测量计算一次。

（2）为保证测量结果的准确、可靠，在拆取绝缘子及运输、测量过程中，对拆取后的绝缘子，要装入专门的盒内运输和保管，尽量保持瓷件表面污秽的完整性。

（3）清洗绝缘子的污液注意不要散失，用刷子在盛污液的容器中搅拌，使污物充分溶解，以提高测量的准确性。

（4）附盐密值测量的清洗范围。除钢脚及不易清扫的最里面一圈瓷裙以外的全部瓷表面。

（5）清洗绝缘子用的托盘、量杯、量筒、毛刷等用前必须充分清洁，以避免引起测量误差。

（6）测量用的电极要一用一清洗，即在每测量一份污秽液后一定要用蒸馏水清洗，再测量下一份污秽液，以免影响测量的准确性。

（7）在拆取绝缘子及测量等过程中，操作人员需戴手套，应尽量不抓、拿、沾污绝缘子，以减少污秽损失。

（8）将所得的污液按普通悬式绝缘子方法测出污液电导率。洗下的污液应全部搜集在干净容器内，毛刷或其他清洗工具仍浸在污液内，以免清洗工具带走部分污液。将污液充分搅拌，待污液充分溶解后，用电导仪对污液进行测量，并同时测量污液的温度。

（9）清洗一片普通悬式（XP-4.5）型绝缘子，需用300mL蒸馏水、先量取40~60mL蒸馏水将试品应清洗部位浸润，再借助毛刷、牙刷等物刷洗，除钢帽、钢脚及浇注水泥面以外全部瓷表面的污垢，再用剩余的蒸馏水分若干次将表面刷洗干净（以瓷表面能形成较大面积的水膜为好）。

（10）对于其他型式的绝缘子，一般根据其清洗的瓷面积与普通型（XP-4.5）绝缘子面积之比确定所需蒸馏水量。即

$$V = 300 \times S_m / S_n$$

式中　V——所需用蒸馏水量，mL；

　　　S_m——其他类型绝缘子所清洗的表面积，cm^2；

　　　S_n——XP-4.5型绝缘子表面积（$1450cm^2$）。

二、考核

（一）考核场地

（1）考场可以设在室内进行，室内应配置电源，每个工位面积不小于2m×3m，不少于两个工位。

(2) 设置 2～3 套评判桌椅和计时秒表。

（二）考核时间

(1) 考核时间为 60min。

(2) 考评员宣布开始后记录考核开始时间。

(3) 现场清理完毕后，汇报工作终结，记录考核结束时间。

（三）考核要点

(1) 正确选择、检查和使用工具。

(2) 选用材料的规格、型号、数量符合要求，进行外观检查。

(3) 正确掌握电导仪的使用。

(4) 正确掌握等值附盐密的测量步骤及计算方法。

(5) 正确掌握灰密的测量步骤及方法。

三、评分参考标准

行业：电力工程　　　　　　　　工种：送电线路工　　　　　　　等级：一

编号	SX107	行为领域	e	鉴定范围	
考核时间	60min	题型	A	题　分	35
试题名称	架空输电线路绝缘子盐密灰密测量				
考核要点及其要求	(1) 正确选择、检查和使用工具。 (2) 选用材料的规格、型号、数量符合要求，进行外观检查。 (3) 正确掌握电导仪的使用。 (4) 正确掌握等值附盐密的测量步骤及计算方法。 (5) 正确掌握灰密的测量步骤及方法。				
现场设备、工具、材料	(1) 工具：DDS-11A 数字化电导仪 1 台、220g/0.001g 天平 1 台、烘箱 1 个、毛巾 1 条、托盘 1 个、500mL 量杯 1 个、500mL 量筒 1 个、泡沫塑料块 3 个、毛刷 1 把、水银温度计 1 支、100mL 注射器 1 支、漏斗 1 个。 (2) 材料：医用清洁手套一双、滤纸若干、蒸馏水若干				
备注	完成片绝缘子的测量				
评分标准					

序号	作业名称	质量要求	分值	扣分标准	扣分原因	得分
1	着装	正确佩戴安全帽，穿工作服，穿绝缘鞋	5	(1) 未着装扣 5 分； (2) 着装不规范扣 2 分		

序号	作业名称	质量要求	分值	扣分标准	扣分原因	得分
			评分标准			
2	工具、材料准备及检查	（1）工具选择：数字化电导仪1台、天平1台、烘箱1个、毛巾1条、托盘1个、量杯1个、量筒1个、泡沫塑料块3个、毛刷1把、水银温度计1支、100mL注射器1支、漏斗1个	5	选错一项扣1分，漏一项扣1分		
		（2）准备材料及检查：医用清洁手套一双、滤纸若干、蒸馏水若干	5	选错一项扣1分，漏一项扣1分		
		（3）仪器检查：打开电导仪机箱，插入探头，打开"ON/OFF"键，然仪器进行自检；使用专用蒸馏水检查电导仪的准确性	3	1）未检查扣3分； 2）检查方法不正确扣1～3分		
		（4）清洗测量器皿及仪器：将测量用的托盘、量杯、量筒、泡沫塑料块、毛刷、水银温度计、注射器、漏斗，以及电导仪探头用蒸馏水清洗干净	5	1）未清洗扣5分； 2）清洗不干净扣1～5分		
3	清洗绝缘子	（1）清洗金属部件污物：用湿润的毛巾将绝缘子的金属、水泥胶铸部位擦拭干净，再将试品放入洗盘内清洗	2	清洗金属部件污秽物不干净扣1～2分		
		（2）清洗瓷部件：先量取40～60mL蒸馏水将试品应清洗部位浸润，再用毛刷等物刷洗除钢帽、钢脚及胶水泥面以外全部瓷表面的污垢，再用剩余的蒸馏水分若干次将表面刷洗干净。清洗完后，将试品移出盘内，再将刷洗工具放入盘中，将污液混合均匀，静置3～5min，使得污物充分溶解后待测	10	1）蒸馏水用量不准确扣5分； 2）污液溅出托盘外每次扣1分； 3）清洗液未静置扣3分； 4）瓷部件表面污垢清洗不干净扣3分		
4	电导率测量	（1）使用电导仪测量污液的电导率并记录测量数据； （2）使用水银温度计测量清洗液温度并记录测量数据	10	1）测量过程不正确扣1～3分； 2）读数不准确扣2分； 3）操作不正确扣2～5分		
5	灰密测量	（1）取出一张滤纸称重并记录数据	5	操作不正确扣2～5分		

		评分标准				
序号	作业名称	质量要求	分值	扣分标准	扣分原因	得分
5	灰密测量	（2）过滤污液：使用漏斗将溶解饱和的污水用过滤纸过滤，再将过滤纸和残渣一起用烘箱干燥后称重，记录重量	5	操作不正确扣 2～5 分		
6	计算等值附盐密	（1）电导率换算：将温度为 t（℃）时的污秽绝缘子清洗液电导率换算至室温为 20℃ 的电导率	5	1）未换算扣 5 分；2）换算不正确 2～5 分		
		（2）20℃ 的电导率换算成盐量浓度：根据 20℃ 时的电导率 σ_{20}，通过查表得出盐量浓度 S_a	5	盐量浓度不正确扣 5 分		
		（3）计算等值附盐密：正确计算等值附盐密，填写表 SX107-3	5	等值附盐密计算不正确扣 5 分		
7	计算灰密	正确计算灰密	10	灰密计算不正确扣 10 分		
8	分析判断	结合线路实测盐密值，确定线路污秽等级	10	不正确不得分		
9	其他要求	（1）操作熟练流畅	5	不熟练不给分		
		（2）清理工作现场，符合文明生产的要求	5	不合格扣 2 分		
考试开始时间			考试结束时间		合计	
考生栏		编号：　　姓名：		所在岗位：　　单位：　　日期：		
考评员栏		成绩：　　考评员：		考评组长：		

表 SX107-3　　　　线路绝缘子盐密测量记录表

塔号	绝缘子位置	绝缘子型号	表面积（cm²）	用水量（mL）	电导率（μs/cm）	附盐量（mg）	附盐密度（mg/cm²）	非溶性沉积物密度	所属污区

线路名称：　　　　　　　检测人：　　　　　　　检测日期：　　年　月　日

一、施工

(一) 工器具、材料

(1) 工器具：牵引绳线轴、锚线架、手扳葫芦、地锚、导引绳线盘、牵引走板、断线钳等，数量均为够量。

(2) 材料：铁丝（10号）、木棒（10根）、白棕绳（若干）。

(3) 设备：张力机、牵引机、牵引绳拖车、小张力机、转向滑车、线轴拖车、小牵引机。

(二) 安全要求

(1) 现场设置遮栏、标示牌。

(2) 操作过程中，确保人身与设备安全。

(三) 施工步骤

(1) 准备工作。

1) 正确规范着装。

2) 选择工具并做外观检查。

3) 选择材料并做外观检查。

4) 操作场所选择。

(2) 工作过程。

1) 选择作业场地。

2) 组织分工，确定人员工作任务。

3) 布置牵引场。牵引场的布置与张力场布置基本相同，作业区范围比张力场稍小，一般选择线路上宽约25m，长约35m的平整场地。牵引场现场总体布置示意图如图SX108-1所示。

4) 布置张力场。张力场一般选择线路上宽约25m，长约50m的平整场地，并应能便于进行牵引机、张力机、缆盘等材料与设备的放置与搬运。张力场总体布置宜紧凑，以减少青苗损失。张力场现场总体布置示意图如图SX108-2所示。

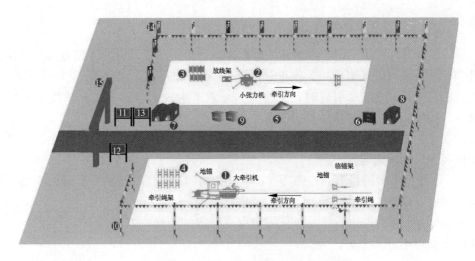

图 SX108‐1　牵引场现场总体布置示意图

1—大牵引机；2—小张力机；3—导引绳；4—导引绳盘；5—指挥棚；6—灭火器；7—移动式器材棚；

8—休息值班棚；9—弃物箱；10—作业区围栏；11—安全提示、警示牌；12—施工作业点责任牌；

13—危险源分析及预控措施牌；14—插入式彩旗；15—临时大门

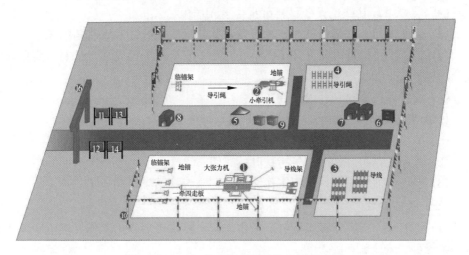

图 SX108‐2　张力场现场总体布置示意图

1—大张力机；2—小牵引机；3—导线；4—导引绳盘；5—指挥棚；6—灭火器；7—移动式器材棚；

8—休息值班棚；9—弃物箱；10—作业区围栏；11—安全提示、警示牌；12—施工作业点责任牌；

13—危险源分析及预控措施牌；14—友情提示牌；15—插入式彩旗；16—临时大门

（3）工作终结。

1）自查验收。

2) 清理现场、退场。

（四）工艺要求

（1）牵引机在使用前，要做好试运转，牵引时先开张力机，待张力机发动并打开刹车后，方可开动牵引机，停止时，应先停牵引机，后停张力机。

（2）牵引导线或牵引绳时，为避免其绳索产生过大波动脱出轮槽发生卡线故障，开始的速度不宜过快，然后逐渐加速。

（3）主牵引机中心线应在位于线路中心线上或转角塔的线路延长线上，若受地形限制要采用转向装置。

（4）导线轴架的排列，应使导线进入放线机构时同进导线槽中心线之间的夹角越小越好，以减少导线与导向滚轮的摩擦。

（5）牵张场的进出口导线与杆塔应保证一定的距离，其倾角不大于 12°，对边相线水平角不宜大于 5°。

二、考核

（一）考核场地

（1）牵张场布置场地平缓、有足够的面积，而且其长、宽尺寸应能够满足施工机具的安装要求，其施工设备材料可直接运入场内。

（2）保证与相邻杆塔保持一定的距离，并能保证锚线角和紧线角的要求。

（3）给定线路检修时需办理工作票，线路上安全措施已完成，配有一定区域的安全围栏。

（4）设置评判桌椅和计时秒表。

（二）考核时间

（1）考核时间为 60min。

（2）考评员宣布开始后记录考核开始时间。

（3）现场清理完毕后，汇报工作终结，记录考核结束时间。

（三）考核要点

（1）要求一人指挥，多人配合。考生就位，经许可后开始工作，规范穿戴工作服、绝缘鞋、安全帽、手套等。

（2）工器具选用满足工作需要，进行外观检查。

（3）选用材料的规格、型号、数量符合要求，进行外观检查。

（4）熟悉指挥信号，反应迅速。

三、评分参考标准

行业：电力工程　　　　　　　工种：送电线路工　　　　　　　等级：一

编号	SX108	行业领域	e	鉴定范围	
考核时间	60min	题型	A	含权题分	35
试题名称	指挥110kV及以上架空线路牵引场布置				
考核要点及其要求	(1) 给定条件：牵张场布置场地平缓、有足够的面积，而且其长、宽尺寸应能够满足施工机具的安装要求，其施工设备材料可直接运入场内。 (2) 工作环境：现场操作场地及设备材料已完备。给定线路上安全措施，施工时需办理工作票，许可手续已完成，配有一定区域的安全围栏。 (3) 熟悉指挥信号，反应迅速				
现场设备、工具、材料	(1) 工具：手扳葫芦、地锚、导引绳线盘、牵引走板、断线钳等，数量均为够量。 (2) 材料：铁丝、木棒、白棕绳。 (3) 设备：张力机、牵引机、牵引绳拖车、小张力机、牵引绳线轴、锚线架、转向滑车、线轴拖车、小牵引机。				
备注					

				评分标准			
序号	作业名称	质量要求	分值	扣分标准		扣分原因	得分
1	着装	工作服、绝缘鞋、安全帽、手套穿戴正确	5	(1) 未着装扣5分； (2) 着装不规范扣3分			
2	工具选用	工器具选用满足施工需要，工器具做外观检查	5	(1) 选用不当扣3分； (2) 工器具未做外观检查扣2分			
3	选择作业场地	地势较平坦，能看见指挥信号和布置过程	5	场地选择不当扣5分			
4	组织分工	合理安排作业监护人、安全员、停送电联系人、对外联系人员、技术负责人员、质检员、材料管理人员、交叉跨越观测人员、施工班组成员	10	漏安排相应人员，或不合理，扣2~10分			

<table>
<tr><th colspan="7">评分标准</th></tr>
<tr><th>序号</th><th>作业名称</th><th>质量要求</th><th>分值</th><th>扣分标准</th><th>扣分原因</th><th>得分</th></tr>
<tr>
<td>5</td>
<td>牵张场布置</td>
<td>按牵张场布置示意图进行布置</td>
<td>55</td>
<td>（1）牵张机布置不正确扣10分；
（2）小张力、小牵引机位置不合理扣1～5分；
（3）地锚未打牢或位置不合理扣1～5分；
（4）锚线架位置未在牵引机轮槽中心线上扣5分；
（5）整体位置布置机具间距不够扣5分；
（6）牵张场的进出口导线与杆塔的距离不合理，扣1～5分，其倾角大于12°，扣5分，对边相线水平角大于5°，扣5分</td>
<td></td>
<td></td>
</tr>
<tr>
<td>6</td>
<td>指挥</td>
<td>指挥熟悉、果断、正确</td>
<td>5</td>
<td>不正确扣1～5分</td>
<td></td>
<td></td>
</tr>
<tr>
<td>7</td>
<td>处理问题</td>
<td>处理问题快捷、正确</td>
<td>5</td>
<td>不正确扣1～5分</td>
<td></td>
<td></td>
</tr>
<tr>
<td>8</td>
<td>文明生产</td>
<td>文明生产，禁止违章操作，不发生安全生产事故。操作过程熟练，工具、材料摆放整齐，现场清理干净</td>
<td>10</td>
<td>（1）发生不安全现象扣5分；
（2）工具材料乱放扣3分；
（3）现场未清理干净扣2分</td>
<td></td>
<td></td>
</tr>
<tr>
<td colspan="2">考试开始时间</td>
<td></td>
<td colspan="2">考试结束时间</td>
<td colspan="2">合计</td>
</tr>
<tr>
<td colspan="2">考生栏</td>
<td colspan="2">编号：　　姓名：</td>
<td>所在岗位：　　单位：</td>
<td colspan="2">日期：</td>
</tr>
<tr>
<td colspan="2">考评员栏</td>
<td colspan="2">成绩：　　考评员：</td>
<td colspan="3">考评组长：</td>
</tr>
</table>

一、施工

（一）工器具、材料

（1）工器具：J2 光学经纬仪、丝制手套、榔头（2磅）。

（2）材料：$\phi20$ 圆木桩、细铁丝、铁钉（1寸）或记号笔。

（二）安全要求

1. 防止坠物伤人措施

在线下或杆塔下测量时作业人员必须戴好安全帽。

2. 防止触电伤人措施

在测量带电线路导线对各类交叉跨越物的安全距离时，确保测量标尺与带电设备保持安全距离。

（三）施工步骤

1. 准备工作

（1）正确规范着装。

（2）选择工具并做外观检查。

2. 工作过程

（1）测量数据计算及铁塔基础分坑示意图的绘制。

（2）检查中心桩。

（3）架设经纬仪。

对中：

1）打开三脚架，调节脚架高度适中，目估三脚架头大致水平，且三脚架中心大致对准地面标志中心。

2）将仪器放在脚架上，并拧紧连接仪器和三脚架的中心连接螺旋，双手分别握住另两条架腿稍离地面前后左右摆动，眼睛看对中器的望远镜，直至分划圈中心对准地面标志中心为止，放下两架腿并踏紧。

3）升落脚架腿使气泡基本居中，然后用脚螺旋精确整平。

4）检查地面标志是否位于对中器分划圈中心，若不居中，可稍旋松连接螺旋，在架头上移动仪器，使其精确对中。

整平：

整平时，先转动照准部，使照准部水准管与任一对脚螺旋的连线平行，两手同时向内或外转动这两个脚螺旋，使水准管气泡居中。将照准部旋转90°，转动第三个脚螺旋，使水准管气泡居中，按以上步骤反复进行，直到照准部转至任意位置气泡皆居中为止。

瞄准：

1）调节目镜调焦螺旋，使十字丝清晰。

2）松开望远镜制动螺旋和照准部制动螺旋，先利用望远镜上的准星瞄准方向桩，使在望远镜内能看到目标物象，然后旋紧上述两制动螺旋。

3）转动物镜调焦使物象清晰，注意消除视差。

4）旋转望远镜和照准部制动螺旋，使十字丝的纵丝精确地瞄准目标。

5）将经纬仪水平刻度盘归零。

（4）分坑操作。

1）指挥将标杆插于线路前后方向桩上，将望远镜瞄准前方（或后方）标杆，调焦。并将十字丝精密对准标杆，用十字丝双丝段夹住标杆，将仪器换象手轮转于水平位置，打开水平度盘照明反光镜并调整使显微镜中读数最明亮，转动显微镜目镜使读数最清晰，读水平角度并做好记录，计算转角角度，核对图纸，检查线路转角桩是否正确。

2）钉横担方向桩。将镜筒旋转定在1/2内角位置上（或将镜筒旋转1/2转角角度再旋转90°定位），指挥定出横担方向，指挥在地上钉出横担方向桩，横担方向桩桩距不能太远，考虑好位移。

3）位移。在中心桩与横担方向桩拉紧细铁丝，用钢卷尺在铁丝上从中心桩向线路内角方向量出计算出的位移值，在这点上打桩并钉钉。

4）定位开挖面。将经纬仪移至位移后的铁塔中心桩上，并完成对中、调平，将镜筒对准横担方向桩，记住水平度盘读出的角度 α 值，将镜筒旋转，使水平度盘读数为 $\alpha-45°$ 或 $\alpha+45°$，从镜筒内观测并指挥钉桩、钉出第一个基础坑方向桩，按基础图纸尺寸，仪器控制方向，钢卷尺控制距离定出 A、B 两点；A、B 两点为单个基础坑的对角点，皮尺取 $2d$ 长度，两端定在 A、B 两点，拉紧中点得出 M。翻至对面得 N，沿 $AMBN$ 在地面上画印（d 为基坑边长），镜筒倒转180°，定出第二个基础坑方向桩，在此方向，按基础图纸尺寸钉出 A、B 两点；A、B 两点为单个基础坑的对角点。按前方法在地面上画出第二个基础坑，将镜筒旋转90°，定出第三个基础坑方向，并在地面上画出第三个基础坑，将镜筒倒转180°，定出第四个基础坑方向，并在地面上画出第四个基础坑。

（5）完善平面图的绘制，并完成自查。

3. 工作终结

（1）自查验收。

（2）清理现场、退场。

（四）工艺要求

（1）仪器架设高度合适，便于观察测量。

（2）气泡无偏移，对中清晰。

（3）对光后刻度盘清晰，便于读数。

（4）每次定位要复测检查。

（5）仪器装箱，三脚架清除泥土收起。

二、考核

（一）考核场地

（1）场地要求：在培训基地选取一平坦地面，每个工位场地面积不小于 5m×5m。

（2）给定测量作业任务时需办理工作票，配有一定区域的安全围栏。

（3）设置评判桌椅和计时秒表。

（二）考核时间

（1）考核时间为 50min。

（2）考评员宣布开始后记录考核开始时间。

（3）现场清理完毕后，汇报工作终结，记录考核结束时间。

（三）考核要点

（1）要求一人操作，两人配合，一名工作负责人。考生就位，经许可后开始工作，规范穿戴工作服、绝缘鞋、安全帽、手套等。

（2）工器具选用满足工作需要，进行外观检查。

（3）仪器架设。

1）仪器安装，高度便于操作。

2）光学对点器对中，对中标志清晰。

3）调整圆水泡，圆水泡中的气泡居中。

4）仪器调平，仪器旋转至任何位置，水准器泡最大偏离值都不超过 1/4 格值。

5）对光，使分划板十字丝清晰明确。

6）调焦，使标杆在十字丝双丝正中。

（4）基础分坑操作。

1）测量数据计算及铁塔基础分坑示意图的绘制。

2）瞄准前后仪器控制方向，用钢卷尺控制距离，钉下前、后桩。

3）利用皮尺标出四个坑口开挖线。

三、评分参考标准

行业：电力工程　　　　　　　　　工种：送电线路工　　　　　　　　　等级：一

编号	SX109	行业领域	e	鉴定范围	
考核时间	50 min	题型	A	含权题分	30
试题名称	带位移转角铁塔基础分坑测量				
考核要点及其要求	（1）给定条件：考场可以设在培训专用场地进行，场地无障碍。 （2）工作环境：在培训基地选取一平坦地面。 （3）选择工具，做外观检查				
现场设备、工具、材料	（1）工具：J2 光学经纬仪、丝制手套、榔头（2磅）。 （2）材料：φ20圆木桩、细铁丝、铁钉（1寸）或记号笔				
备注					

评分标准

序号	作业名称	质量要求	分值	扣分标准	扣分原因	得分
1	着装	工作服、绝缘鞋、安全帽、手套穿戴正确	5	（1）未着装扣5分； （2）着装不规范扣3分		
2	工具选用	工器具选用满足作业需要，工器具做外观检查	5	（1）选用不当扣3分； （2）工器具未做外观检查扣2分		
3	测量数据计算及铁塔基础分坑示意图的绘制	计算出基础分坑过程中所需数据，并绘制出分坑示意图	10	（1）图形绘制不完整、数据标注不清或不完整每处扣1分，不按规定取位每处扣1分； （2）图形不整洁美观酌情扣1～2分		
4	检查中心桩	注意检查中心桩是否移位	5	不正确扣1～5分		
5	仪器设置和调整	将经纬仪放于线路转角中心桩O上，仪器对中、整平、调焦	10	（1）对中偏离目标点，根据偏离情况扣1～5分； （2）气泡偏离1格扣2分，推动仪器精对中扣5分		

评分标准						
序号	作业名称	质量要求	分值	扣分标准	扣分原因	得分
6	分坑操作	指挥将标杆插于线路前后方向桩上	50	标杆未竖直扣3分		
		将望远镜瞄准前方（或后方）标杆，调焦。并将十字丝精密对准标杆		十字丝双丝段未夹住标杆扣3分		
		将仪器换向手轮转于水平位置		手轮上标线未调整为水平扣3分		
		打开水平度盘照明反光镜并调整		使显微镜中读数不清晰扣3分		
		转动显微镜目镜		使读数不清晰扣3分		
		读水平角度		读数错误扣3分		
		将镜筒旋转对准后（或前）方向桩上的标杆		读线路转角度数错误扣4分		
		计算转角角度		转角角度计算错误扣4分		
		将镜筒旋转定在1/2内角位置上，指挥定出横担方向		方向不正确扣1～4分		
		在中心桩与横担方向桩拉紧细铁丝		操作不正确扣1～3分		
		用钢卷尺在铁丝上从中心桩向线路内角方向量出计算出的位移值，在这点上打桩并钉钉		位移桩位置不正确扣1～3分		
		将经纬仪移至位移后的杆塔中心桩上		不正确扣1～4分		
		将镜筒对准横担方向桩，记住水平度盘读出的角度α值		操作、读数不正确扣1～4分		
		将镜筒旋转，使水平度盘读数为α－45°或α＋45°，并指挥钉桩、钉出第一个基础坑方向桩		不正确扣1～4分		
		按基础图纸尺寸，仪器控制方向，钢卷尺控制距离定出A、B两点，并取皮尺标出坑口线		操作不正确扣1～3分		

		评分标准				
序号	作业名称	质量要求	分值	扣分标准	扣分原因	得分
6	分坑操作	镜筒倒转180°，定出第二个基础坑方向，并在地面上画出第二个基础坑	50	操作不正确扣1~5分		
		将镜筒旋转90°，定出第三个基础坑方向，并在地面上画出第三个基础坑		操作不正确扣1~5分		
		将镜筒倒转180°，定出第四个基础坑方向，并在地面上画出第四个基础坑		操作不正确扣1~5分		
7	自查验收	组织依据施工验收规范对施工工艺、质量进行自查验收	5	未组织验收扣5分		
8	收仪器	松动所有制动手轮，松开仪器中心固定螺旋，双手将仪器轻轻拿下放进箱内，清除三脚架上的泥土	5	（1）一手握住仪器，另一手旋下固定螺旋，不正确扣1~3分； （2）要求位置正确，一次成功，每失误一次扣3分； （3）将三脚架收回，扣上皮带，不正确扣1~3分； （4）动作熟练流畅，不熟练扣1~4分		
9	文明生产	文明生产，禁止违章操作，不发生安全生产事故。操作过程熟练，工具、材料摆放整齐，现场清理干净	5	（1）发生不安全现象扣5分； （2）工具材料乱放扣3分； （3）现场未清理干净扣2分		
考试开始时间				考试结束时间		合计
考生栏		编号： 姓名：	所在岗位：	单位：		日期：
考评员栏		成绩： 考评员：		考评组长：		

一、施工

（一）工器具、材料

（1）工器具：$\phi 11 \sim \phi 15.5$ 钢丝绳 4 根、钢丝绳套 4 个、$\phi 18$ 大绳 4 根、3t 单轮、双轮及多轮滑车、倒落式人字抱杆、深埋式地锚、角桩、P16 大锤 2 把、3t 绞磨（含走丝）、制动器、3t 双钩紧线器、收线钳、200mm 扳手、防护用品、安全带、安全帽等。

（2）材料：配套的拉线、金具等。

（3）设备：SL-13 拉线塔。

（二）安全要求

1. 防止高空坠落措施

高处作业前做好准备，带好工器具；杆塔整体组立时，塔上不留活铁和活脚钉，不留"剪刀铁"；使用检验合格的安全带，安全带绑在牢固的地方。

2. 防止工器具及布置不当造成的人身伤害措施

认真检查所使用的工器具是否符合规定规格、型号，严格按操作规程执行；工器具选配不得以小代大；绑扎点选择合理，衬垫到位，确保起吊系统不超载，各类控制拉线应严密监视和调整。

3. 防止高空坠物伤人措施

塔上不留活铁严防滑落伤人；带好工器具防止滑落伤人；工具物件用小绳传递，杜绝乱抛乱扔；各种绑扣牢固可靠，不准绑活扣；较大、较重的物体用绞磨起吊，不得用人牵引。

（三）施工步骤

倒落式抱杆整体组立杆塔，设备简单，起立过程平稳可靠。由于是整体组立减少高空作业的难度。它适用于任何高度、任何重量的杆塔，是目前送变电施工中杆塔整立的一种主要施工方法。

倒落式抱杆的整体组立杆塔，就是利用抱杆的高度增高牵引支点，抱杆随着杆塔的起立，不断绕着地面的某一支点转动，直到杆塔头部升高到抱杆失效、脱帽，再

图 SX110 - 1　施工工序流程图

由牵引绳直接将杆塔拉直调正，完成杆塔的组立任务。施工工序流程如图 SX110 - 1 所示。

1. 施工准备

（1）必须做好组立前的技术准备。倒落式抱杆组立杆塔是一个比较复杂的施工工艺，它受到不同地形、地势，不同塔型，不同组立方式的制约，所以在每一基杆塔组立前必须对施工现场作详细调查，因地制宜制定有针对性的施工方案和安全措施。

（2）人员组织准备。按照拟定的施工方案，根据施工难度及工程量的大小，确定现场所需的技工、普工人数，现场由施工负责人统一指挥，并设副指挥一人。

（3）施工工器具、设备的准备。认真做好各部位、各施工阶段的受力分析，合理选用施工工器具、设备在倒落式抱杆组立杆塔过程中至关重要。对选用的抱杆、脱帽环、牵引钢绳、吊绳、制动钢绳及各利规格的滑车、地锚、牵引设备应做好认真的检查。准备应充分并留有一定的余地。

2. 现场布置

现场布置是杆塔整体组立的一道关键工序。现场布置工作的好坏、快慢直接关系到能否优质、安全、高效地完成杆塔组立任务。现场布置的根本任务是按照施工方案、安全措施的要求，做好杆塔整立前的一切工作。其基本内容包括：布置和固定钢绳系统、牵引系统、动力系统；抱杆的就位、安装（含空中转向的转向系统）；布置制动钢绳系统；布置临时拉线系统及承力拉线的制作准备；布置开挖、牵引、转向、制动或杆塔空中转向、临时拉线的地锚；做好对杆塔本体补强的物资、材料的准备工作及其他。

（1）固定钢绳系统（起吊系统）。由杆塔起吊绑扎处开始至抱杆头部（脱帽系统）的固定滑车为止，含吊点捆绑钢绳在内的所有起吊索具统称为固定钢绳系统，它由起吊钢绳、滑车及绑扎钢绳套等组成。起吊绑扎点又称为吊点。当采用多点起吊时，吊点的排列编号通常都从杆塔顶端往下排列。

1）应视杆塔重心和结构的高度等条件，以计算后选择出合理吊点位置，并在杆塔上量出绑扎位置，做好记号。

2）两点起吊时，直接将固定钢绳的两个端头在杆塔吊点位置上缠绕 1～3 道后用 U 型环连接。三点起吊时，应先将短钢绳套固定在第一和第二吊点上，中间加平衡滑车，然后将钢绳套一端与第三点固定，另一端则通过滑轮与平衡滑车连接，也可以倒换过来；长钢绳套拴吊点 1，短绳套拴吊点 2 和 3，视现场情况而定。四点起吊的固定无非是增加一个平衡滑车和一个短钢绳而已。

3）固定绳套在杆塔上的捆绑方法是：当采用两点起吊时，绳套的绕向应一正一反，以保证吊点在杆塔中心线上。

4）为防止绳套滑脱和移位，吊点选择尽可能靠近塔材的节点位置以上。

5）整立杆塔时，应使两侧钢绳套长度相等、距离相同，以保证两侧固定钢绳受力一致（杆塔需空中转向的，活点一侧应以点固定一侧为准，待塔起立到脱帽角度后才能放松或收紧），防止杆塔在起立过程中重心向一侧倾斜而出其不出现结构挠曲或发生安全事故。

6）起吊滑车挂钩与脱帽环连接时应由下向上钩入，所有滑车的活门必须关死卡住，挂钩全部应加封。

7）钢绳套与杆塔连接，缠绕处应加垫麻袋片等软物，以防止损坏镀锌表层和钢绳承受角钢切割。

8）固定钢绳绑扎完毕后，应检查其受力是否均衡，起吊检查中如受力不匀，应立即进行调整。

（2）牵引系统。由牵引绳和滑车组、主牵引绳组成，牵引绳的受力一般约为杆塔重的 1～1.3 倍。为减少牵引力，通常采用滑车组。牵引系统的布置按下列要求进行：

1）整理滑车组的钢绳，入开动滑车与定滑车之间的距离，使其符合起吊平面布置的要求，定滑车（一般采用组三滑车）置于牵引侧地锚上，作为转向至设备，动滑车（一般用组二滑轮组）置于抱杆一侧与主牵引钢绳或抱杆脱帽环连接。

2）主牵引钢绳套一端与抱杆脱帽环连接，另一端与滑车组的动滑车连接。

3）滑车组钢绳长度视现场地形及杆塔高度而定，一般均采用直径不低于 ϕ12.5 - 200m 的普通钢丝绳。为防止滑车组钢绳受力后发生扭绞，应在动滑车上加一木棒。木棒的下端系上一重物，防止动滑车受力后翻滚。

（3）动力装置。是牵引系统牵引力的动力来源，常用的有人工绞磨、机动绞磨、卷扬机等动力设备。牵引动力装置的布置要求有：

1）在地形条件允许时，牵引动力应尽量布置在线路中心线或线路转角的两等分线上。当出现角度时与牵引组织上地锚的偏出角不应超过 90°。

2）当使用车载卷扬机时，汽车固定后应在前后轮位置加设掩木。

3）动力装置地锚应与牵引地锚分开，不得共用一个地锚，防止由于牵引绳的对地夹角的增大而造成动力装置倾覆。牵引绳应通过牵引地锚的转向滑车到动力设备。牵引绳在机动绞磨的卷筒上缠绕的圈数不得少于五圈。

4）牵引地锚、动力设备地锚与铁塔基础中心的距离不得小于杆塔全高的

1.5倍。

（4）抱杆的布置。抱杆是整立施工中的重要设备，抱杆的型式通常有独脚、人字或排型几种。在线路施工的杆塔组立中用人字形抱杆较多，既可减少抱杆拉线又能增强和集中两根抱杆的承载能力。本次考核使用人字抱杆。人字抱杆的坐落位置（包括根开、对杆塔基础中心的距离、落脚点高差、初始角等）必须按照施工设计的基本要求布置。两根抱杆须等长。抱杆组装正确，不准有歪扭和迈步。

人字抱杆的根开应与抱杆的长度相适应。根开太大会降低抱杆的有效高度，同时会增加单根抱杆的受力和增加人字抱杆的水平分力，若根开太小又会使抱杆稳定性差。通常根开取抱杆 $1/4\sim1/3$ 抱杆长度。抱杆整立前应做好下列工作：

1）将抱杆抬放到要求的位置，整立单杆塔时应置于两侧位置。

2）将抱杆脱帽环套入，并将抱杆根开调整到要求位置，调整时应注意保证杆塔在起立过程中不挤压、擦碰抱杆，然后将抱杆的锁脚绳、绊脚绳套好。

3）将固定钢绳和主牵引钢绳在脱帽环两侧连接，滑车挂钩连接时必须注意挂钩封死，活门关闭并卡死，防止起吊过程中脱落。

4）拴好防止抱杆失效后摔倒的落地控制绳，（每根抱杆头拴一根），该控制绳的一端从上往下应穿过抱杆脱帽环的连接耳环。在离抱杆顶部 $0.5\sim1m$ 处绑住抱杆。拉绳的另一侧在杆塔底部，如考虑抱杆失效后的下落速度和重量，可在杆塔底部绕一至二圈来控制下落速度。

5）抱杆的起立方法视抱杆的长度及重量而定：抱杆的锁脚绳、绊脚绳固定好后，为防止抱杆在起立中因重心支点移动而发生撬腿，应将抱杆根部用撬杆压死。如果抱杆较轻，长度不高，可以用人字抱杆头部抬起，用两副叉杆交换往上顶（人抬时应站在抱直外侧方向），同时牵引可慢慢收紧，待抱杆牵至起落角后，停止牵引，准备拴吊点。

如果抱杆较长、较重，一般都采用小人字抱杆整立大人字抱杆的方法组立抱杆。小人字抱杆长度可取大抱杆长度的 $1/2$。通常用杉木杆组合。

（5）制动钢绳系统。倒落式抱杆组立杆塔中抱杆和杆塔应始终在一个球心支点上作运转。由于力和杆塔自重的反作用力，杆塔的就位必须有一套反牵引方向的制动。扼制杆塔的前冲，控制其就位。制动钢绳系统由制动钢绳、复滑车组制动绞磨（或链条葫芦）以及制动地锚组成，其布置、安装步骤如下：

1）制动地锚的布置应牵引地锚、人字抱杆顶端、杆塔中心线的反方向并保持与之在一条线上，即四点一线。组立门型杆塔时须布置两套制动系统。

2）将滑车组的钢绳绕好，一端在动滑车上固定，另一端在制动绞磨的卷筒上绕 $3\sim4$ 圈后引出。

3）绞磨或链条葫芦的尾部用 U 型环与地锚相连，制动钢绳前端通过构件下面在杆塔根部绕上 1～2 圈后用 U 型环锁死。锁死部位一定要在杆塔根部的正下方，以免制动受力后扭坏杆塔构件。

4）制动钢绳的另一端连接制动系统的动滑车，然后转动制绞磨，拉紧制动系统。

5）为使起立中杆塔能顺利就位，在进行杆塔地面组装时，应人为地将杆塔根部抬高，高出基础螺栓顶端约 30cm。地面保持平整，垫上枕木，并保证就位时杆塔能够滑动上基础。

（6）临时拉线及永久拉线的安装。

1）临时拉线是在杆塔起立过程中控制和调整杆塔重心，保证杆塔不出现偏移，顺利起立。临时拉线地锚应布置在距离杆塔基础中心 1.2 倍杆塔高度以上，以杆塔起立（即牵引、制动地锚）方向为轴线，以基础为中心呈十字方向展开布置。拉线的上端应绑牢在杆塔头部的节点处，上、下端的绑扎连接控制应由负责该拉线的技工操作，起立过程中的调整必须听从指挥人员的统一指挥。将临时拉线通过手葫芦或手摇绞车（也可直接用钢绳）固定在地锚上，要保证在起立过程中能收、放调整。

2）永久拉线。按照设计的组装图将拉线组装好，拉线上端可在杆塔上直接组装，并在杆塔身上捆好以防摩擦塔身。杆塔组立调整完毕，才能制作永久拉线，永久拉线全部制作完毕固定后，才能解下临时拉线、转场。永久拉线的下线夹若设计压缩型的，考虑到基础的自然沉陷时，可先采取螺栓型线夹过渡的方法固定。

（7）地锚。地锚是关系到整立安全的重要受力装置，地锚遭到破坏或产生过大的变形，都会引起严重的后果。地锚的规格、材料、埋深、埋设方法和地锚钢绳套的连接方式等都必须经计算后满足施工设计要求。一般除临时拉线杆塔空中转向地锚允许利用牢固的树桩、岩石外，牵引、制动等地锚只能采取深埋的方式，地锚的埋设使用中注意：

1）不得用腐朽的木料做地锚。

2）必须用合格的钢绳或钢绞线做钢绳套。

3）必须按规定要求挖置马道，马道的角度应与地锚受力方向一致。

4）当需回填土的地锚回填时，必须分层夯实，土坑内地锚还可加打组桩，以保证地锚的抗拔能力。

5）如整立现场有固定可靠的建筑物、大树、岩石可以利用做好地锚的必须经过鉴定和估算，应证明安全可靠才能使用。

（8）倒落式抱杆组立杆塔现场布置如图 SX110-2 所示。

倒落式抱杆组立杆塔是整体组立方式。在条件允许时，可将塔上附件如：永久拉线、绝缘子、放线滑车等物全部组装好，随杆塔一起组立，一次性完成放线

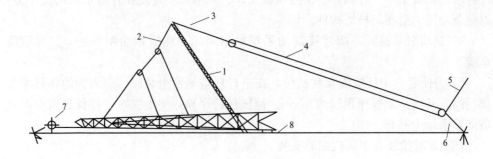

图 SX110 - 2 倒落式抱杆整体杆塔布置图

1—抱杆；2—固定钢丝绳系统；3—总牵引钢丝绳；4—牵引复滑车组；5—至牵引设备 1；

6—至牵引地锚；7—制动系统；8—塔基垫木（滑板）

前的准备工作。组装时应注意下列事项：

1）杆塔组装方向应尽可能与整体组立现场布置要求一致。

2）地面组装时，要求所有螺栓必须一次性达到紧固要求，对塔脚、吊点、铁塔颈部等部位应用圆木或钢管进行补强，以防止整立过程中出现变形。

3）可将拉线、放线滑车等物一并安装随杆塔一起组立，但必须拴牢以防起立运转过程中碰坏，而且还必须注意选择吊点时应将其附件重量加进去计算，以防塔头受力过大出现弯曲。

3. 抱杆起立

（1）抱杆就位位置。除前面已有介绍抱杆的根开外，抱杆的坐落位置视杆塔结构、高度、重心点的位置通过计算而定，一般情况下，抱杆应距杆塔中心超前 3～4m 左右就位。

（2）抱杆的初始角与失效角的控制。此项控制应经过严格的计算。施工中必须严格按拟定的施工方案组织实施。抱杆的初始角与杆塔地面组装的俯角也有很大的关系。一般抱杆初始角应控制在与地面杆塔的夹角 60°～70°之间（如遇特殊地形出现倒拔组立杆塔，可以采取抱杆组立后，利用活吊点的动力装置方法，先将杆塔牵引至初始状态。施工方法另文介绍）。抱杆的失效角一般应在杆塔起立至50°～65°时，抱杆开始失效。

4. 吊点的选择

（1）选择吊点前，应将随杆塔一起组立的附着物（如永久、临时拉线、杆塔的补强材料）和悬挂物（绝缘子、金具、放线滑车等）全部计算在起吊重量内，再按其结构合理计算出重心。

（2）吊点数量的选择和布置以能确保安全、顺利组立和确保起立过程中杆塔构件不受扭曲为原则。同时还要保证不因吊点选择得过低而出现抱杆不能正常脱帽和制动系统受力过大的危险情况。

5. 整体起立

整立杆塔是一项专业性强、危险性大的工作，各系统必须听从指挥，统一步调、密切配合。起立前，应对平面布置及各个系统绳套绑扎等进行全面的、细致的检查，具体分工为：起吊系统由指挥人员检查，其他各部分分别由具体操作人员负责检查无误后才能开始牵引起立。

（1）起立时，指挥人员站在杆塔附近的合适位置，即能看到或指挥到现场的各个部位，副指挥应站在牵引地锚中心，以观察牵引地锚受力，观测和控制、牵引抱杆顶、杆塔头部中心是否三点一线，并及时通知指挥人员进行调整。

（2）各部位工作人员、设备操作人员应听从规定的统一旗语、口哨的指挥，杆塔起立过程中，非工作人员不得进入以塔全高 1.2 倍以内的范围内，施工人员也不能站在正起立的杆塔和牵引系统的下逗留。

（3）杆塔头部起立到离地 0.8～1m 时，应停止牵引，对杆塔及组立的各个系统再次进行检查，重点检查各个地锚、钢绳连接的受力情况和各个吊点的受力是否正常、杆塔是否有可能因受力出现弯曲。若有异常应将杆塔放回地面垫实，经妥善处理后再组立。

（4）组立过程中，两侧临时拉线应进行必要的调整，使其松紧合适，并根据需要适当地放松制动钢绳，使杆塔能平稳起立和就位。

（5）在抱杆失效前约 10°左右（即杆塔起立到 50°～60°）时应使杆塔根部正确就位，如不能顺利对准基础螺栓就位时，应停止牵引，用撬杠拨动根部或用千斤顶等抬高根部，使其就位。若组立门型杆塔，两腿不能同时就位时，可利用制动系统调节，一个个就位。放松制动时，应尽可能缓慢和减少放松次数，以减少杆塔的振动次数。

（6）抱杆失效脱帽时，应停止牵引，拉紧抱杆头部的两根控制绳，使其慢慢落到地面。若出现抱杆被卡住，不能顺利脱帽而抱杆跟随牵引拖移时，在拉紧绳子的同时，用撬杠撬动抱杆根部，使其脱落。

（7）当杆塔立至 60°～70°时，必须将后侧临时拉线穿入地锚进行控制，超过 70°时，后侧临时拉线应受力并随时作好制动的准备。

（8）当杆塔立至 80°时，应停止牵引（此时制动系统应全部松除），利用牵引索具自重所产生的水平分力，使杆塔立至垂直位置。

（9）杆塔接近垂直位置时，可将前侧临时拉线带牢，松出牵引系统，此时在杆塔正面和侧面的两个观测点人员通知现场指挥人员，用临时拉线将塔调正，同时也要将杆塔方向调正。

6. 紧固、清场

杆塔组立、调整完成后，应立即制作永久拉线和基础螺栓的紧固工作。只有在拉线和紧固工作完成后，才允许人员上杆塔拆除杆塔的补强件、牵引、固定钢绳和临时拉线等物。杆塔组立及地面工作完成后，检查现场，将工器具和多余材料清理出场，工作完成。

二、考核

(一) 考核场地

在实训基地现场考核或模拟考核。考核可选在地形平坦、场地面积较大的地方进行。

(二) 考核时间

(1) 考核时间为 60min；

(2) 许可开工后记录考核开始时间；

(3) 现场清理完毕后，汇报工作终结，记录考核结束时间。

(三) 考核要点

(1) 倒落式抱杆整体组立杆塔施工流程；考虑到本项目所需作业人员数量较多，考核时可选取整体立塔的某个步骤进行现场考核，其他步骤以笔试和现场提问方式进行考核。

(2) 现场配指挥人员一名；副指挥人员一名；绞磨操作人员一名；配合人员以现场情况而定但不得少于 10 人。

(3) 杆塔在地面组装，确保所有部位连接牢固。

(4) 施工现场应设专人指挥，统一信号。

(5) 认真做好各部位、各施工阶段的受力分析，合理选用施工工器具，并对工器具进行外观检查，必要的现场进行试验。

(6) 现场安全文明生产。

(7) 操作结束后清理现场。

三、评分参考标准

行业：电力工程　　　　　　工种：送电线路工　　　　　　等级：一

编号	SX110	行业领域	e	鉴定范围	
考核时间	60min	题型	A	含权题分	35
试题名称	倒落式人字抱杆整体组立杆塔				

考核要点及其要求	(1) 现场配指挥人员一名；副指挥人员一名；绞磨操作人员一名；配合人员以现场情况而定但不得少于10人。 (2) 杆塔在地面组装，确保所有部位连接牢固。 (3) 施工现场应设专人指挥，统一信号。 (4) 认真做好各部位、各施工阶段的受力分析，合理选用施工工器具，并对工器具进行外观检查，必要的现场进行试验
现场设备、工具、材料	(1) 工器具：$\phi11\sim\phi15.5$钢丝绳4根、钢丝绳套4个、$\phi18$大绳4根、3t单轮、双轮及多轮滑车、倒落式人字抱杆、深埋式地锚、角桩、P16大锤2把、3t绞磨（含走丝）、制动器、3t双钩紧线器、收线钳、200mm扳手、防护用品、安全带、安全帽等。 (2) 材料：配套的拉线、金具等。 (3) 设备：SL-13拉线塔
备注	按照现场某个步骤选项考核

评分标准

序号	作业名称	质量要求	分值	扣分标准	扣分原因	得分
1	工作准备	(1) 检查所有作业工具（规格正确，外观无缺陷）认真，合格适用	2	1）未检查扣2分； 2）检查不全扣1分		
		(2) 检查所有材料、金具（规格正确，外观无缺陷）认真，合格适用	2	1）未检查扣2分； 2）检查不全扣1分		
		(3) 检查施工现场环境（符合要求）认真，合格适用	2	1）未检查扣2分； 2）检查不全扣1分		
		(4) 讲明施工方法及信号，工作人员要明确分工，密切配合，服从指挥，并保持通信畅通，方法简明易懂	2	1）未分工扣2分； 2）分工不合理1分		
2	现场布置	(1) 布置和固定钢绳系统、牵引系统、动力系统，布置正确，确保各部位受力均衡	2	布置不正确扣2分		
		(2) 抱杆的就位、安装（含空中转向的转向系统）布置正确，位置适合整体起吊要求	2	布置不正确扣2分		
		(3) 布置制动钢绳系统，布置正确，方向正确，使牵引地锚、人字抱杆顶端、杆塔中心线的反方向保持在一条线上，即四点一线	2	布置不正确扣2分		

		评分标准				

序号	作业名称	质量要求	分值	扣分标准	扣分原因	得分
2	现场布置	（4）布置临时拉线系统及承久拉线的制作准备，布置正确，保证杆塔不出现偏移，顺利起立	2	布置不正确扣2分		
		（5）布置开挖、牵引、转向、制动或铁塔空中转向、临时拉线的地锚，布置正确，符合要求	2	布置不正确扣2分		
		（6）做好对杆塔本体补强的物资、材料的准备工作，准备充分	2	1）未准备扣2分；2）准备不充分扣1分		
3	杆塔地面组装	（1）组装方向与整体组立现场方向一致	2	不一致扣2分		
		（2）组装所有螺栓必须一次性达到紧固要求	2	未达到紧固要求扣2分		
4	抱杆起立	（1）抱杆就位位置：抱杆的坐落位置视杆塔结构、高度、重心点的位置通过计算而定，一般情况下，抱杆应距杆塔中心超前3～4m左右就位	5	1）抱杆坐落位置未计算扣2分；2）位置不正确扣3分		
		（2）抱杆的初始角与失效角的控制：抱杆初始角应控制在与地面杆塔的夹角60°～70°之间。抱杆的失效角一般应在杆塔起立至50°～65°时，抱杆开始失效	5	1）抱杆初始角不正确扣2分；2）抱杆失效角不正确扣3分		
5	吊点的选择	（1）位置的确定：吊点选择应将随杆塔一起组立的附着物和悬挂物全部计算在起吊重量内，再按其结构合理计算出重心	2	吊点位置不正确扣2分		
		（2）数量的确定：吊点数量的选择和布置以能确保安全、顺利组立和确保起立过程中杆塔构件不受扭曲为原则。同时还要保证不因吊点选择得过低而出现抱杆不能正常脱帽和制动系统受力过大的危险情况	2	吊点数量不正确扣2分		

<table>
<tr><td colspan="8" align="center">评分标准</td></tr>
<tr>
<th>序号</th>
<th>作业名称</th>
<th>质量要求</th>
<th>分值</th>
<th>扣分标准</th>
<th>扣分原因</th>
<th>得分</th>
</tr>
<tr>
<td rowspan="7">6</td>
<td rowspan="7">整体起立</td>
<td>(1) 指挥人员的站位：起立时，指挥人员站在杆塔附近的合适位置，即能看到或指挥到现场的各个部位，副指挥应站在牵引地锚中心，以观察牵引地锚受力，观测和控制、牵引抱杆顶、杆塔头部中心是否三点一线，并及时通知指挥人员进行调整</td>
<td>5</td>
<td>指挥人员站位不正确扣1~5分</td>
<td></td>
<td></td>
</tr>
<tr>
<td>(2) 各部位人员的要求：应统一旗语、口哨的指挥，杆塔起立过程中，非工作人员不得进入以塔全高1.2倍以内的范围内，施工人员也不能站在正起立的杆塔和牵引系统的下逗留</td>
<td>5</td>
<td>各部位人员未达到要求扣1~5分</td>
<td></td>
<td></td>
</tr>
<tr>
<td>(3) 杆塔离地后的要求：杆塔头部起立到离地0.8~1m时，应停止牵引，对杆塔及组立的各个系统再次进行检查，重点检查各个地锚、钢绳连接的受力情况和各个吊点的受力是否正常，杆塔是否有可能因受力出现弯曲</td>
<td>5</td>
<td>1) 杆塔头部起立到离地0.8~1m时，未停止牵引扣2分；
2) 未检查系统受力情况扣3分</td>
<td></td>
<td></td>
</tr>
<tr>
<td>(4) 临时拉线的调整：组立过程中，两侧临时拉线应进行必要的调整，使其松紧合适，并根据需要适当地放松制动钢绳，使杆塔能平稳起立和就位</td>
<td>5</td>
<td>1) 未调整临时拉线扣3分；
2) 未放送制动钢绳扣2分</td>
<td></td>
<td></td>
</tr>
<tr>
<td>(5) 抱杆失效前的工作要求：抱杆失效前约10°左右时应使杆塔根部正确就位</td>
<td>5</td>
<td>杆塔根部就位不正确扣1~5分</td>
<td></td>
<td></td>
</tr>
<tr>
<td>(6) 抱杆失效脱帽：抱杆失效脱帽时，应停止牵引，拉紧抱杆头部的两根控制绳，使其慢慢落到地面</td>
<td>5</td>
<td>不符合要求扣1~5分</td>
<td></td>
<td></td>
</tr>
<tr>
<td>(7) 杆塔立至60°~70°时的要求：当杆塔立至60°~70°时，必须将后侧临时拉线穿入地锚进行控制，超过70°时，后侧临时拉线应受力并随时作好制动的准备</td>
<td>5</td>
<td>不符合要求扣1~5分</td>
<td></td>
<td></td>
</tr>
</table>

				评分标准			
序号	作业名称	质量要求	分值	扣分标准	扣分原因	得分	
6	整体起立	(8) 杆塔立至 80°时的要求：当杆塔放至 80°时，应停止牵引（此时制动系统应全部松除），利用牵引索具自重所产生的水平分力，使杆塔立至垂直位置	5	不符合要求扣 1~5 分			
		(9) 杆塔接近垂直位置时的要求：杆塔接近垂直位置时，可将前侧临时拉线带牢，松出牵引系统，并用临时拉线将塔调正，同时也要将杆塔方向调正	5	不符合要求扣 1~5 分			
7	紧固、清场	(1) 永久拉线的制作：按照设计的组装图将拉线组装好	5	与图纸比较，一处不合格扣 1 分			
		(2) 基础螺栓的紧固：基础螺栓紧固良好，未出现松动现象	2	螺栓未紧固扣 2 分			
		(3) 杆塔的补强件、牵引、固定钢绳和临时拉线等物的拆除按要求拆除清理干净，塔上无遗留物	2	发现遗留物扣 2 分			
		(4) 清场：认真检查现场，将工器具和多余材料清理出场	2	发现遗留物扣 2 分			
8	其他要求	(1) 认真检查工作现场，整理工器具，符合文明生产要求	2	1) 未检查现场扣 1 分；2) 未整理工器具扣 1 分			
		(2) 动作要求熟练流畅	4	不熟练扣 1~4 分			
考试开始时间			考试结束时间			合计	
考生栏	编号：	姓名：	所在岗位：	单位：		日期：	
考评员栏	成绩：	考评员：			考评组长：		

一、施工

(一) 工器具、材料

(1) 工器具：个人工具、防护用具、500kV验电器、接地线、围栏、安全标示牌（"在此工作!"一块、"从此进出"一块）、拔销器、5m软梯、抹布、1t滑车、ϕ12传递绳60m、5t手拉葫芦、四分裂提线器、5t吊带3m、导线保护绳、防坠装置、速差自锁器。

(2) 材料：500kV复合绝缘子、均压环。

(二) 安全要求

1. 防止触电措施

(1) 登杆塔前必须仔细核对线路名称、杆号，多回线路还应核对线路的识别标记，确认无误后方可登杆。

(2) 严格执行Q/GDW 1799.2—2013《国家电网公司电力安全工作规程　线路部分》保证安全的技术措施。

(3) 登杆塔作业人员、绳索、工器具及材料与带电体保持规定的安全距离。

2. 防止高空坠落措施

(1) 攀登杆塔作业前，应检查杆塔根部、基础和拉线是否牢固。

(2) 攀登杆塔作业前，应先检查登高工具、设施，如安全带、脚钉、爬梯、防坠装置等是否完整牢靠。上下杆塔必须使用防坠装置。

(3) 在杆塔上作业时，应使用有后备绳或速差自锁器的双控背带式安全带，安全带和后备保护绳（速差自锁器）应分挂在杆塔不同部位的牢固构件上，应防止安全带从杆顶脱出或被锋利物损坏。人员在转位时，手扶的构件应牢固，且不得失去安全保护。

3. 防止落物伤人措施

(1) 现场工作人员必须正确佩戴安全帽。

(2) 高处作业应使用工具袋，较大的工器具应固定在牢固的构件上，不准随便

乱放。上下传递物件应用绳索拴牢传递，严禁上下抛掷。

（3）在进行高空作业时，不准他人在工作地点的下面通行或逗留，工作地点下面应有围栏或装设其他保护装置，防止落物伤人。

4. 防止工器具失灵、导线脱落、绝缘子脱落等措施

（1）使用工具前应进行检查，严禁以小带大。

（2）检查金具、绝缘子的连接情况。

（3）提线工具收紧前，检查工器具连接情况是否牢固可靠。

（4）当采用单吊线装置时，应采取防止导线脱落的后备保护措施。

（三）施工步骤

1. 准备工作

（1）现场勘察。应明确现场检修作业需要停电的范围、保留的带电部位和现场作业的条件、环境及其他危险点等，了解杆塔周围情况、地形、交叉跨越等。

（2）相关资料。查阅图纸资料，明确塔型、呼称高、导线型号及复合绝缘子型号等，以确定使用的工器具、材料。

（3）工作票及任务单。工作票签发人根据现场情况等相关资料，签发工作票和任务单，根据 Q/GDW 1799.2—2013《国家电网公司电力安全工作规程 线路部分》和现场实际填写电力线路第一种工作票，工作负责人确认无误后接受工作票和任务单。

（4）着装。工作服、绝缘鞋、安全帽、手套穿戴正确。

（5）选择工具，做作外观检查。选择工具、防护用具及辅助器具，并检查工器具外观完好无损，具有合格证并在有效试验周期内。

（6）选择材料，做外观检查。绝缘子外观合格，复合绝缘子伞裙、护套不应出现破损或龟裂，端头密封不应开裂、老化。均压环完好，光滑不变形，螺栓齐全。

2. 操作步骤

（1）上塔作业前的准备。

1）工作人员根据工作情况选择工器具及材料并检查是否完好。

2）工作人员核对线路名称、杆号，检查杆塔、基础和拉线是否牢固。

3）地面作业人员在适当的位置将传递绳理顺确保无缠绕，对复合绝缘子和均压环进行外观检查。

4）按工作票的要求在工作地段前后杆塔的导线上验明确无电压后装设好接地线。

（2）登塔作业。

1）塔上作业人员检查登杆工具及安全防护用具并确保良好、可靠，并对登杆工具、安全防护用具和防坠装置做冲击试验。

2）塔上作业人员戴好安全帽，系好安全带，携带速差自锁器和传递绳开始登塔。禁止携带器材登杆或在杆塔上移位。杆塔有防坠装置的，应使用防坠装置，铁塔没有防坠装置的，应使用双钩防坠装置。

（3）工器具安装。

1）杆塔上作业人员携带传递绳、滑车登至需更换复合绝缘子横担上方，将安全带、速差自锁器系在横担主材上，在横担的适当位置挂好传递绳。

2）地面作业人员按吊带、葫芦、四分裂提线器的顺序组装提线工具，然后将软梯、导线保护绳和提线工具依次传递至杆塔。

3）导线侧作业人员在横担主材的适当位置挂好软梯，检查连接可靠牢固后，对软梯进行冲击并下到导线上。

4）横担侧作业人员在横担主承力部位上挂好导线保护绳和提线工具，导线侧作业人员先将导线保护绳另一端拴在四分裂导线上，然后调整葫芦长度将四分裂提线器连接到四根子导线的适当位置上，收紧葫芦使之稍微受力。

（4）更换复合绝缘子。

1）杆塔上作业人员检查导线保护绳和提线工具的连接，并对提线工具进行冲击试验。无误后导线侧作业人员收紧葫芦，转移复合绝缘子荷载。

2）导线侧作业人员拔出弹簧销，脱开复合绝缘子与碗头的连接。横担侧作业人员用传递绳捆绑复合绝缘子，然后拔出绝缘子的弹簧销，脱开复合绝缘子与球头的连接，并传递至地面。

3）地面作业人员将组装好的新复合绝缘子传递至横担侧作业人员，横担侧作业人员连接新复合绝缘子，推入弹簧销，然后解开传递绳。导线侧作业人员在新复合绝缘子横担侧连接好后，连接新复合绝缘子的导线侧并推入弹簧销。

4）杆塔上作业人员检查新复合绝缘子连接无误后，稍松提线工具使新复合绝缘子受力，检查新复合绝缘子受力情况。

5）确认新复合绝缘子受力正常后，导线侧作业人员继续松提线工具到能够拆除为止。

（5）工器具拆除。杆塔上作业人员检查复合绝缘子安装质量无问题后，拆除提线工具、导线保护绳并传递至地面。导线侧作业人员检查导线、复合绝缘子无遗留物后，爬软梯到横担上，拆除软梯并传递至地面。

（6）下塔作业。塔上作业人员检查导线、复合绝缘子和横担上无任何遗留物后，解开安全带、速差自锁器，携带传递绳下塔。

3．工作终结

（1）工作负责人确认所有施工内容已完成，质量符合标准，杆塔上、导线上、绝缘子上及其他辅助设备上没有遗留的个人保安线、工具、材料等，查明全部工作人员确由杆塔上撤下后，再命令拆除工作地段所挂的接地线。

(2) 清理地面工作现场，确认工器具均已收齐，工作现场做到"工完、料净、场地清"。并向工作许可人汇报作业结束，履行终结手续。

(四) 工艺要求

(1) 复合绝缘子的规格应符合设计要求，爬距应能满足该地区污秽等级要求，伞裙、护套不应出现破损或龟裂，端头密封不应开裂、老化。

(2) 均压环安装位置正确，开口方向符合说明书规定，不应出现松动、变形，不得反装。

(3) 复合绝缘子安装时应检查球头、碗头与弹簧销子之间的间隙。在安装好弹簧销子的情况下球头不得自碗头中脱出。严禁线材（铁丝）代替弹簧销。

(4) 绝缘子串应与地面垂直，个别情况下，顺线路方向的倾斜度不应大于7.5°，或偏移值不应大于300mm。连续上、下山坡处杆塔上的悬垂线夹的安装位置应符合设计规定。

(5) 复合绝缘子上的穿钉和弹簧销子的穿向一致，均按线路方向穿入。使用W型弹簧销子时，绝缘子大口均朝线路后方。使用R型弹簧销子时，大口均朝线路前方。螺栓及穿钉凡能顺线路方向穿入者均按线路方向穿入，特殊情况为两边线由内向外穿，中线由左向右穿入。

(6) 金具上所用的穿钉销的直径必须与孔径相配合，且弹力适度。穿钉开口销子必须开口60°～90°，销子开口后不得有折断、裂纹等现象，禁止用线材代替开口销子；穿钉呈水平方向时，开口销的开口应向下。

(五) 注意事项

(1) 上下软梯时，手脚要稳，并打好速差自锁器，严禁攀爬复合绝缘子。

(2) 作业区域设置安全围栏，悬挂安全标示牌。

(3) 在脱离复合绝缘子和导线连接前，应仔细检查承力工具各部连接，确保安全无误后方可进行。

(4) 承力工器具严禁以小代大，并应在有效的检验期内。

二、考核

(一) 考核场地

(1) 考场可以设在两基培训专用500kV合成绝缘子直线杆塔上进行，杆塔上无障碍物，杆塔有防坠装置。不少于两个工位。

(2) 给定线路检修时需办理的工作票，线路上安全措施已完成，配有一定区域的安全围栏。

（3）设置两套评判桌椅和计时秒表，计算器。

（二）考核时间

（1）考核时间为 40min。

（2）许可开工后记录考核开始时间。

（3）现场清理完毕后，汇报工作终结，记录考核结束时间。

（三）考核要点

（1）要求两人操作，四人配合，一名工作负责人。考生就位，经许可后开始工作，规范穿戴工作服、绝缘鞋、安全帽、手套等。

（2）工器具选用满足工作需要，进行外观检查。

（3）选用材料的规格、型号、数量符合要求，进行外观检查。

（4）登杆塔前要核对线路名称、杆号，检查登高工具是否在试验期限内，对安全带和防坠装置做冲击试验。高空作业中动作熟练，站位合理。安全带应系在牢固的构件上，并系好后备绳，确保双重保护。转向移位穿越时不得失去保护。作业时不得失去监护。

（5）杆塔上作业完成，清理杆上遗留物，得到工作负责人许可后方可下杆。

（6）复合绝缘子的更换符合工艺要求。

（7）自查验收。清理现场施工作业结束后，工作负责人依据施工验收规范对施工工艺、质量进行自查验收，按要求清理施工现场，整理工具、材料，办理工作终结手续。

（8）安全文明生产，按规定时间完成，按所完成的内容计分，要求操作过程熟练连贯，施工有序，工具、材料存放整齐，现场清理干净。

（9）发生安全事故本项考核不及格。

三、评分参考标准

行业：电力工程　　　　　　　工种：送电线路工　　　　　　　等级：一

编号	SX111	行为领域	e	鉴定范围	
考核时间	40min	题型	B	含权题分	25
试题名称	500kV 直线杆塔更换单串复合绝缘子				
考核要点及其要求	（1）按要求选择工具及材料。 （2）严格按照工作流程及工艺要求进行操作。 （3）操作时间为 40min，时间到停止操作。 （4）本项目为两人操作，现场配辅助作业人员四名、工作负责人一名。辅助工作人员只协助考生完成塔上工具、材料的上吊和下卸工作；工作负责人只监护工作安全				

现场设备、工具、材料		(1) 工具：个人工具、防护用具、500kV 验电器、接地线、围栏、安全标示牌（"在此工作!"一块、"从此进出"一块）、拔销器、5m 软梯、抹布、1t 滑车、ϕ12 传递绳 60m、5t 手拉葫芦、四分裂提线器、5t 吊带 3m、导线保护绳、防坠装置、速差自锁器。 (2) 材料：500kV 复合绝缘子、均压环。 (3) 考生自备工作服、绝缘鞋、自带个人工具				
备注						

评分标准

序号	作业名称	质量要求	分值	扣分标准	扣分原因	得分
1	着装	工作服、绝缘鞋、安全帽、手套穿戴正确	1	穿戴不正确一项扣1分		
2	工具选用	(1) 个人工具：常用电工工器具一套	5	操作再次拿工具每件扣1分		
		(2) 专用工具：5t 手拉葫芦、四分裂提线器、吊带、软梯、导线保护绳、速差保护器、传递绳		1) 安全带、速差自锁器、防坠落装置的检查和未作冲击试验每项扣2分； 2) 工具漏检一件扣2分		
3	材料准备	复合绝缘子、均压环	4	(1) 未检查清扫合成绝缘子扣2分； (2) 未检查均压环扣2分		
4	更换合成绝缘子	(1) 登杆：上杆作业人员，带上滑车及传递绳。攀登杆塔，在杆塔上系好安全带及速差自锁器，将滑车挂好	70	1) 速差自锁器使用不正确扣2分； 2) 作业过程中失去安全保护扣3分； 3) 下到导线前未检查绝缘子、弹簧销子扣2分		
		(2) 提升工具：地面人员通过传递绳提升工器具。如手拉葫芦、千斤顶、卸扣、导线保护绳、软梯等		发生撞击每次扣2分		
		(3) 挂牢软梯：将软梯在横担头侧面钩挂和绑扎牢靠		未对软梯进行安装检查扣2分		
		(4) 进入作业位置：沿软梯进入作业位置		1) 上软梯前不冲击试验扣2分； 2) 爬软梯失去保护每次扣5分		
		(5) 安装导线保护绳：安装好导线保护绳		1) 未使有导线保护绳扣10分； 2) 导线保护绳使用不正确扣2分		

		评分标准				
序号	作业名称	质量要求	分值	扣分标准	扣分原因	得分
4	更换合成绝缘子	(6) 提升导线：将提线工具两端吊钩挂好提升导线。其导线侧吊钩距线夹中心位置不超过500mm	70	提线工具使用不熟练扣2分		
		(7) 拔出弹簧销：当提线工具受力后应暂停，确认连接无误和受力良好。拔出导线侧绝缘子与碗头连接的弹簧销，然后继续提升导线直至绝缘子不受力并脱开。另一作业人员在杆上拔出横担侧的弹簧销		1) 未检查提线工具的连接扣2分；2) 提线工具承力后不冲击扣2分		
		(8) 更换复合绝缘子：横担上作业人员在复合绝缘子的适当位置系好传递绳，与杆下作业人员配合退出旧绝缘子，同时提升新复合绝缘子		绳结使用不正确扣5分		
		(9) 安装好弹簧销：作业人员安装好横担侧和导线侧合成绝缘子后，安装好弹簧销		弹簧销穿入方向不正确扣2分		
		(10) 拆除后备保护：松葫芦直至复合绝缘子受力，拆除提线工具，拆除导线后备保护绳		换上新绝缘子后未观察导线、检查绝缘子受力情况扣2分		
		(11) 拆除软梯：沿软梯上到横担上，系好安全带后拆除软梯		爬软梯失去保护每次扣5分		
5	合成绝缘子检查	(1) 检查弹簧销是否到位	1	未检查弹簧销扣1分		
		(2) 检查芯棒与端部的连接：芯棒与端部的连接是否紧密；端部是否密封完好、不留缝隙；有无酸蚀现象、端部是否有位移	2	未检查芯棒与端部的连接扣2分		
		(3) 检查芯棒与伞裙的连接：粘接是否紧密；密封是否完好、不留缝隙，防止潮湿大气渗透侵蚀；芯棒是否受到扭曲变形	3	未检查芯棒与伞裙的连接扣2分		
		(4) 检查伞裙：检查伞裙不得有裂纹、破损；检查伞裙脏污情况，不得有块状污秽物；硅橡胶伞裙表面是否具有良好的憎水性；硅橡胶伞裙老化情况、伞裙表面是否变质	1	未检查伞裙扣1分		

		评分标准				
序号	作业名称	质量要求	分值	扣分标准	扣分原因	得分
5	合成绝缘子检查	（5）检查均压环：均压环开口方向是否符合规定双均压环开口一致；均压环是否有破损；均压环是否固定良好	1	未检查均压环扣1分		
		（6）其他部件检查：检查连接金具是否损坏或连接牢靠，线夹安装及导线断股情况	2	未检查2分		
6	其他要求	（1）杆上工作时不得掉东西；禁止口中含物；禁止浮置物品	10	1）掉一件材料扣1分； 2）掉一件工具扣2分； 3）口中含物每次扣2分； 4）浮置物品每次扣1分		
		（2）文明生产：符合文明生产要求；工器具在操作中归位；工器具及材料不应乱扔乱放		1）操作中工器具不归位扣2分； 2）工器具及材料乱扔乱放每次扣1分		
考试开始时间			考试结束时间		合计	
考生栏	编号：	姓名：	所在岗位：	单位：	日期：	
考评员栏	成绩：	考评员：		考评组长：		

一、施工

(一) 工器具、材料

(1) 工器具：个人工具、防护用具、500kV验电器、接地线、围栏、安全标示牌（"在此工作！"一块、"从此进出！"一块）、拔销器、5000V绝缘电阻表、抹布、1t滑车、ϕ12传递绳60m、XP-160（LXP-160）绝缘子卡具、3t双头丝杆、导线保护绳、防坠装置、5m速差自锁器。

(2) 材料：绝缘子XP-160（LXP-160）、弹簧销。

(二) 安全要求

1. 防止触电措施

(1) 登杆塔前必须仔细核对线路名称、杆号，多回线路还应核对线路的识别标记，确认无误后方可登杆。

(2) 严格执行Q/GDW 1799.2—2013《国家电网公司电力安全工作规程　线路部分》保证安全的技术措施。

(3) 登杆塔作业人员、绳索、工器具及材料与带电体保持规定的安全距离。

2. 防止高空坠落措施

(1) 攀登杆塔作业前，应检查杆塔根部、基础和拉线是否牢固。

(2) 攀登杆塔作业前，应先检查登高工具、设施，如安全带、脚钉、爬梯、防坠装置等是否完整牢靠。上下杆塔必须使用防坠装置。

(3) 在杆塔上作业时，应使用有后备绳或速差自锁器的双控背带式安全带，安全带和后备保护绳（速差自锁器）应分挂在杆塔不同部位的牢固构件上，应防止安全带从杆顶脱出或被锋利物损坏。人员在转位时，手扶的构件应牢固，且不得失去安全保护。

3. 防止落物伤人措施

(1) 现场工作人员必须正确佩戴安全帽。

(2) 高处作业应使用工具袋，较大的工器具应固定在牢固的构件上，不准随便

乱放。上下传递物件应用绳索拴牢传递，严禁上下抛掷。

（3）在进行高空作业时，不准他人在工作地点的下面通行或逗留，工作地点下面应有围栏或装设其他保护装置，防止落物伤人。

4. 防止工器具失灵、导线脱落、绝缘子脱落等措施

（1）使用工具前应进行检查，严禁以小带大。

（2）检查金具、绝缘子的连接情况。

（3）提线工具收紧前，检查工器具连接情况是否牢固可靠。

（4）当采用单吊线装置时，应采取防止导线脱落的后备保护措施。

（三）施工步骤

1. 准备工作

（1）现场勘察。应明确现场检修作业需要停电的范围、保留的带电部位和现场作业的条件、环境及其他危险点等，了解杆塔周围情况、地形、交叉跨越等。

（2）相关资料。查阅图纸资料，明确塔型、呼称高、导线型号及绝缘子型号等，以确定使用的工器具、材料。

（3）工作票及任务单。工作票签发人根据现场情况等相关资料，签发工作票和任务单，根据 Q/GDW 1799.2—2013《国家电网公司电力安全工作规程 线路部分》和现场实际填写电力线路第一种工作票，工作负责人确认无误后接受工作票和任务单。

（4）着装。工作服、绝缘鞋、安全帽、手套穿戴正确。

（5）选择工具，做外观检查。选择工具、防护用具及辅助器具，并检查工器具外观完好无损，具有合格证并在有效试验周期内。

（6）选择材料，做外观检查。绝缘子外观合格，每片绝缘子应进行绝缘检测合格，并清扫干净。

2. 操作步骤

（1）上塔作业前的准备。

1）工作人员根据工作情况选择工器具及材料并检查是否完好。

2）工作人员核对线路名称、杆号，检查杆塔、基础和拉线是否牢固。

3）地面作业人员在适当的位置将传递绳理顺确保无缠绕，对新绝缘子进行外观检查，将表面及裙槽清擦干净，瓷绝缘子用 5000V 绝缘电阻表检测绝缘（在干燥情况下绝缘电阻不得小于 500MΩ）。

4）按工作票的要求在工作地段前后杆塔的导线上验明确无电压后装设好接地线。

（2）登塔作业。

1）塔上作业人员检查登杆工具及安全防护用具并确保良好、可靠，并对登杆

工具、安全防护用具和防坠装置做冲击试验。

2）塔上作业人员戴好安全帽，系好安全带，携带速差自锁器和传递绳开始登塔。禁止携带器材登杆或在杆塔上移位。杆塔有防坠装置的，应使用防坠装置，杆塔没有防坠装置的，应使用双钩防坠装置。

（3）工器具安装。

1）杆塔上作业人员携带传递绳、滑车和速差自锁器登至需更换绝缘子横担上方，将安全带、速差自锁器系在横担主材上，在横担的适当位置挂好传递绳。

2）地面作业人员将导线保护绳传递至杆塔。杆塔上作业人员将导线保护绳一端拴在横担的主承力部位上，另一端拴在四分裂导线上。

3）杆塔上作业人员沿绝缘子串移动到需更换绝缘子处，安全带系在需安装绝缘子卡具上卡的上方。

4）地面作业人员将组装好的绝缘子卡具传递至杆塔上作业人员，杆塔上作业人员调整双头丝杆长度安装好绝缘子卡具，收紧双头丝杆使之稍受力。

（4）更换绝缘子。

1）杆塔上作业人员检查导线保护绳和绝缘子卡具的连接，并对绝缘子卡具进行冲击试验。无误后收紧双头丝杆，转移被更换绝缘子荷载。

2）杆塔上作业人员拔出被更换绝缘子两端的弹簧销，取出旧绝缘子；用传递绳系绳结捆绑旧绝缘子，并传递至地面。

3）地面作业人员将新绝缘子传递至杆塔上作业人员，杆塔上作业人员安装新绝缘子并推入两端弹簧销。

4）杆塔上作业人员检查新绝缘子连接无误后，稍松双头丝杆使新绝缘子受力，检查绝缘子串受力情况。

5）杆塔上作业人员确认绝缘子串受力正常后，继续松双头丝杆到能够拆除绝缘子卡具为止。

（5）工器具拆除。杆塔上作业人员检查绝缘子安装质量无问题后，拆除绝缘子卡具和导线保护绳并分别传递至地面。

（6）下塔作业。塔上作业人员检查导线、绝缘子串和横担上无任何遗留物后，解开安全带、速差自锁器，携带传递绳下塔。

3．工作终结

（1）工作负责人确认所有施工内容已完成，质量符合标准，杆塔上、导线上、绝缘子串上及其他辅助设备上没有遗留的个人保安线、工具、材料等，查明全部工作人员确由杆塔上撤下后，再命令拆除工作地段所挂的接地线。

（2）清理地面工作现场，确认工器具均已收齐，工作现场做到"工完、料净、场地清"。并向工作许可人汇报作业结束，履行终结手续。

(四) 工艺要求

(1) 绝缘子的规格应符合设计要求，爬距应能满足该地区污秽等级要求，单片绝缘子绝缘良好，外观干净。

(2) 绝缘子安装时应检查球头、碗头与弹簧销子之间的间隙。在安装好弹簧销子的情况下球头不得自碗头中脱出。严禁线材（铁丝）代替弹簧销。

(3) 绝缘子串上的穿钉和弹簧销子的穿向一致，均按线路方向穿入。使用 W 型弹簧销子时，绝缘子大口均朝线路后方。使用 R 型弹簧销子时，大口均朝线路前方。螺栓及穿钉凡能顺线路方向穿入者均按线路方向穿入，特殊情况为两边线由内向外穿，中线由左向右穿入。

(4) 金具上所用的穿钉销的直径必须与孔径相配合，且弹力适度。穿钉开口销子必须开口 60°～90°，销子开口后不得有折断、裂纹等现象，禁止用线材代替开口销子；穿钉呈水平方向时，开口销子的开口应向下。

(五) 注意事项

(1) 沿绝缘子串移动时，手脚要稳，并打好速差自锁器。

(2) 作业区域设置安全围栏，悬挂安全标示牌。

(3) 玻璃绝缘子的操作应戴防护眼镜，防止自爆伤到眼睛。

(4) 在取出旧绝缘子前，应仔细检查绝缘子卡具各部连接情况，确保安全无误后方可进行。

(5) 承力工器具严禁以小代大，并应在有效的检验期内。

二、考核场地

(一) 考核场地

(1) 考场可以设在两基培训专用 500kV 瓷（玻璃）绝缘子串的直线杆塔上进行，杆塔上无障碍，杆塔有防坠装置。

(2) 给定线路检修时需办理的工作票，线路上安全措施已完成，配有一定区域的安全围栏。

(3) 设置两套评判桌椅和计时秒表、计算器。

(二) 考核时间

(1) 考核时间为 40min。

(2) 许可开工后记录考核开始时间。

(3) 现场清理完毕后，汇报工作终结，记录考核结束时间。

(三) 考核要点

(1) 要求一人操作，两人配合，一名工作负责人。考生就位，经许可后开始工作，规范穿戴工作服、绝缘鞋、安全帽、手套等。

(2) 工器具选用满足工作需要，进行外观检查。

（3）选用材料的规格、型号、数量符合要求，进行外观检查。

（4）登杆塔前要核对线路名称、杆号，检查登高工具是否在试验期限内，对安全带和防坠装置做冲击试验。高空作业中动作熟练，站位合理。安全带应系在牢固的构件上，并系速差自锁器，确保双重保护。转向移位穿越时不得失去保护。作业时不得失去监护。

（5）杆塔上作业完成，清理杆上遗留物，得到工作负责人许可后方可下杆。

（6）绝缘子的更换符合工艺要求。

（7）自查验收。清理现场施工作业结束后，工作负责人依据施工验收规范对施工工艺、质量进行自查验收，按要求清理施工现场，整理工具、材料，办理工作终结手续。

（8）安全文明生产，按规定时间完成，按所完成的内容计分，要求操作过程熟练连贯，施工有序，工具、材料存放整齐，现场清理干净。

（9）发生安全事故本项考核不及格。

三、评分参考标准

行业：电力工程　　　　　　　工种：送电线路工　　　　　　　等级：一

编号	SX112	行为领域	e	鉴定范围	
考核时间	40min	题型	B	含权题分	25
试题名称	500kV 直线串更换单片瓷（玻璃）绝缘子				
考核要点及其要求	（1）按要求选择工具及材料。 （2）严格按照工作流程及工艺要求进行操作。 （3）操作时间为40min，时间至停止操作。 （4）本项目为单人操作，现场配辅助作业人员两名、工作负责人一名。辅助工作人员只协助考生完成塔上工具、材料的上吊和下卸工作；工作负责人只监护工作安全				
现场设备、工具、材料	（1）工具：个人工具、防护用具、500kV验电器、接地线、围栏、安全标示牌（"在此工作！"一块、"从此进出！"一块）、拔销器、5000V绝缘电阻表、抹布、1t滑车、φ12传递绳60m、XP-160（LXP-160）绝缘子卡具、3t双头丝杆、导线保护绳、防坠装置、5m速差自锁器。 （2）材料：绝缘子 XP-160（LXP-160）、弹簧销。 （3）考生自备工作服、绝缘鞋、自带个人工具				
备注					
评分标准					

序号	作业名称	质量要求	分值	扣分标准	扣分原因	得分
1	着装	工作服、绝缘鞋、安全帽、手套穿戴正确	1	穿戴不正确一项扣1分		

评分标准						
序号	作业名称	质量要求	分值	扣分标准	扣分原因	得分
2	工具选用	（1）个人工具：常用电工工器具一套	5	操作再次拿工具每件扣1分		
		（2）专用工具：闭式卡1套，丝杆2套（3t）、导线保护绳1根、滑车1个（1.5t）、传递绳1个、拔销器1把		1）安全带、速差自锁器、防坠落装置的不检查和未做冲击试验每项扣2分； 2）工具漏检一件扣2分		
3	材料准备	绝缘子、弹簧销	4	未检查、检测、清扫绝缘子扣2分		
4	更换绝缘子	（1）登杆：杆塔上作业人员携带拔销器、速差自锁器、滑车、传递绳至作业横担，系好安全带、速差自速器，在作业横担合适位置挂好传递绳	70	1）速差自锁器使用不正确扣2分； 2）作业过程中失去安全保护扣3分； 3）上绝缘子串前未检查绝缘子、弹簧销子扣2分		
		（2）传递工具：地面人员将导线保护绳传递至作业横担，杆塔上作业人员安装好导线保护绳后，携带拔销器，系好安全带和速差自锁器后沿绝缘子串至需更换绝缘子处		1）传递工具发生撞击每次扣2分； 2）吊起、放下绝缘子过程中发生滑动、撞击每次扣2分		
		（3）组装闭式卡：地面人员将组装好的丝杆、闭式卡传递至杆塔上作业人员，杆塔上作业人员将闭式卡安装好		1）安装工具发生撞击一次扣2分； 2）瓷绝缘子安装卡具前不复测阻值扣5分		
		（4）拆旧绝缘子：杆塔上作业人员收紧丝杆，将绝缘子荷载转移到卡具上，检查冲击承力工具受力正常后，取下需更换的单片绝缘子，并用绳子拴好		1）闭式卡使用不熟练扣2分； 2）两边丝杆受力不平衡扣2分； 3）拆装绝缘子时，发生撞击扣2分； 4）未检查卡具连接就收紧丝杆扣2分； 5）绝缘子绑扎不牢固扣2分		
		（5）吊新绝缘子：地面人员控制传递绳并牢靠系在新装绝缘子上，地面电工控制传递绳放下旧绝缘子同时起吊新绝缘子		绳结使用不正确扣5分		

		评分标准				
序号	作业名称	质量要求	分值	扣分标准	扣分原因	得分
4	更换绝缘子	（6）安装新绝缘子：杆塔上作业人员将新装绝缘子放入闭式卡中，安装好绝缘子两端的弹簧销，检查连接良好后，放松丝杆至绝缘子呈受力状态；杆塔上作业人员冲击检查新更换绝缘子合格后，放松丝杆	70	1）更换绝缘子时，弹簧销穿入方向不正确每次扣2分； 2）未检查绝缘子的连接就松丝杆扣2分		
		（7）拆除塔上工器具：杆塔上作业人员与地面人员配合将所有工器具及安全措施拆除传递至地面，检查杆塔无遗留物后携带传递绳依次下塔		1）换上新绝缘子后未检查绝缘子受力情况扣2分； 2）未检查作业面遗留物扣2分		
5	其他要求	（1）杆上工作：杆塔上工作时不得掉东西；禁止口中含物；禁止浮置物品	10	1）掉一件材料扣5分； 2）掉一件工具扣5分； 3）口中含物每次扣5分； 4）浮置物品每次扣4分		
		（2）文明生产：符合文明生产要求；工器具在操作中归位；工器具及材料不应乱扔乱放		1）操作中工器具不归位扣2分； 2）工器具及材料乱扔乱放每次扣1分		
考试开始时间				考试结束时间		合计
考生栏		编号： 姓名： 所在岗位： 单位： 日期：				
考评员栏		成绩： 考评员： 考评组长：				

参 考 文 献

[1] 劳动和社会保障部职业技能鉴定中心组编. 国家职业技能鉴定教程. 北京广播学院出版社，2003.

[2] 电力行业职业技能鉴定指导中心. 送电线路工. 2版. 北京：中国电力出版社，2009.

[3] 国家电网公司人力资源部组编. 国家电网公司生产技能人员职业能力培训专用教材 输电线路运行. 北京：中国电力出版社，2010.

[4] 国家电网公司人力资源部组编. 国家电网公司生产技能人员职业能力培训专用教材 输电线路检修. 北京：中国电力出版社，2010.